R을 활용한 인과모형과 구조방정식모형 분석

강현철 지음

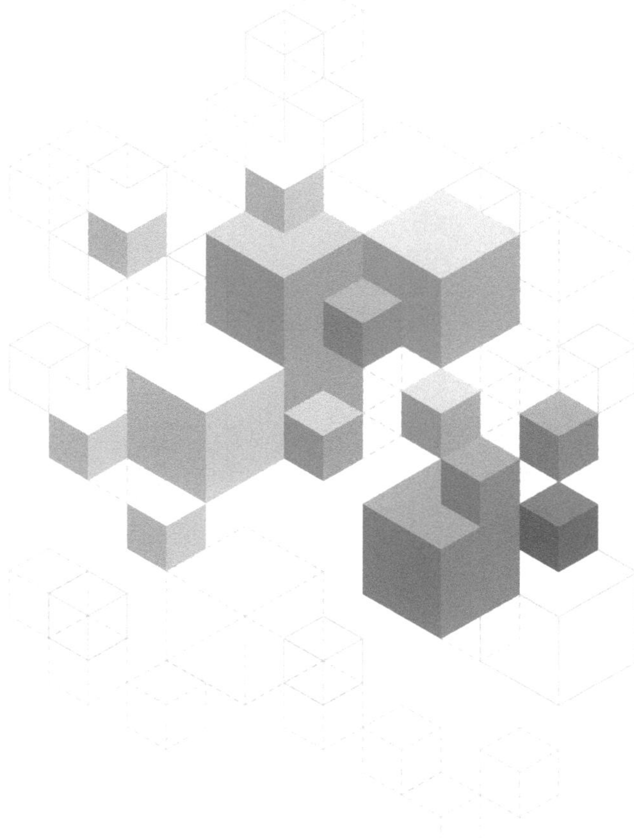

자유아카데미

머리말

구조방정식모형(SEM, structural equation model)은 관심 영역 속에 있는 인과변수들 간의 구조적 관계를 일련의 선형방정식들의 항목으로 정식화한 것으로, 인과모형(causal model) 또는 공분산구조모형(covariance structure model) 등으로 불리기도 한다.

이 책은 "SPSS/AMOS를 활용한 구조방정식모형 분석과 응용(강현철, 2019)"의 주요 내용과 예제들을 이용하여 새롭게 구성한 것이다. 구조방정식모형에 대한 분석은 상관분석, 회귀분석, 경로분석 등 넓은 영역의 통계분석 기법들을 포괄하고 있으며, 이 책에서는 이러한 내용들을 체계적으로 깊이 있게 다루고 있다. 따라서 이 책은 인과모형을 다루고자 하는 다양한 학문분야의 대학원 과정에서 교재로 사용될 수 있을 것이다. 또한, 통계학과의 학부 4학년 또는 대학원 과정에서도 교재로 사용될 수 있다.

구조방정식모형에 포함된 모수에 관한 추정량 및 관련된 주요 통계량 등의 해를 구하기 위해서는 복잡한 수치적 연산과정을 거쳐야 하는데, 이를 위한 여러 가지 유형의 프로그램들이 개발되어 있다. 그중 R 소프트웨어는 무료로 사용할 수 있고 기술통계량 계산부터 복잡한 통계분석까지 편리하게 처리할 수 있어, 최근 통계학뿐만 아니라 여러 분야의 연구자들이 널리 사용하고 있다. 구조방정식모형을 분석하기 위해 일반적으로 사용하는 R 패키지에는 lavaan과 sem 패키지가 있는데, 이 책에서는 사용법이 보다 간편하다고 할 수 있는 lavaan 패키지를 이용하여 분석사례들을 다루고 있다. 또한, 각 장의 부록에는 SAS/STAT 소프트웨어의 CALIS 및 관련 프로시저(procedure)들의 사용 사례들을 제시하였으니 참조하기 바란다.

이 책은 총 10개의 장으로 구성되어 있다. 먼저 제1부에 해당하는 1장부터 3장까지에서는 구조방정식모형을 학습하기 위해 필요한 기초 지식들을 설명하였다. 1장에서는 구조방정식모형 및 관련된 분석 기법을 이해하기 위해서 필요한 주요 용어 및 기본 개념들을 설명하였다. 2장에서는 R을 이용하여 데이터를 탐색하고 처리하는 등 여러 가지 사전 작업들에 대한 내용을 설명하였다. 3장에서는 상관분석, 편상관, 회귀분석에 대한 기본 개념을 설명하고, R을 이용하여 데이터를 분석하는 사례를 다루었다.

제2부에 해당하는 4장부터 7장까지에서는 구조방정식모형에 대한 전반적인 개념을 분석 사례를 통해 체계적으로 설명하였다. 4장과 5장에서는 경로분석모형과 잠재변수가 있는 구조방정식모형을 분석하기 위해 필요한 여러 가지 개념들을 사례들을 통해 설명하였다. 그리고 6장과 7장에서는 매개효과 및 조절효과와 관련된 내용들을 다루었다.

제3부에 해당하는 8장부터 10장까지에서는 구조방정식모형의 응용과 관련된 몇 가지 내용을 소개하였다. 8장에서는 구성타당도 평가를 위해 널리 사용되는 요인분석(인자분석)을 중심으로 타당도와 신뢰도를 평가하는 방법들을 다루었다. 9장에서는 PLS 모형과 추정방법의 기본적인 개념을 소개하고, R의 semPLS 패키지를 이용한 분석 사례를 간단히 다루었다. 10장에서는 종단 데이터에 대하여 평균구조를 분석하는 기법으로서 잠재선형 모형에 대한 기본적인 개념을 분석 사례를 통해 설명하였다. 마지막으로 부록에서는 구조방정식모형에서 사용되는 추정방법들과 적합도 지수들에 대하여 이론적인 내용을 자세히 설명하였다.

이 책에서는 실제 사례에 대하여 R 소프트웨어의 처리 과정과 주요 결과들을 현실감 있게 설명하고 있다. 따라서 각 장에 제시된 사례들의 분석과정을 직접 수행하여 봄으로써 관련된 내용을 보다 재미있게 학습할 수 있을 것이다. 이를 위해 각 사례에 사용된 데이터들을 출판사의 홈페이지를 통해서 제공하고 있다(http://www.freeaca.com). 또한 이 책을 가지고 강의하시는 분들을 위해 별도로 강의자료를 제공하고 있다(출판사에 문의 바람).

이 책이 실제 문제에서 인과모형과 구조방정식모형을 분석하고자 하는 다양한 분야의 연구자들에게 유용하게 사용되기를 바란다.

2019년 9월, 저자

차 례

제 1 장
기본 개념

Basic Concepts

구조방정식모형(SEM, structural equation model)은 관심 영역 속에 있는 인과변수들 간의 구조적 관계를 일련의 선형방정식들의 항목으로 정식화한 것으로, **인과모형**(causal model) 또는 **공분산구조모형**(covariance structure model) 등으로 불리기도 한다. 구조방정식모형에 대한 분석은 넓은 영역의 통계분석 기법들을 포괄하고 있는데, 이 장에서는 구조방정식모형 및 관련된 분석 기법을 이해하기 위해서 필요한 몇 가지 주요 용어 및 기본 개념들을 설명할 것이다.

1.1 탐색적 연구와 확증적 연구

데이터와 모형에 바탕을 둔 일반적인 연구과정은 크게 탐색적 연구와 확증적 연구로 구분된다.

확증적 연구(confirmatory study)에서는 연구자가 기존의 이론이나 경험적 연구결과로부터 데이터의 구조에 관한 어떤 사전지식을 가지고 있어, 그 내용을 가설의 형식으로 공식화하고 실제 데이터를 통해 가설을 확증하려는 위치에 있게 된다. 이러한 가설은 보통 특별한 이론, 주어진 실험계획, 이미 알려진 실험조건들, 대규모 데이터에 바탕을 둔 사전 연구결과 등에 바탕을 두고 꾸며지게 된다. 한편, **탐색적 연구**(exploratory study)에서는 위와 같은 유형의 사전지식을 가정하지 않고, 단지 얻어진 데이터를 더듬어 탐색하고 데이터에 대한 가치 있는 정보를 탐구하여, 관심형상을 간결하게 기술하고 의미 있는 해석을 구하는 데에 그 초점을 둔다.

예를 들어, **탐색적 인자분석**(exploratory factor analysis)에서는 전통적으로 잠재변수가 되는 공통인자의 구조 등에 관한 가설을 고려하지 않는다. 따라서 여기에서는 관찰변수들의 상관관계를 재생성시킬 수 있는 최소 개수의 인자를 탐색하는 것이 목적이며, 이때 인자의 해석은 인자와 관찰변수 사이의 관계를 나타내는 인자적재행렬 등을 데이터로부터 일단 추정한 이후 탐색적으로 이루어진다. 이에 비해 **확증적 인자분석**(confirmatory factor analysis)에서는 인자의 개수나 인자의 개념적 의미 등이 관련된 모수들의 추정에 앞서 일단 가정된다. 이는 인자적재행렬에 있는 일부 원소의 값을 제약하는 형식의 가설로 나타나며, 구축된 가설을 실제 얻어진 데이터가 얼마나 확증 내지 지지해 주는가를 통상적인 적합도(goodness-of-fit)를 통해 평가하게 된다.

그러나 실제 연구상황에서는 이들이 분명히 구별되어 진행되기보다 탐색적 연구과정과 확증적 연구과정의 단계가 어느 정도 복합되어 이루어진다. 즉, 이론에 따른 모형의 구축, 실제 데이터를 통한 통계적 추론, 추론결과에 바탕을 둔 모형수정 등의 일련의 과정이 연속적으로 그리고 반복적으로 일어난다.

사실 구조방정식모형에 관한 초기의 연구들은 주로 탐색적 인자분석에 초점을 두었지만, 모형에 관련된 모수들을 고정시키는 등 제약을 두거나 잠재변수들의 일부를 다른 잠재변수들의 함수로 표현할 수 있게 됨으로써, 구조방정식모형의 주 관심 영역이 확증적 인자분석과 잠재변수들 간의 인과관계에 관한 구조모형 분석의 방향으로 옮겨지게 되었다. 구조방정식모형을 이용하면 연구자가 탐색적 또는 확증적 연구과정의 어느 입장에 있든지 통합적으로 통계분석을 할 수 있다는 점이 구조방정식모형을 널리 이용하게 된 하나의 이유가 될 수 있다.

1.2 R 소프트웨어와 패키지

구조방정식모형은 넓은 응용영역을 포괄하고 있고 이에 따라 여러 성격의 변수들이 고려되며, 특히 그들 간의 연관관계 및 인과관계가 매우 복잡한 형태를 가지는 경우가 대부분이다. 따라서 이를 보다 효율적으로 표현하고 분석하기 위해 다양한 방법들이 여러 연구자들에 의해서 제안되었는데, 대표적인 몇 가지 모형으로는 다음과 같은 것들이 있다.

- COSAN (COvariance Structure ANalysis; McDonald 1978, 1980)
- LINEQS (LINear EQuationS; Bentler & Weeks, 1980)
- LISREL (LInear Structural RELationships; Jöreskog, 1973)
- RAM (Reticular Action Model; McArdle & McDonald, 1984)

이들 모형들은 표현방식에 있어서 다소의 차이가 있으나, 대부분 한 방법에 의해서 표현된 것을 다른 방법으로 바꾸어 표현하는 것이 가능하다.

실제적으로 구조방정식모형에 포함된 모수에 관한 추정량 및 관련된 주요 통계량 등의 해(solution)를 구하기 위해서는 복잡한 수치적 연산과정을 거쳐야 하는데, 이를 위해 앞에서 언급된 여러 유형의 구조방정식모형들에 대한 프로그램들이 개발되었고, 이러한 프로그램들이 지속적으로 발전되어 상용화된 소프트웨어의 형태를 가지게 되었다. 현재 널리 사용되고 있는 소프트웨어로는 다음과 같은 것들이 있다.

- AMOS (Analysis of MOment Structures; Arbuckle, 1997)
- CALIS (Covariance Analysis and LInear Structural equations; Hartmann, 1992)
- EQS (EQuationS; Bentler, 1995)
- LISCOMP (LInear Structural equations with a COMPrehensive measurement model)
- LISREL (LInear Structural RELationships; Jöreskog & Sörbom, 1993, 1996)
- M*plus* (Statistical Analysis with Latent Variables; Muthén & Muthén, 2015)

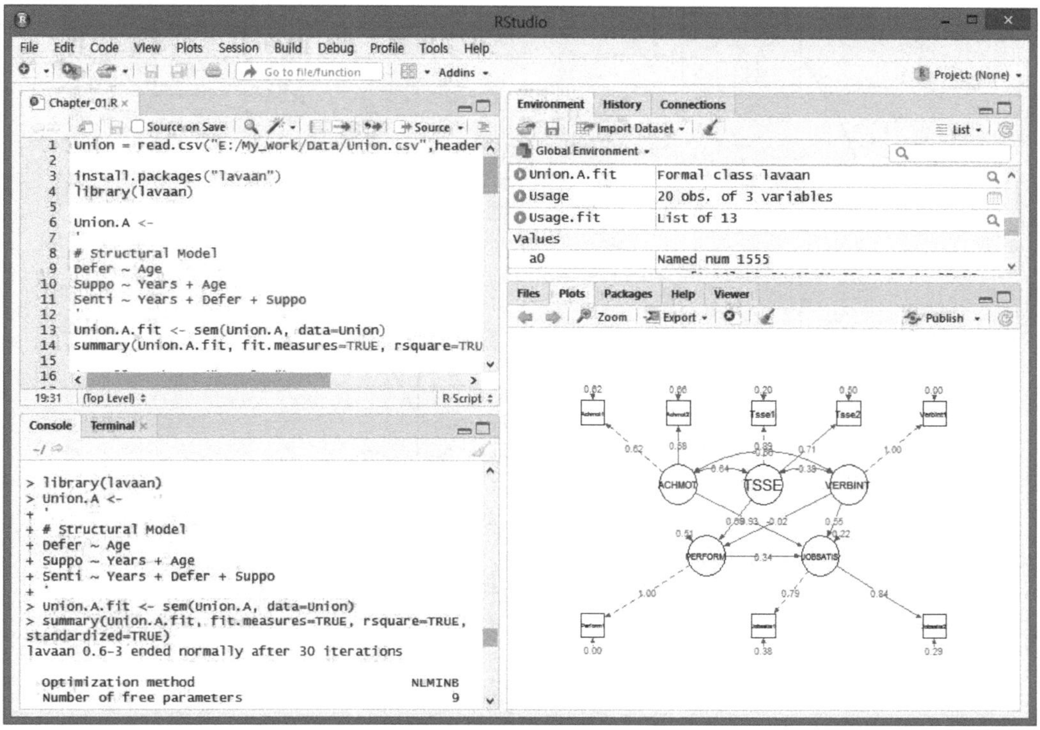

〈그림 1.1〉 R 함수의 사용 예

- RAMONA (Reticular Action MOdel or Near Approximation; Browne et al., 1994)
- SEPATH (SEm and PATH analysis; Steiger, 1995)

통계 분석이론의 발전에 부응한 이와 같은 소프트웨어들의 등장은 근래에 여러 학문분야에서 구조방정식모형이 폭넓게 사용되게 된 이유 중 하나라고 할 수 있다.

특히 R 소프트웨어는 무료로 사용할 수 있고 기술통계량 계산부터 복잡한 통계분석에 이르기까지 편리하게 처리할 수 있다는 장점 때문에, 최근 통계학뿐만 아니라 여러 분야의 연구자들이 널리 사용하고 있다. 구조방정식모형을 분석하기 위해 일반적으로 사용되는 R 패키지(package)는 'lavaan'과 'sem' 패키지가 있는데, 이 책에서는 사용법이 보다 간편하다고 할 수 있는 'lavaan' 패키지를 이용하여 분석사례들을 다루고 있다.[1]

또한 각 장의 부록에는 SAS/STAT 소프트웨어의 CALIS 및 관련 프로시저(procedure)들의 사용 사례들을 제시하였으니 참조하기 바란다.

[1] 이 책의 사례들을 학습하기 위해서 R 소프트웨어와 lavaan, sem, semPaths 패키지들을 최신 버전으로 설치 또는 업데이트하기 바란다. R 소프트웨어 및 패키지의 설치와 사용법에 대하여는 "예제로 배우는 R 데이터 분석 입문(강현철 등, 2017)"을 참조하기 바란다.

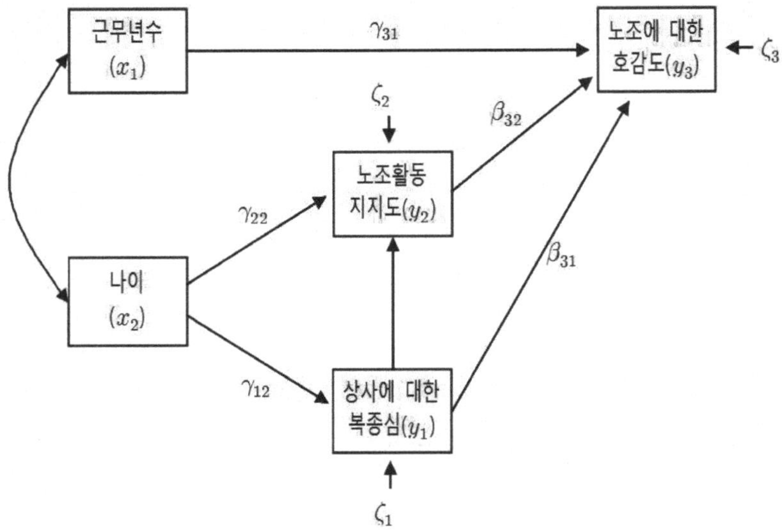

〈그림 1.2〉 '노조 호감도' 모형 – 잠재변수가 없는 경우

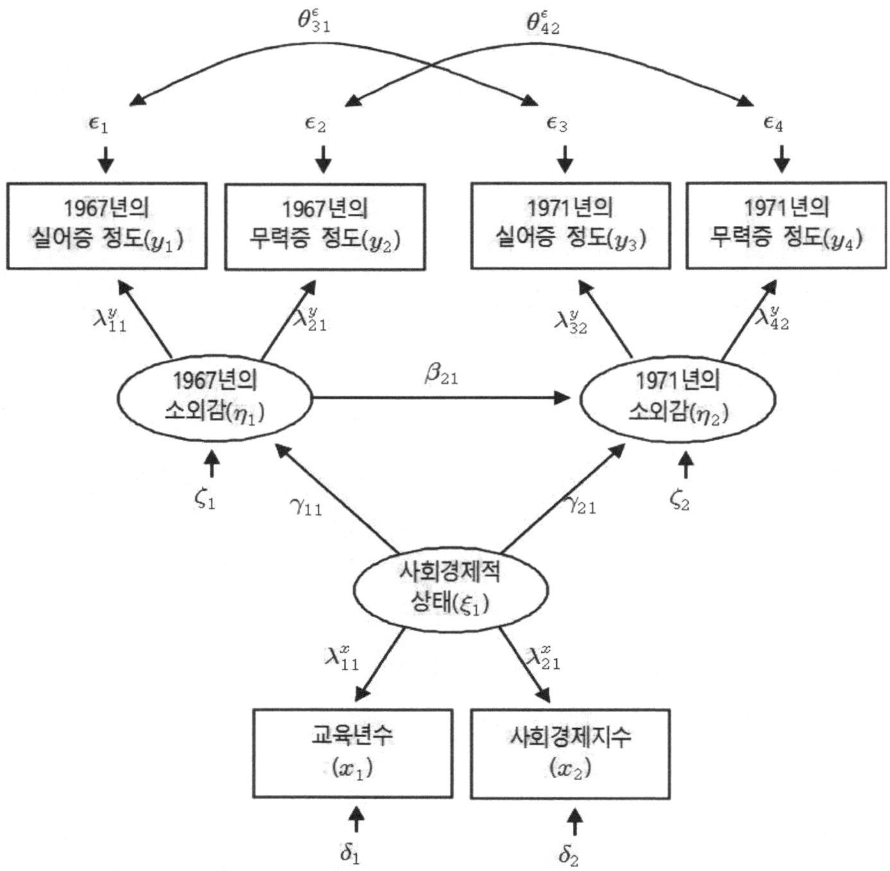

〈그림 1.3〉 '소외감의 지속성' 모형 – 잠재변수가 있는 경우

1.3 변수의 유형

구조방정식모형에서는 측정가능성의 여부 또는 인과관계에서의 역할에 따라 변수들을 몇 가지 유형으로 구분하고 있는데, 먼저 그 내용을 살펴보도록 하자.

1.3.1 관찰변수와 잠재변수

일반적으로 구조방정식모형에는 다수의 관찰변수와 잠재변수들이 포함된다. 여기에서 **관찰변수**(observed variable)란 성적, 소득, 길이, 온도, 기압, 속도 등과 같이 그에 관한 정의가 명확하게 내려져 있어 직접 측정이나 관찰이 가능한 변수를 의미한다. 이에 대해 **잠재변수**(latent variable)란 자존심, 정체성, 무력감, 언어능력, 보수성, 성취 등과 같이 추상성을 가지고 있어 직접 측정이나 관찰이 불가능하고 관찰변수들의 저변에 잠재되어 있는 변수를 뜻한다. 사회과학 분야에서 많은 이론이나 주장들은 이와 같은 가설적 차원이나 구성개념들을 중심으로 이루어져 있다고 할 수 있는데, 잠재변수는 학문분야에 따라 저변(underlying) 변수, 차원(dimension), 구성개념(constructs), 공통인자(common factor), 이론(theoritical) 변수 등 여러 이름으로 불린다.

예를 들어, 〈그림 1.3〉은 Wheaton et al.(1977)의 데이터에 대한 구조방정식모형을 표현한 경로도(path diagram)이며 여러 소프트웨어의 매뉴얼에서 예로써 다루고 있다. 여기에서 아동들의 '실어증 정도', '무력증 정도', '교육년수', '사회경제지수'는 932명으로 구성된 표본으로부터 직접 측정한 관찰변수들이고, '소외감'과 '사회경제적 상태'는 이들 관찰변수에 의해서 간접적으로 정의되는 잠재변수들이다.[2]

이런 의미에서 관찰변수는 저변에 깔려 있는 잠재변수의 내용이 외부에 표출된, 즉 잠재변수와 밀접한 관계를 가지고 있어 잠재변수가 가지고 있는 여러 측면의 징후를 나타내는 것이라고 생각할 수 있다. 이와 같이 구조방정식모형에서는 관찰변수들을 통해 잠재변수를 비추어 보는 형식의 우회적 접근이 이루어지며, 이런 관점에서 관찰변수를 잠재변수에 대한 지시자(indicator)라고 부르기도 한다.

1.3.2 외생변수와 내생변수

구조방정식모형에서는 모형 내 인과관계에서의 역할에 따라 변수들이 외생변수와 내생변수로 구분된다. 먼저 **외생변수**(exogenous variable)는 다른 변수의 변화에 원인이나 동기의 역할을 하는 변수로서, 외생변수의 변이는 인과모형의 외부에 있는 다른 원인에

[2] 일반적으로 경로도에서 관찰변수는 사각형으로, 잠재변수는 원(타원)으로 표현된다.

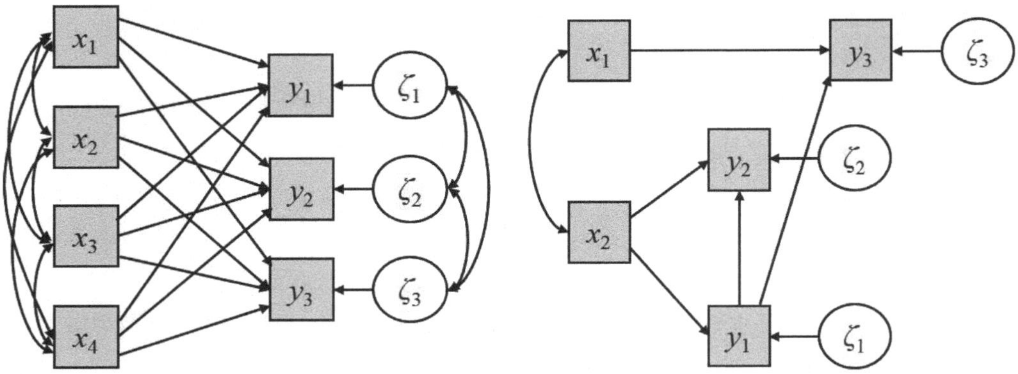

(a) 다변량 회귀분석 모형 (b) 경로분석 모형

⟨그림 1.4⟩ 잠재변수가 없는 구조방정식모형의 예

의해 결정된다. 앞의 ⟨그림 1.3⟩에서 잠재변수 '사회경제적 상태'(ξ_1)는 다른 변수들에 영향을 주기만 하는 변수로서 외생변수에 해당된다. 일반적으로 모든 외생변수들 간에는 서로 연관관계가 있는 것으로 가정된다. 한편 **내생변수**(endogenous variable)는 외생변수나 다른 내생변수에 의해서 영향을 받는 변수로서, 내생변수의 변이는 모형을 통해 적극적으로 설명하려는 부분이 된다. ⟨그림 1.3⟩에서 잠재변수 '소외감'(η_1, η_2)은 내생변수에 해당된다.

구조방정식모형을 규정할 때 일반적으로 잠재변수가 하나도 없는 경우와 잠재변수가 존재하는 경우로 모형을 분류하는 것이 도움이 된다. 여기에서는 ⟨그림 1.2⟩ ~ ⟨그림 1.5⟩의 예를 들어 외생변수와 내생변수를 구분하여 보자.[3]

(1) 잠재변수가 없는 모형(관찰변수만 있는 모형)

⟨그림 1.2⟩ 및 ⟨그림 1.4⟩에서와 같이 잠재변수가 없는 경우(관찰변수만 있는 경우)에는 관찰변수들을 외생변수와 내생변수로 구분하면 된다.

예를 들어, ⟨그림 1.2⟩에서 관찰변수 x_1(근무년수), x_2(나이)는 외생변수이고, 관찰변수 y_1(복종심), y_2(지지도), y_3(호감도)는 내생변수이다.

(2) 잠재변수가 있는 모형

⟨그림 1.5⟩에서와 같이 잠재변수가 존재하는 경우에는 잠재변수들을 외생변수와 내생변수로 구분하면 된다.

[3]외생변수와 내생변수를 구분할 때, 경로도에서 인과관계를 나타내는 한방향 화살표(⟶)만 고려하면 된다. 양방향 화살표(⟷)는 외생변수들 간의 연관관계를 나타낸다.

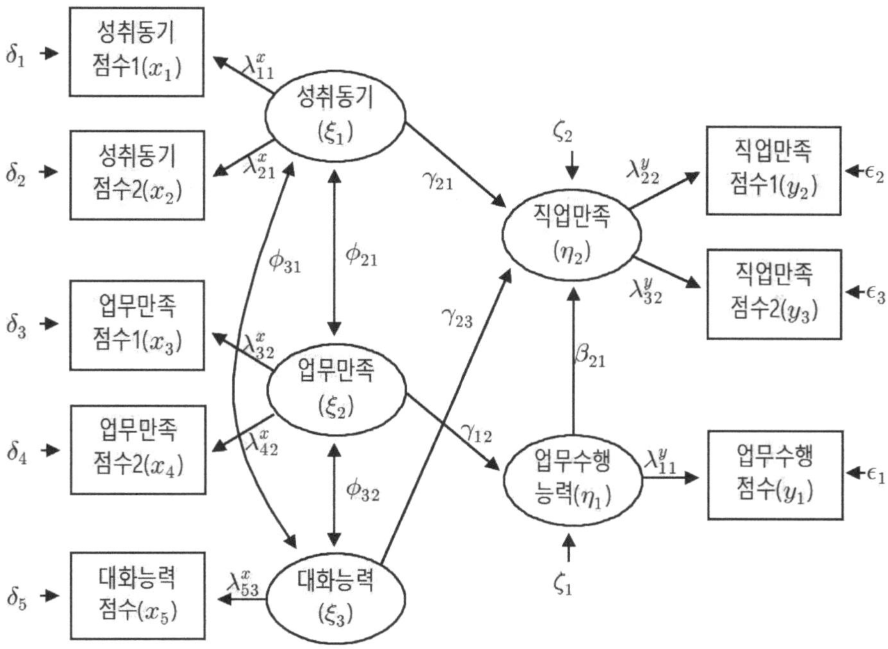

〈그림 1.5〉 잠재변수가 있는 구조방정식모형의 예

이 예에서 잠재변수 ξ_1(성취동기), ξ_2(업무만족), ξ_3(대화능력)은 외생변수이고, 잠재변수 η_1(업무수행능력), η_2(직업만족)은 내생변수이다.[4] 그리고 잠재변수가 있는 구조방정식모형의 경우 모든 관찰변수는 내생변수에 해당한다.

1.3.3 오차변수

구조방정식모형에는 일반적으로 각 내생변수에 대응되는 오차변수(error variable)들이 포함된다. 여기에서 **오차변수**란 모형에 포함되어 있는 인과관계로는 설명될 수 없으나 내생변수의 변이를 발생시키는 하나의 원인으로써 모형에 도입되는 일종의 외생변수이다. 오차변수에는 내생변수에 대한 측정 및 관찰오차, 내생변수 고유의 특수한 성질, 현재의 이론구조에서 누락되어 있는 가능한 외생변수들, 구축된 모형의 함수적 형태에서의 오류 등 일반적인 통계적 모형을 분석할 때 고려되는 오차들의 내용이 포괄적으로 포함된다.

일반적으로 오차변수들이 서로 독립인 것으로 가정하지만, 〈그림 1.3〉에서와 같이 오차변수들이 서로 연관관계(양방향 화살표)를 가지는 것으로 가정할 수도 있다.

---

[4] ξ(크사이), η(에이터), δ(델타), ϵ(엡실런), ζ(제이터) 등에 대하여는 다음 절의 〈표 1.1〉에 자세히 정리되어 있다. AMOS를 사용하는 경우 이와 같은 기호를 반드시 사용할 필요는 없다.

(1) 잠재변수가 없는 모형(관찰변수만 있는 모형)

⟨그림 1.2⟩ 및 ⟨그림 1.4⟩에서와 같이 잠재변수가 없는 경우(관찰변수만 있는 경우)에는 내생 관찰변수에 오차변수들이 하나씩 대응되어야 한다. ⟨그림 1.2⟩에서는 내생 관찰변수 y_1(복종심), y_2(지지도), y_3(호감도)에 각각 오차변수 ζ_1, ζ_2, ζ_3가 연결되어 있다.

(2) 잠재변수가 있는 모형

⟨그림 1.3⟩ 및 ⟨그림 1.5⟩에서와 같이 잠재변수가 존재하는 경우에는 내생 잠재변수들에 오차변수들이 하나씩 대응되어야 한다. ⟨그림 1.5⟩에서는 내생 잠재변수 η_1(업무수행능력), η_2(직업만족)에 각각 오차변수 ζ_1, ζ_2가 연결되어 있다.

또한, 잠재변수가 있는 구조방정식모형의 경우 모든 관찰변수는 내생변수이므로, 각 관찰변수에도 오차변수들이 하나씩 대응되어야 한다. ⟨그림 1.5⟩에서 δ_i와 ϵ_i은 각각 관찰변수 x, y에 대한 오차변수들을 나타내고 있다.

1.4 경로도 작성

모형이란 적절한 논리적 배경에 바탕을 두고 일차적으로 만들어진 가설 또는 가정들의 집합으로, 실험과 통계분석 이전에 해당 분야의 연구자에 의해 미리 결정되어야 할 사항이다. 분석자는 이와 같이 미리 가정된 모형에 바탕을 두고 적절한 기법을 선택하여 분석을 수행하게 되는 것이다.

경로도(path diagram)는 앞의 ⟨그림 1.2⟩~⟨그림 1.5⟩에서와 같이 변수들 간의 인과관계 및 연관관계를 그림으로 표현한 것으로, 이와 같이 연구자에 의해 고려되는 모형을 그래프로 표현함으로써 모형을 시각적으로 쉽게 이해할 수 있도록 할 뿐만 아니라 모형 전체를 포괄적으로 나타내는 매우 효과적인 방법 중의 하나이다. 특히 해당분야의 연구자와 통계분석자가 다를 경우, 이들 간의 상호 이해와 확인의 용이성 등 원활한 의사소통이란 측면에서 경로도를 통한 표현의 중요성이 두드러진다고 하겠다.

LISREL 표기법에서는 경로도나 수식에 의한 모형의 표현에서 변수 및 계수 등 모수들을 ⟨표 1.1⟩에서와 같이 영문자와 그리스문자를 이용하여 나타낸다. AMOS 소프트웨어를 이용할 경우 이와 같은 표기법을 사용할 필요는 없으나, 많은 문헌에서 여전히 이러한 기호들이 사용되므로 독자들은 ⟨표 1.1⟩의 내용을 참조할 필요가 있을 것이다.

경로도에서는 모형에 포함되어 있는 각 변수의 유형과 그들 간의 인과관계 및 연관관계를 한눈에 알아볼 수 있도록 표현하는 것이 무엇보다 중요하다. 따라서 이를 위해 일반적으로 사용되는 몇 가지 규칙이 있는데 이들을 요약하면 다음과 같다.

〈표 1.1〉 LISREL 표기법에서 사용되는 기호

구 분		원소	행렬	이 름	내 용
변수	잠재변수	ξ	$\boldsymbol{\xi}$	xi	외생잠재변수
		η	$\boldsymbol{\eta}$	eta	내생잠재변수
	관찰변수	x	$\boldsymbol{x}$	x	ξ와 관련된 관찰변수
		y	$\boldsymbol{y}$	y	η와 관련된 관찰변수
	오차변수	δ	$\boldsymbol{\delta}$	delta	x에 대응되는 오차변수
		ϵ	$\boldsymbol{\epsilon}$	epsilon	y에 대응되는 오차변수
		ζ	$\boldsymbol{\zeta}$	zeta	η에 대응되는 오차변수
경로계수 (인과관계)	측정모형	λ^x	Λ_x	lambda-x	ξ와 x의 인과관계
		λ^y	Λ_y	lambda-y	η와 y의 인과관계
	구조모형	γ	Γ	gamma	ξ와 η의 인과관계
		β	B	beta	η들 간의 인과관계
공분산 (연관관계)	오차변수	θ^δ	Θ_δ	theta-delta	δ들 간의 연관관계
		θ^ϵ	Θ_ϵ	theta-epsilon	ϵ들 간의 연관관계
		ψ	Ψ	psi	ζ들 간의 연관관계
	잠재변수	ϕ	Φ	phi	ξ들 간의 연관관계

- 관찰변수는 직사각형으로 표시한다.
- 잠재변수는 원(타원)으로 표시한다.
- 오차변수도 일종의 잠재변수이므로 원(타원)으로 표시한다. 또는 원(타원)을 표시하지 않는다.
- 인과관계는 한방향 화살표($\longrightarrow$ 또는 $\longleftarrow$)로 표시한다.
- 연관관계는 양방향 화살표($\longleftrightarrow$)로 표시한다.

1.5 구조방정식모형의 유형

일반적으로 하나의 구조방정식모형은 외생변수와 내생변수 또는 내생변수들 간의 관계에 의해서 구체적으로 표현되는데, 앞에서 설명한 바와 같이 구조방정식모형의 구성요소는 외생 잠재변수(ξ) 및 이와 관련된 관찰변수(x), 내생 잠재변수(η) 및 이와 관련된 관찰변수(y), 관찰변수 x에 대응하는 오차변수(δ), 관찰변수 y에 대응하는 오차변수(ϵ), 내생잠재변수 η에 대응하는 오차변수(ζ) 등이다. 특히 (x, ξ)에 관한 모형을 x-측정모형, (y, η)에 관한 모형을 y-측정모형, (ξ, η)에 관한 모형을 구조모형이라 부른다.[5]

[5]측정모형(measurement model)과 구조모형(structural model)에 대하여는 5장에서 자세하게 다룬다.

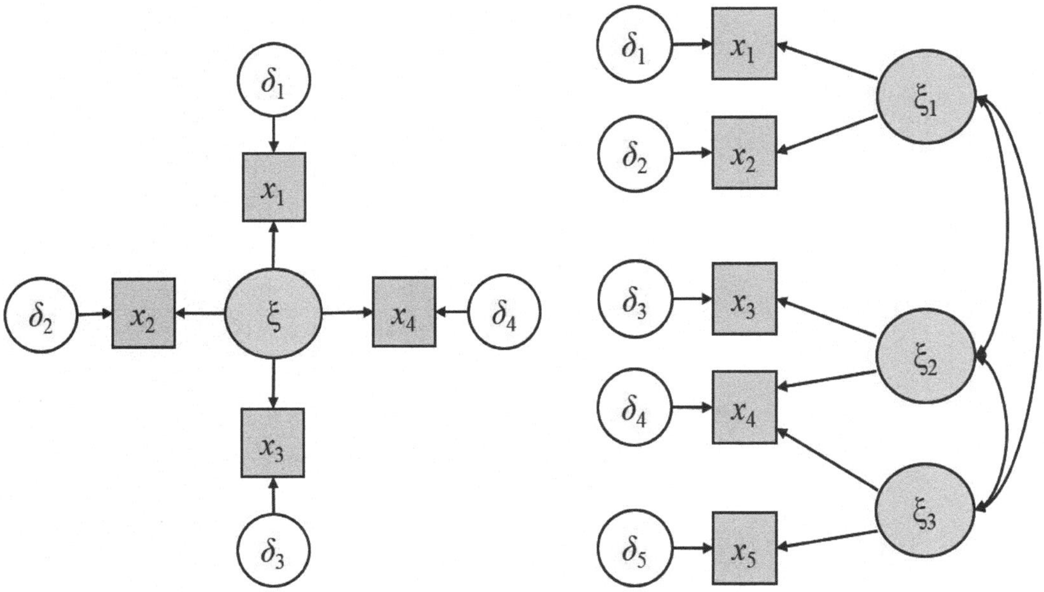

(a) 단일-인자 동종측정 모형　　　　(b) 확증적 인자분석 모형

〈그림 1.6〉 외생 잠재변수만 있는 구조방정식모형의 예

한편, 경우에 따라서는 일부의 관찰변수 또는 잠재변수들로 구성되는 모형이 고려되기도 하는데, 여기에서는 구조방정식모형을 몇 가지 유형으로 분류하고 그 구조를 살펴보기로 하자.

(1) 잠재변수가 없는 모형(관찰변수만 있는 모형)

잠재변수가 존재하지 않고 외생 관찰변수(x)와 내생 관찰변수(y)만 존재하는 모형이다. 다변량 회귀분석 모형(multivariate regression analysis model, 그림 1.4-a) 및 경로분석 모형(path analysis model, 그림 1.4-b) 그리고 계량경제 모형(econometric model) 등이 여기에 해당된다.

(2) 외생 잠재변수만 있는 모형

외생 잠재변수(ξ) 및 이와 관련된 관찰변수(x) 그리고 오차변수(δ)만 존재하는 모형이다. 동종측정 모형(congeneric measurement model, 그림 1.6-a) 및 확증적 인자분석 모형(confirmatory factor analysis model, 그림 1.6-b) 등이 여기에 해당된다. 이와 같은 유형의 구조방정식모형에서는 잠재변수들 간에 연관관계(양방향 화살표)만 존재하고 인과관계(한방향 화살표)는 존재하지 않는다.

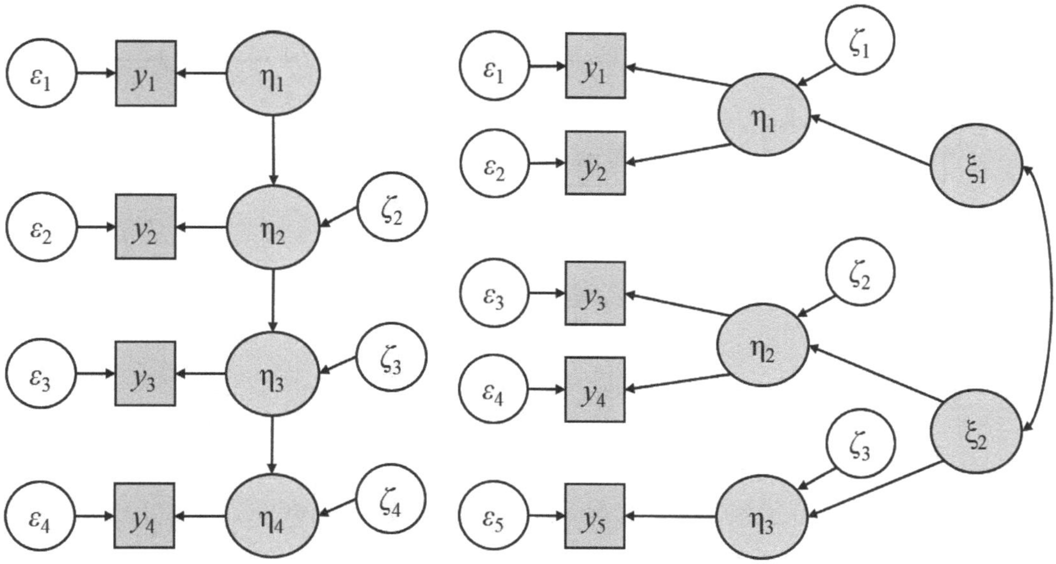

(a) 심프렉스 모형　　　　(b) 2-단계 인자분석 모형

〈그림 1.7〉 외생 잠재변수에 대한 관찰변수가 없는 모형의 예

(3) 외생 잠재변수에 대한 관찰변수가 없는 모형

외생 잠재변수(ξ) 및 내생 잠재변수(η) 그리고 내생 잠재변수와 관련된 관찰변수(y)만 존재하며, 외생 잠재변수와 관련된 관찰변수(x)가 존재하지 않는 모형이다. 심프렉스 모형(simplex model, 그림 1.7-a) 및 2-단계 인자분석 모형(second-order factor analysis model, 그림 1.7-b) 등이 여기에 해당된다.

(4) 외생, 내생 잠재변수가 모두 있는 모형

외생 잠재변수(ξ)와 관련된 관찰변수(x), 내생 잠재변수(η)와 관련된 관찰변수(y) 등이 모두 존재하는 모형이다. 즉, 앞에서 설명한 모든 유형의 변수들이 존재하는 모형으로 Full LISREL 모형이라고 불리기도 한다. 〈그림 1.3〉과 〈그림 1.5〉 등이 여기에 해당된다.

1.6 동치모형

모형 구축이나 수정 단계에서 연구자들이 자주 간과하는 문제 중 하나는 동치모형의 존재이다. **동치모형**(equivalent model)이란 변수들 간에 설정된 경로는 다르지만 동일한 추정 공분산행렬을 산출하는 모형을 말한다. 동치모형은 동일한 적합도와 자유도를 가지

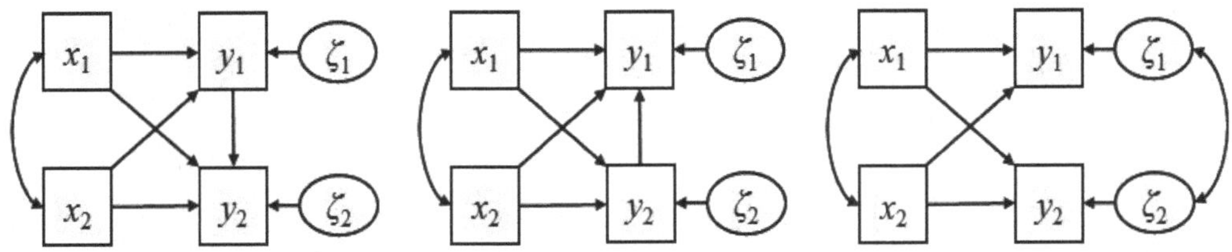

(a) (b) (c)

〈그림 1.8〉 동치모형의 예

므로, 적합도 측면에서는 동일한 우수성을 갖는 모형이라고 할 수 있다(적합도에 대하여는 4장과 부록에서 자세히 설명한다).

〈그림 1.8〉에서 모형 (a)와 (b)는 내생변수 y_1과 y_2에 대한 인과관계의 방향이 다르다. 모형 (c)는 y_1과 y_2에 대한 인과관계가 없으며, 대신 두 내생 오차변수에 대한 연관관계가 설정되어 있다. 이러한 모형 (a), (b), (c)가 표면적으로는 서로 달라 보이지만, 수리적인 관점에서는 동일한 자유도와 접합도를 갖는 동치 관계에 있는 모형이다. 이 경우 어느 모형을 선택하는 것이 타당한지에 대하여 통계적 수치나 소프트웨어는 전혀 도움이 되지 않으며, 전적으로 연구자가 이론적 정당성에 근거하여 모형을 설정해야 한다.

연구모형을 구축할 때 가장 중요한 것은 관련 분야의 이론과 실제에 대한 식견이다. 따라서 연구자는 해당 분야의 이론과 경험적 결과들을 충분히 검토하여 타당한 모형을 설정하도록 노력해야 한다.

MacCallum & Austin(2000)은 16개 저널에 발표된 약 500개의 구조방정식모형 응용 논문을 분석한 결과, 연구자들이 여전히 동치모형에 대하여 인식하지 못하거나 이를 무시하고 있다는 점을 발견했다. 이처럼 모형에 대하여 확증하는 편향(confirmation bias)은 근래 구조방정식모형의 실제 활용에서 나타나는 가장 심각한 문제점 중 하나이다(이현숙 등, 2010). 강현철(2013)은 일부 내생변수의 인과관계를 고려하지 않거나 동치모형의 존재를 인식하지 못함으로써 모형설정에 문제가 있어 보이는 많은 연구들이 발견되었음을 지적하고 있다.

1.7 통제변수, 매개변수, 조절변수

구조방정식모형에는 연구자의 관점에 따라 서로 다른 역할을 하는 다양한 개념의 변수들이 포함된다. 여기에서는 구조방정식모형에서 주로 고려되는 몇 가지 유형의 역할 변수들에 대하여 간단히 설명한다.

(1) 통제변수(Control Variable)

연구의 주 관심 변수는 아니지만 외생변수와 내생변수에 영향을 주기 때문에 그 영향력을 통제할 목적으로 모형에 도입되는 변수이다. 〈그림 1.3〉의 경우를 예로 들어 보자. 데이터가 '사회경제적 상태'가 상이한 값들로 구성되어 있고, '사회경제적 상태'가 다른 변수들에 영향을 미치는 것이 당연하다면, 연구자는 이 변수의 영향력을 통제한 상태에서 다른 변수들의 인과관계를 추정하고자 할 수 있다. 통제변수는 일반적으로 경로도에서 외생변수로 도입된다.

(2) 매개변수(Mediator Variable)

다른 변수들의 인과관계 사이에 존재하는 변수이다. 예를 들어, 〈그림 1.2〉에서 '지지도'(y_2)는 '복종심(y_1) $\longrightarrow$ 호감도(y_3)' 사이에서 그들의 인과관계를 매개하는(mediating) 역할을 하고 있다. 일반적인 통계모형과 비교하여 경로분석모형 또는 구조방정식모형의 가장 큰 특징 중 하나는 이러한 매개변수를 모형에 도입할 수 있다는 것이다. 매개변수의 효과는 간접효과(indirect effect)에 의하여 추정(검정)되는데 이에 대하여는 6장에서 자세히 다룬다.

(3) 조절변수(Moderator Variable)

변수들 간의 인과관계의 크기에 영향을 미치는 제3의 변수이다. 예를 들어, 〈그림 1.2〉에서 '복종심(y_1) $\longrightarrow$ 호감도(y_3)'의 인과관계에 대한 크기가 성별에 따라 다를 수 있다. 예컨대, 남자의 경우에는 인과관계의 강도가 크고 여자의 경우에는 인과관계의 강도가 작을 수 있다. 즉, 조절변수로 인하여 인과관계가 강해지거나 약해질 수 있고 혹은 부호(+, −)가 바뀔 수 있다. 조절변수의 효과는 다중집단분석(multi-group analysis)이나 상호작용(interaction) 변수를 통해 분석되는데, 이에 대하여는 7장에서 자세히 다룬다.

이와 같은 변수의 구분은 연구의 개념에 따른 것이므로 경로도에서는 명확히 구분되지 않을 수 있다. 따라서 연구자는 계획된 개념에 따라 적절하게 모형을 구축하고 결과를 해석하여야 한다.

1.8 구조방정식모형의 구축 및 분석 절차

구조방정식모형을 구축하고 데이터를 통해 모형을 분석하는 일반적 단계는 다음과 같다. 각 단계는 하나하나가 중요하므로 포함된 내용들을 꼼꼼하게 점검하여야 한다.

(1) 연구문제 설정

기존의 이론 및 경험적 연구결과들을 수집하고 정리하여 새로운 연구문제를 설정한다. 어떤 일이든 시작이 잘못되면 전체가 일그러지게 되므로, 이 단계에 많은 시간과 노력을 투자하여 올바른 방향을 지향해야 한다.

(2) 가설 설정 및 모형 구축

연구의 대상이 될 관찰변수들과 잠재변수들을 설정하고, 연구분야의 이론적·경험적 논리에 근거하여 인과관계 및 연관관계를 규정함으로써 전체적인 가설적 모형의 틀을 구축한다. 구축된 가설적 모형은 종이에 경로도의 형태로 표현해 두는 것이 좋다.

(3) 데이터 수집

각각의 관찰변수들에 대한 조작적 정의 및 적절한 측정방법(측정도구, 설문지, 관찰 등)을 설정하며, 데이터 수집에 대한 절차 및 일정을 계획하고 이에 따라 실제 데이터를 수집한다.

(4) 데이터 탐색 및 처리

데이터가 올바르게(타당하고 신뢰할 수 있게) 수집되었는지를 평가하고, 각 관찰변수들의 주요 특성 및 분포를 탐색하며, 합계 또는 평균 등 가공 변수들을 생성함으로써 분석에 사용할 수 있도록 데이터를 준비하는 단계이다.

(5) 통계분석 수행

소프트웨어를 활용하여 실제 통계분석을 수행하며, 경로도(또는 프로그램) 작성, 모형에 대한 전반적 평가, 모형의 수정 및 재분석, 최종모형의 선택, 분석 결과에 대한 해석 등과 같은 내용들이 포함된다.

(6) 결론 도출 및 보고서 작성

위의 각 단계에서 정리된 내용 및 분석결과들을 근거로 적절한 결론을 도출하고 형식에 맞추어 보고서를 작성한다.

제 2 장
데이터 탐색과 준비

Data Exploration and Preparation

구조방정식모형을 이용하여 연구를 진행하기 위해서는 데이터 수집, 탐색, 가공 및 처리 등 사전에 수행해야 할 많은 작업들이 있다. 이 장에서는 데이터 탐색 및 처리 등 여러 가지 사전 작업들을 수행하는 내용을 다룬다. 또한, 주요 기술통계량과 상관계수에 대하여 설명한다.

2.1 분석 사례 – 데이터 탐색

관찰변수들의 분포를 탐색하는 것은 모든 통계분석의 기본이 된다. 이 절에서는 데이터를 탐색하고 그 결과를 정리하는 내용을 다루도록 한다. 여기에서 사용되는 데이터는 'Stu_Outlier.csv'로서 특이값이 존재하도록 가공된 것이다. 이 데이터에는 15명의 학생에 대한 다섯 개의 변수가 포함되어 있다: Y1(필수과목), Y2(선택과목), X1(일반상식), X2(지능지수), X3(교육동기).

2.1.1 분석 사례 – describe 함수

다음 ⟨예 2.1⟩에서 사용된 psych(a package for personality, psychometric, and psychological research) 패키지는 데이터 탐색 및 분석을 위한 다양한 함수들을 제공하며, describe(basic descriptive statistics useful for psychometrics) 함수는 데이터 프레임 내의 변수들에 대하여 기술통계량들을 간단히 출력할 수 있는 함수이다.

⟨예 2.1⟩ describe 함수 (psych 패키지)

```
> Stu_Outlier <-read.csv("E:/My_Work/Data/Stu_Outlier.csv",header=TRUE)
> library(psych)
> describe(Stu_Outlier[c("Y1","Y2","X1","X2","X3")])
#-------------------------------------------------------------------
    n   mean    sd median trimmed  mad   min   max range  skew kurtosis
Y1 15   2.27  0.77    2.6    2.31 0.74   0.8   3.2   2.4 -0.57    -1.03
Y2 15   2.51  0.87    2.6    2.54 0.89   1.0   3.7   2.7 -0.29    -1.28
X1 15  84.20  6.89   84.0   84.31 5.93  72.0  95.0  23.0 -0.16    -1.02
X2 15 118.73 11.82  115.0  116.15 2.97 111.0 160.0  49.0  2.79     6.94
X3 15  17.01  1.64   17.3   17.15 1.19  12.7  19.5   6.8 -1.01     0.80
```

위의 결과에는 평균(mean), 표준편차(sd), 최솟값(min), 최댓값(max), 왜도(skewness), 첨도(kurtosis) 등의 통계량이 출력되어 있다. 이들 통계량에 대한 요약과 해석은 2.2절에서 다루도록 한다.

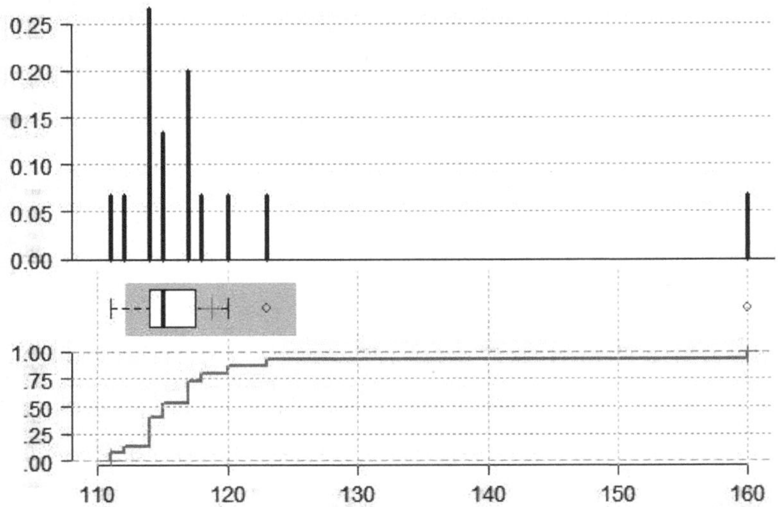

〈그림 2.1〉 변수 X2(지능지수)의 분포 ← Desc 함수

2.1.2 분석 사례 – Desc 함수

다음 〈예 2.2〉에서 사용된 DescTools(tools for descriptive statistics and exploratory data analysis) 패키지의 Desc(describe data) 함수는 기술통계량뿐만 아니라 히스토그램, 상자그림, 누적분포함수 등의 그래프도 출력할 수 있는 유용한 함수이다.[1]

〈예 2.2〉 Desc 함수 (DescTools 패키지)

```
> library(DescTools)
> options(scipen=100)
> Desc(Stu_Outlier[c("Y1","Y2","X1","X2","X3")],plotit=TRUE,digits=3)
#----------------------------------------------------------------------
X2 (integer)

 length        n      NAs   unique       0s     mean   meanCI
     15       15        0        9        0  118.733  112.189
          100.0%     0.0%              0.0%           125.277

    .05      .10      .25   median      .75      .90      .95
111.700  112.800  114.000  115.000  117.500  121.800  134.100

  range       sd    vcoef      mad      IQR     skew     kurt
 49.000   11.817    0.100    2.965    3.500    2.789    6.944
```

[1] describe 함수와 Desc 함수에 대하여 보다 자세한 설명은 "예제로 배우는 R 데이터 분석 입문(강현철 등, 2017)"을 참조하기 바란다.

- options(scipen=n): 옵션 scipen에 대한 값을 지정한다. n이 양수(positive integer)이면 일반적인 표현으로 수치값들이 출력되며, n이 음수(negative integer)이면 5.320e+01와 같이 과학적 표기법(scientific notation)으로 수치값들이 출력된다.
- Desc(dataframe,plotit=,digits=,$\cdots$): 데이터 프레임의 각 변수들에 대하여 요약 통계량들을 출력하는 함수이다. 요인(factor) 변수에 대하여는 빈도와 퍼센트를 출력하며, 수치형(numeric) 변수에 대하여는 기술통계량들을 출력한다. plotit=TRUE 인수를 지정하면 히스토그램, 상자그림, 누적분포도 등의 그래프를 출력한다(그림 2.1 참조). digits= 인수는 출력결과에 적용될 소숫점의 자릿수를 지정한다.

⟨예 2.2⟩에는 변수 X2(지능지수)의 결과만을 제시하였다. 특히 변수 X2(지능지수)에 대한 히스토그램과 상자그림 등에서(그림 2.1 참조), 대부분의 값들이 110에서 125 사이에 있으나 160 정도의 매우 큰 값이 하나 있음을 확인할 수 있다. 기술통계량들에 대한 요약과 해석은 2.2절에서 다루도록 한다.

2.2 기술통계량

2.1절의 결과들을 전체적으로 정리하여 요약한 내용이 ⟨표 2.1⟩에 제시되어 있다. 이 절에서는 여기에 제시된 것들을 중심으로 주요 기술통계량들에 대하여 간단히 설명한다.

2.2.1 평균, 최솟값, 최댓값

먼저 평균, 최솟값, 최댓값 등을 통해 관찰변수들의 기본적 특징을 살펴보아야 한다. **평균**(mean)은 데이터들의 합계(sum)를 표본크기 n으로 나눈 것을 말한다. 변수 x_i에 대

⟨표 2.1⟩ 기술통계량에 대한 요약

	평균	범위		표준편차		왜도		첨도	
		최솟값	최댓값	표준편차	CV	왜도	Z-값	첨도	Z-값
Y1	2.27	0.8	3.2	0.77	34.0%	−0.57	−0.91	−1.03	−0.81
Y2	2.51	1.0	3.7	0.87	34.6%	−0.29	−0.46	−1.28	−1.01
X1	84.20	72.0	95.0	6.89	8.2%	−0.16	−0.26	−1.02	−0.80
X2	118.73	111.0	160.0	11.82	10.0%	2.79	4.41	6.94	5.49
X3	17.01	12.7	19.5	1.64	9.6%	−1.01	−1.59	0.80	0.63

해서 n개의 표본으로부터 관찰값 $(x_{1i}, x_{2i}, \cdots, x_{ni})$를 얻은 경우, 변수 x_i의 표본 평균 $\bar{x}_i$은 다음과 같이 계산된다.

$$\bar{x}_i = \frac{x_{11} + x_{21} + \cdots + x_{n1}}{n} = \frac{1}{n}\sum_{k=1}^{n} x_{ki}. \tag{2.1}$$

평균은 대푯값의 측도이므로 평균을 통해 관찰값들이 전체적으로 어디에 몰려 있는지를 살펴볼 필요가 있다. 만약 어떤 관찰변수의 평균이 너무 높거나 너무 낮다면, 해당 문항의 내용 및 데이터가 수집된 대상 등에 대하여 종합적인 검토를 수행할 필요가 있다.

또한, 최솟값(minimum)과 최댓값(maximum)을 기초로 너무 작거나 큰 특이값이 있는지를 파악할 필요가 있다. 이때 상자그림과 히스토그램 등을 함께 살펴보는 것은 매우 유용하다.

예를 들어, 〈그림 2.1〉과 〈표 2.1〉을 통해서 변수 X2(지능지수)의 경우 매우 큰 값(160)이 하나 있음을 확인할 수 있다. 일반적으로 특이값은 입력 오류이거나 분석에서 제외되는 것이 바람직한 값일 수 있으므로 데이터를 다시 확인해 볼 필요가 있다.

2.2.2 분산, 표준편차, 변동계수

한 변수의 변이정도(variability)는 보통 **분산**(variance)으로 측정되는데, 이는 자료값들이 평균으로부터 얼마만큼 떨어져 있는지를 측정하는 산포도(measure of dispersion)의 측도 중 하나이다. 변수 x_i의 표본 분산 s_i^2은 다음과 같이 계산된다.

$$s_i^2 = \frac{1}{n-1}\sum_{k=1}^{n}(x_{ki} - \bar{x}_i)^2. \tag{2.2}$$

한편, 분산 s_i^2에 제곱근을 취한 $s_i (= \sqrt{s_i^2})$를 **표준편차**(standard deviation)라고 한다. 표준편차는 원래 변수의 측정단위와 동일한 단위를 가지기 때문에 변수에 대한 변이(variation)의 측도로서 주로 사용된다.

표준편차가 너무 크게 나타나면 특이값이 존재할 수 있으므로 주의해야 하고, 표준편차가 너무 작게 나타나면 해당 측정변수가 가지고 있는 정보가 많지 않다는 것을 의미하므로, 그러한 이유를 파악해 보아야 한다. 이러한 과정에서 각 변수별 빈도표나 히스토그램을 이용하여 분포를 살펴보는 것은 매우 추천된다.

표준편차는 측정단위를 가지고 있기 때문에 측정단위가 다른 자료들의 산포도를 비교하기가 곤란하다. 변수 x_i의 **변동계수**(coefficient of variation, 변이계수)는 다음과 같이 평균에 대한 표준편차의 백분율로 정의된다.

$$CV_i = \frac{s_i}{\bar{x}_i} \times 100(\%). \tag{2.3}$$

이는 측정단위에 의존하지 않으므로 측정단위나 상대크기가 서로 다른 자료들의 산포도를 비교할 때 유용하며, 산포도를 대푯값에 대한 상대비율로 표현한다는 특징이 있다.

예를 들어, 〈표 2.1〉에서 변수 Y1, Y2의 변동계수(CV)가 상대적으로 크고, 변수 X1, X2, X3의 변동계수가 상대적으로 작다는 것을 볼 수 있다.

2.2.3 왜도, 첨도

왜도(skewness)와 첨도(kurtosis)를 통해 측정변수들의 다른 특성들을 살펴보는 것도 바람직하다. 특히 구조방정식모형에 대한 분석에서 최대우도법을 사용할 경우 그 근거가 되므로 왜도와 첨도를 통해 정규성 여부를 평가할 필요가 있다.

데이터 값들의 분포에 대한 비대칭(치우침)의 정도를 나타내는 **왜도(歪度)**는 다음과 같이 계산된다.

$$Skewness = \frac{1}{n-1}\sum_{i=1}^{n}\left(\frac{x_i-\bar{x}}{s}\right)^3. \tag{2.4}$$

왜도가 0이면 자료분포의 형태가 좌우 대칭이라는 것을 의미하고, 0보다 크면 자료분포가 왼쪽으로 치우쳐진(오른쪽으로 긴 꼬리를 가지는) 형태라는 것을 의미하며, 0보다 작으면 자료분포가 오른쪽으로 치우쳐진(왼쪽으로 긴 꼬리를 가지는) 형태라는 것을 의미한다.

첨도(尖度)는 데이터 분포의 뾰족한 정도를 나타내는 것으로 다음과 같이 계산된다.

$$Kurtosis = \frac{1}{n-1}\sum_{i=1}^{n}\left(\frac{x_i-\bar{x}}{s}\right)^4 - 3. \tag{2.5}$$

표준정규분포의 첨도는 0이 되는데, 따라서 첨도가 0보다 크면 자료분포의 형태가 표준정규분포보다 더 뾰족하다는 것을 의미하고, 첨도가 0보다 작으면 자료분포의 형태가 표준정규분포보다 더 납작하다는 것을 의미한다.

데이터의 왜도 및 첨도가 정규분포와 유의하게 다른가를 검토하기 위해서는 표준화값(standardized score)을 계산할 필요가 있다. 왜도와 첨도의 표준화값(Z-값)은 다음과 같이 정의된다.

$$Z\text{-값} = \frac{\text{통계량}}{\text{표준오차}}. \tag{2.6}$$

여기에서 왜도의 표준오차는 $\sqrt{6/n}$이고, 첨도의 표준오차는 $\sqrt{24/n}$이다. 이러한 Z-값은 근사적으로 표준정규분포에 따르므로, 일반적으로 $|Z| > 3$(또는 2)일 경우 정규분포를 따르지 않는 것으로 판정하기도 한다.[2]

다음 〈예 2.3〉은 describe 함수의 결과를 이용하여 왜도와 첨도에 대한 Z-값을 계산하는 예이다.

[2] 표준오차는 표본크기에 영향을 받는다. 따라서 표본크기가 매우 클 경우에는 왜도와 첨도, Z-값, 히스토그램, 상자그림 등을 전체적으로 검토하는 것이 바람직하다.

⟨예 2.3⟩ 왜도와 첨도에 대한 Z-값 계산

```
> Stu.desc <- describe(Stu_Outlier[c("Y1","Y2","X1","X2","X3")])
> Stu.desc$skew.z <- Stu.desc$skew/sqrt(6/Stu.desc$n)
> Stu.desc$kurt.z <- Stu.desc$kurtosis/sqrt(24/Stu.desc$n)
> Stu.desc
#-------------------------------------------------------------------
    skew kurtosis skew.z kurt.z
Y1 -0.57    -1.03  -0.91  -0.81
Y2 -0.29    -1.28  -0.46  -1.01
X1 -0.16    -1.02  -0.26  -0.80
X2  2.79     6.94   4.41   5.49
X3 -1.01     0.80  -1.59   0.63
```

⟨표 2.1⟩ 및 ⟨예 2.3⟩의 결과에서 변수 X2(지능지수)의 경우 왜도와 첨도에 대한 Z의 절댓값이 꽤 크다는 것을 살펴보기 바란다.

2.2.4 정규성 검정

정규성에 대한 검정법 중에서 가장 널리 사용되는 방법은 **샤피로-윌크**(Shapiro-Wilk) 검정이다. 샤피로-윌크 통계량 W는 0과 1사이의 값을 가지며, W가 1에 가까우면 자료가 정규분포에 따른다는 것을 나타낸다.

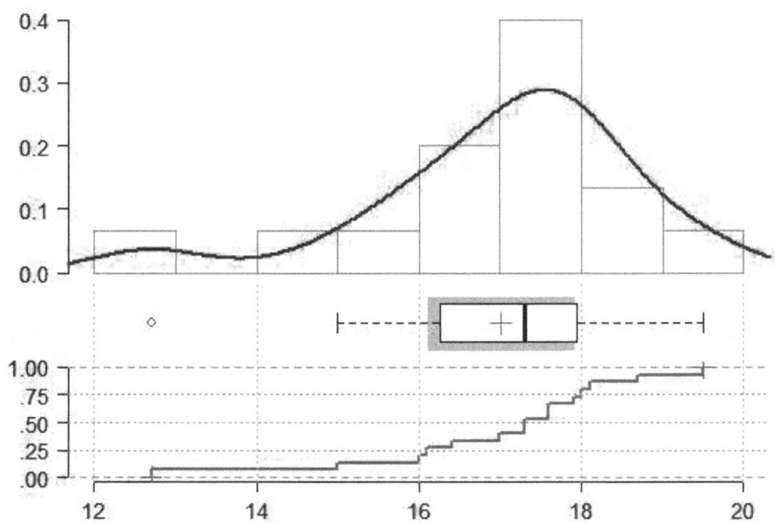

⟨그림 2.2⟩ 변수 X3(교육동기)의 분포 ← Desc 함수

〈예 2.4〉 샤피로-윌크(Shapiro-Wilk) 검정

```
> shapiro.test(Stu_Outlier$X2)
#-----------------------------------------------------------------------
Shapiro-Wilk normality test

data:  Stu_Outlier$X3
W = 0.51977, p-value = 0.000005101
#-----------------------------------------------------------------------
> shapiro.test(Stu_Outlier$X3)
#-----------------------------------------------------------------------
Shapiro-Wilk normality test

data:  Stu_Outlier$X3
W = 0.91517, p-value = 0.1625
```

〈예 2.4〉에서는 변수 X2(지능지수)와 X3(교육동기)에 대하여 샤피로-윌크 통계량에 의한 정규성 검정을 수행하였다. 정규성 검정(test of normality)에서 귀무가설은 "H_0: 모집단의 분포가 정규분포이다"[즉, $H_0 : x_1, x_2, \cdots, x_n \sim N(\mu, \sigma^2)$]가 된다. 따라서 샤피로-윌크 통계량에 의한 유의확률(p-값)이 유의수준(α)보다 작으면 모집단의 분포가 정규분포라는 가설을 받아들일 수 없게 된다.

위의 결과에서 변수 X2(지능지수)에 대한 출력결과를 살펴보면, p-값이 매우 작아서 이 변수의 분포가 정규분포를 따른다는 가설을 받아들이기가 어렵다는 것을 알 수 있다(그림 2.1 참조). 반면 변수 X3(교육동기)의 경우에는 p-값이 유의수준(예컨대, $\alpha = 0.05$)보다 크므로, 이 변수의 분포가 정규분포를 따른다는 가설을 받아들일 수 있다는 것을 알 수 있다(그림 2.2 참조).

2.3 분석 사례 – 상관계수

구조방정식모형에서는 주어진 데이터로부터 얻어진 관찰변수들의 변이 및 연관관계에 의해서 모형 내 인과관계에 대한 추론이 이루어진다. 이때 일반적으로 변이는 표준편차에 의해서 측정되고, 연관관계는 상관계수에 의해서 측정된다. 따라서 구조방정식모형을 분석하기 위해서는 이들 통계량의 내용을 잘 이해할 필요가 있다. 이 절에서는 공분산 및 상관계수를 얻는 사례를 다루도록 한다. 여기에서 사용되는 데이터 파일은 'Student.csv'이다(표 2.2 참조; Finn, 1974): Y1(필수과목), Y2(선택과목), X1(일반상식), X2(지능지수), X3(교육동기).

〈표 2.2〉 대학 신입생에 대한 성적 자료(Student.csv)

Obs.	Y_1	Y_2	X_1	X_2	X_3
1	0.8	2.0	72	114	17.3
2	2.2	2.2	78	117	17.6
3	1.6	2.0	84	117	15.0
4	2.6	3.7	95	120	18.0
5	2.7	3.2	88	117	18.7
6	2.1	3.2	83	123	17.9
7	3.1	3.7	92	118	17.3
8	3.0	3.1	86	114	18.1
9	3.2	2.6	88	114	16.0
10	2.6	3.2	80	115	16.4
11	2.7	2.8	87	114	17.6
12	3.0	2.4	94	112	19.5
13	1.6	1.4	73	115	12.7
14	0.9	1.0	80	111	17.0
15	1.9	1.2	83	112	16.1

2.3.1 산점도 작성

산점도(scatter plot)는 변수들 간의 관계를 시각적으로 탐색하는 데 유용하게 사용될 수 있으며, 〈그림 2.3〉과 같이 여러 변수들에 대한 산점도를 행렬의 형태로 나타낸 것을 **산점도 행렬**(scatter plot matrix)이라고 한다.

다음 〈예 2.5〉는 plot 함수를 이용하여 산점도 행렬을 작성하는 예이며, 출력된 그래프는 〈그림 2.3〉에 제시되어 있다.

〈예 2.5〉 산점도 행렬

```
> Student <- read.csv("E:/My_Work/Data/Student.csv",header=TRUE)
> plot(Student[c("Y1","Y2","X1","X2","X3")],pch=1,cex=2)
```

- plot(dataframe,pch=,cex=,⋯): 데이터 프레임의 변수들에 대하여 산점도 행렬을 출력하는 함수이다. pch= 인수는 점을 표시할 기호의 종류를 지정하며, 0부터 25까지의 숫자로 지정할 수 있다. 예를 들어, 0은사각형, 1은 원, 2는 삼각형 등을 나타낸다(기본값: pch=1). cex= 인수는 기호의 크기를 지정한다(기본값: cex=1).

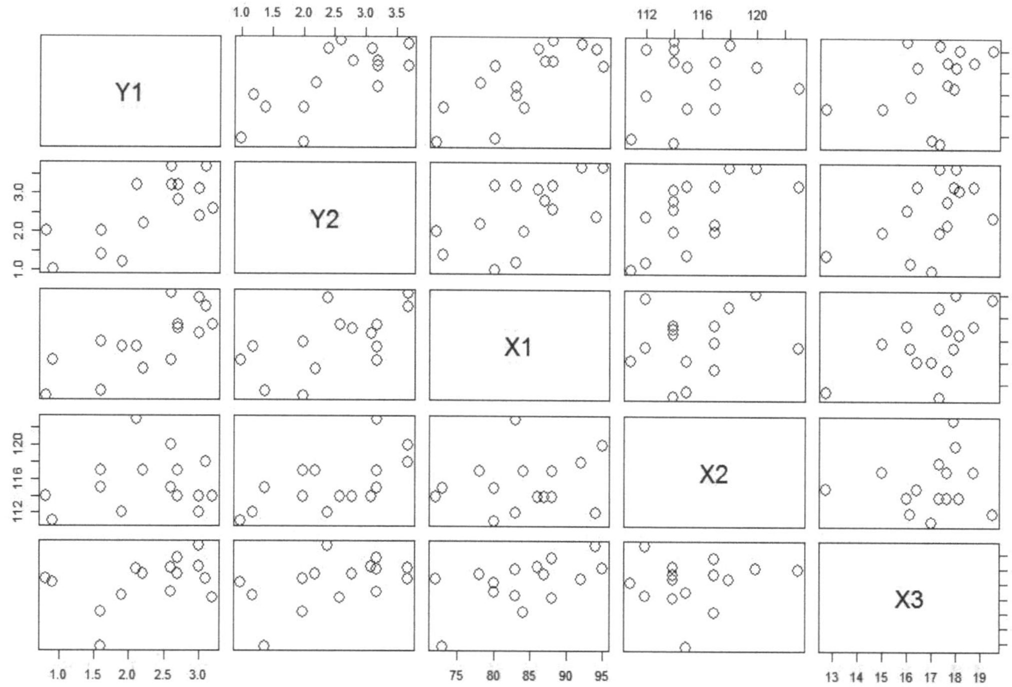

〈그림 2.3〉 산점도 행렬

이와 같은 산점도를 통해 변수들 간의 연관성을 대략적으로 살펴볼 수 있다. 예를 들어, 변수 Y1과 Y2는 양(+)의 연관성이 있음을 볼 수 있으며, 변수 X2와 X3는 선형적인 연관성이 작음을 볼 수 있다.

2.3.2 상관계수 계산

다음 〈예 2.6〉은 〈표 2.2〉의 데이터에 대하여 상관계수를 출력한 예이다. 이 예에서와 같이 cor 함수에 데이터 프레임을 지정하면 상관계수들이 정방행렬의 형태로 출력된다.

〈예 2.6〉 기술통계량과 상관계수 계산 [3]

```
> psych::describe(Student[c("Y1","Y2","X1","X2","X3")])
#-----------------------------------------------------------------
    n   mean   sd median trimmed  mad   min   max range  skew kurtosis
Y1 15   2.27 0.77    2.6    2.31 0.74   0.8   3.2   2.4 -0.57    -1.03
Y2 15   2.51 0.87    2.6    2.54 0.89   1.0   3.7   2.7 -0.29    -1.28
```

[3] R에서 여러 패키지를 설치하여 사용하다 보면 서로 다른 패키지에 동일한 이름의 함수가 존재할 수 있다. 이런 경우 R은 가장 마지막으로 적재(load)된 패키지에 있는 함수를 사용하게 된다. 한 가지 해결 방법은 함수를 사용할 때 패키지의 이름을 명시하여 지정하는 것이다. 예를 들어, 'psych::describe'는 psych 패키지에 있는 describe 함수를 호출한다. 이때, 패키지와 함수의 이름 사이에 콜론(:)을 두 개 삽입하면 된다.

```
X1 15  84.20 6.89   84.0   84.31 5.93  72.0  95.0  23.0 -0.16    -1.02
X2 15 115.53 3.20  115.0  115.31 2.97 111.0 123.0  12.0  0.68    -0.27
X3 15  17.01 1.64   17.3   17.15 1.19  12.7  19.5   6.8 -1.01     0.80
#-----------------------------------------------------------------------
> cor(Student[c("Y1","Y2","X1","X2","X3")])
#-----------------------------------------------------------------------
          Y1        Y2        X1        X2        X3
Y1 1.0000000 0.7212200 0.7521586 0.1726098 0.3945590
Y2 0.7212200 1.0000000 0.6060796 0.6313374 0.5020009
X1 0.7521586 0.6060796 1.0000000 0.1857455 0.5537531
X2 0.1726098 0.6313374 0.1857455 1.0000000 0.1058459
X3 0.3945590 0.5020009 0.5537531 0.1058459 1.0000000
```

〈예 2.7〉 상관계수와 p-값을 함께 출력하기

```
> library(Hmisc)
> Student.matrix <- as.matrix(Student[c("Y1","Y2","X1","X2","X3")])
> rcorr(Student.matrix)
#-----------------------------------------------------------------------
     Y1   Y2   X1   X2   X3
Y1 1.00 0.72 0.75 0.17 0.39
Y2 0.72 1.00 0.61 0.63 0.50
X1 0.75 0.61 1.00 0.19 0.55
X2 0.17 0.63 0.19 1.00 0.11
X3 0.39 0.50 0.55 0.11 1.00

n= 15

P
   Y1     Y2     X1     X2     X3
Y1        0.0024 0.0012 0.5384 0.1456
Y2 0.0024        0.0166 0.0116 0.0565
X1 0.0012 0.0166        0.5075 0.0322
X2 0.5384 0.0116 0.5075        0.7073
X3 0.1456 0.0565 0.0322 0.7073
```

한편, 모상관계수가 0이라는 가설(즉, $H_0 : \rho = 0$, $H_1 : \rho \neq 0$)을 검정하기 위한 p-값(유의확률)을 얻기 위해서는 〈예 2.7〉에서와 같이 Hmisc(Harrell miscellaneous) 패키지의 rcorr(matrix of correlations and p-values) 함수를 사용할 수 있다. 단. rcorr 함수의 입력 객체는 행렬이어야 하므로 as.matrix 함수를 이용하여 행렬 객체를 생성하여 이용해야 한다.

〈표 2.3〉 상관계수와 표준편차에 대한 요약

	Y1	Y2	X1	X2	X3
Y1	1				
Y2	0.721*	1			
X1	0.752*	0.606*	1		
X2	0.173	0.631*	0.186	1	
X3	0.395	0.502	0.554*	0.106	1
표준편차	0.771	0.868	6.889	3.204	1.641

* 유의수준 5 %하에서 통계적으로 유의함을 나타냄.

〈예 2.6〉과 〈예 2.7〉의 결과들 중 상관계수와 표준편차를 정리하여 요약한 내용이 〈표 2.3〉에 제시되어 있다. 예를 들어, 변수 Y1과 Y2의 상관계수는 0.752로서 상당히 큰 양의 (+) 상관성을 가지며, p-값 $= 0.002$이므로 '$H_0 : \rho = 0$'을 기각할 수 있다. 반면에 변수 X2와 X3의 상관계수는 0.106으로서 상관성이 매우 낮으며, p-값 $= 0.707$이므로 '$H_0 : \rho = 0$'을 기각할 수 없다.

상관계수는 구조방정식모형의 직접적인 분석 대상이 되므로 주의 깊게 살펴볼 필요가 있다. 상관계수의 부호와 크기가 이론적·경험적 기대와 일치하는지를 검토해야 하는데, 상관계수가 기대되는 바와 다르게 나타난다면 이 데이터에 근거한 분석결과는 타당하지 않을 것이기 때문이다. 특히 잠재변수가 있는 모형을 설정할 경우, 각 관찰변수는 같은 잠재변수를 규정하는 변수 그룹들과 상대적으로 높은 상관계수를 가져야 한다.

Tabachnick & Fidell(2007)은 0.3을 기준으로 상관계수의 크기를 살펴볼 것을 추천하였고, Hair et al.(1995)는 상관계수가 ±0.3일 때 최소한도의, ±0.4일 때 중요한, ±0.5일 때 실제적으로 유의한 정도라고 분류하였다.

한편, 상관계수가 너무 커서 절댓값이 1에 가까운지도 살펴보아야 한다. 어떤 두 측정변수의 상관계수가 1에 가까우면 이는 두 변수가 거의 동일한 의미이거나 같은 정보를 가지고 있다는 것을 나타낼 수 있기 때문이다.[4]

2.4 공분산과 상관계수

이 절에서는 공분산(covariance)과 상관계수(correlation coefficient)의 정의 및 의미에 대하여 보다 자세히 설명하도록 한다.

[4]이와 같은 상황을 다중공선성(multicollinearity)의 문제라고 한다(3.9절 참조).

2.4.1 공분산

두 변수 x_i, x_j에 대해서 n개의 쌍으로 관찰된 표본 $(x_{1i}, x_{1j}), (x_{2i}, x_{2j}), \cdots, (x_{ni}, x_{nj})$를 얻었을 때, 두 변수의 선형적 연관성을 측정하는 **공분산**(covariance) s_{ij}는 다음과 같이 계산되며,

$$s_{ij} = \frac{1}{n-1}\sum_{k=1}^{n}(x_{ki} - \bar{x}_i)(x_{kj} - \bar{x}_j), \tag{2.7}$$

이는 변수 x_i의 증가에 따른 변수 x_j의 증가 또는 감소의 경향을 나타내는 측도이다. 즉, s_{ij}가 큰 양의 값을 가진다면 x_i가 증가할 때 x_j도 증가하는 경향이 크다는 것을 나타내고, s_{ij}가 큰 음의 값을 가진다면 x_i가 증가할 때 x_j는 감소하는 경향이 크다는 것을 나타내며, 만약 s_{ij}가 0에 가깝다면 두 변수 x_i와 x_j의 증감은 서로 체계적인 경향이 없다는 것을 의미한다.

여러 개의 변수가 있는 경우 이와 같은 분산과 공분산을 행렬로 표현한 것을 **(분산)공분산 행렬**이라고 한다. 예를 들어, ⟨표 2.2⟩에서와 같이 5개의 변수에 대한 데이터가 있을 때 이 데이터에 대한 공분산 행렬 S는 다음과 같으며,[5]

$$S = \begin{pmatrix} 0.59 & 0.48 & 3.99 & 0.43 & 0.50 \\ 0.48 & 0.75 & 3.63 & 1.76 & 0.72 \\ 3.99 & 3.63 & 47.46 & 4.10 & 6.26 \\ 0.43 & 1.76 & 4.10 & 10.27 & 0.56 \\ 0.50 & 0.72 & 6.26 & 0.56 & 2.69 \end{pmatrix},$$

이 공분산행렬에서 대각원소는 분산을 나타내고 비대각원소는 공분산을 나타낸다. 예를 들어, $s_1^2 = 0.59$는 첫 번째 변수 y_1의 분산을 나타내고, $s_{21} = s_{12} = 0.48$은 첫 번째 변수 y_1과 두 번째 변수 y_2의 공분산을 나타낸다. 이러한 공분산 행렬은 대각원소를 중심으로 상하 대칭이므로, 다음과 같이 대각원소 및 그 아래 부분의 원소들만으로 이루어진 하삼각행렬(lower triangular matrix)로 표현하기도 한다.

$$S = \begin{pmatrix} 0.59 & & & & \\ 0.48 & 0.75 & & & \\ 3.99 & 3.63 & 47.46 & & \\ 0.43 & 1.76 & 4.10 & 10.27 & \\ 0.50 & 0.72 & 6.26 & 0.56 & 2.69 \end{pmatrix}.$$

[5]공분산 행렬은 cov(Student[c("Y1","Y2","X1","X2","X3")])와 같이 cov 함수 또는 var 함수를 이용하여 얻을 수 있다.

2.4.2 상관계수

앞에서 설명한 공분산은 변수를 측정하는 단위에 의존하며 그 값의 범위가 제한되어 있지 않아 크기를 상대(또는 절대)비교하기가 곤란한 경우가 있다. 따라서 측정단위와는 무관하며 범위가 제한되어 있는 연관성의 측도를 고려할 필요가 있다. 공분산 s_{ij}를 각 변수의 표준편차 s_i와 s_j로 나누면 다음과 같은 상관계수(Pearson's correlation coefficient)를 얻게 되는데,

$$r_{ij} = \frac{s_{ij}}{s_i\ s_j} = \frac{\displaystyle\sum_{k=1}^{n}(x_{ki}-\bar{x}_i)(x_{kj}-\bar{x}_j)}{\sqrt{\displaystyle\sum_{k=1}^{n}(x_{ki}-\bar{x}_i)^2}\sqrt{\displaystyle\sum_{k=1}^{n}(x_{kj}-\bar{x}_j)^2}}, \tag{2.8}$$

이는 x_i와 x_j의 선형성의 정도를 나타내는 측도로 흔히 사용된다.

이러한 상관계수는 측정단위에 무관하고 그 값은 -1과 1 사이에 있게 되며($-1 \le r_{ij} \le 1$), r_{ij}가 1에 가까우면 큰 양의 상관을 그리고 r_{ij}가 -1에 가까우면 큰 음의 상관을 가진다는 것을 의미하고, 만약 r_{ij}가 0에 가깝다면 두 변수 x_i와 x_j는 선형적 연관성이 없음을 의미한다.

공분산행렬과 마찬가지로 상관계수들을 행렬로 표현한 것을 상관계수 행렬이라고 하는데, 예를 들어 ⟨표 3.2⟩의 데이터에 대하여 상관계수 행렬 R은 다음과 같다.

$$R = \begin{pmatrix} 1 & & & & \\ 0.47 & 1 & & & \\ 0.75 & 0.61 & 1 & & \\ 0.17 & 0.63 & 0.19 & 1 & \\ 0.39 & 0.50 & 0.55 & 0.11 & 1 \end{pmatrix}.$$

만약 두 변수 $x_i = (x_{1i}, x_{2i}, \cdots, x_{ni})$, $x_j = (x_{1j}, x_{2j}, \cdots, x_{nj})$를 각각 평균이 0 그리고 분산이 1이 되도록 표준화한 후, 즉

$$z_{ki} = \frac{x_{ki}-\bar{x}_i}{s_i}, \quad z_{kj} = \frac{x_{kj}-\bar{x}_j}{s_j}, \tag{2.9}$$

표준화된 변수 $z_i = (z_{1i}, z_{2i}, \cdots, z_{ni})$, $z_j = (x_{1j}, z_{2j}, \cdots, z_{nj})$에 대해서 공분산을 구하면 이는 상관계수와 같게 된다. 이런 의미에서 상관계수를 표준화된 공분산이라고 하기도 하는데, 결국 상관계수 행렬을 구조방정식모형의 분석대상으로 한다는 것은 모든 변수를 표준화한 후 분석한다는 것과 같은 의미를 가진다.

특히 사회과학분야에서는 측정단위에 명백한 의미를 부여하기 어려운 경우가 많으므로 임의적인 척도를 사용하여 관찰변수를 측정하기도 한다. 이 경우 실제적인 사용의 편의성이나 해석의 용이성이란 측면에서 공분산 행렬 S보다는 상관계수 행렬 R을 분석대상으로 하기도 한다. 그러나 대부분의 구조방정식모형에 관한 이론은 S에 기초하고 있기 때문에, R을 분석대상으로 하는 경우 카이제곱 통계량과 같은 적합도의 척도나 추정치에 대한 표준오차 등이 바르게 제공되지 않을 수 있다. 따라서 구조방정식모형을 분석함에 있어 특별한 경우가 아니라면 공분산 행렬 S에 기초하여 분석하는 것을 원칙으로 하고 있으며, 모수에 대해 측정단위에 의존하지 않는 해석을 원하는 경우 표준화추정치(standardized estimates)를 이용하는 것이 바람직하다.

R의 'lavaan'과 'sem' 패키지에서는 원자료(raw data), 공분산 행렬, 상관계수 행렬 중 어느 것도 입력자료로 사용할 수 있으며, 원자료를 지정하는 경우 공분산 행렬 또는 상관계수 행렬을 내부에서 계산하여 사용한다.

2.5 결측값 처리

결측값(missing value)이 생기지 않도록 미리 예방하는 것이 가장 좋은 방법이지만, 실제적으로는 수집된 데이터에 결측값이 포함되는 경우가 자주 발생한다. 실제 문제에서 결측값에 대처하는 것은 쉬운 일이 아닌데, 이는 변수마다 결측값이 발생하는 원인이 다르고 그에 따른 처리 방법이 달라질 수 있기 때문이다.

⟨예 2.8⟩ 기술통계량 (데이터: Stu_Missing.csv)

```
> Stu_Missing <-read.csv("E:/My_Work/Data/Stu_Missing.csv",header=TRUE)
> psych::describe(Stu_Missing[c("Y1","Y2","X1","X2","X3")])
#---------------------------------------------------------------------
    n   mean   sd median trimmed  mad   min   max range  skew kurtosis
Y1 14   2.21 0.77    2.4    2.25 0.82   0.8   3.2   2.4 -0.48    -1.11
Y2 14   2.59 0.84    2.7    2.63 0.74   1.0   3.7   2.7 -0.44    -1.02
X1 12  84.67 6.20   85.0   84.90 4.45  72.0  95.0  23.0 -0.30    -0.59
X2 14 115.79 3.17  115.0  115.58 2.97 111.0 123.0  12.0  0.63    -0.28
X3 15  17.01 1.64   17.3   17.15 1.19  12.7  19.5   6.8 -1.01     0.80
```

⟨예 2.8⟩에서 사용된 'Stu_Missing.csv' 데이터는 결측값이 몇 개 존재하도록 가공된 것이다(예 2.9 참조. 원자료는 앞 절에서 사용된 'Student.csv' 데이터이다). describe 함수의 결과에서 관측치의 개수(n)가 변수마다 다르다는 것을 볼 수 있다. 예를 들어, 변수 X1의 경우 값이 존재하는 관측치가 12개이고 변수 X3의 경우 15개이다.

결측값이 있는 데이터에 대한 통계분석을 수행할 때 일반적으로 다음과 같은 방법들이 사용된다.

첫 번째는 결측값이 있는 개체(observation)를 제거하는 것이다. 이에 대하여는 2.5.1절과 2.5.2절에서 다룰 것이다.

두 번째는 결측값을 대체(imputation)하여 데이터를 모두 채우고 이후의 분석을 수행하는 방법이다. R의 여러 패키지에서 결측값 대체를 위한 함수들을 제공하고 있으며, 2.5.3절에서 이 방법들을 사례를 통해 다룰 것이다.

세 번째는 특별한 형태의 다변량 추정법을 사용하는 것이다. 이 방법은 개체를 제거하거나 결측값을 대체하지는 않으며, 사용 가능한 통계적 정보를 최대한 추출하고 모든 개체를 이용하여 분석을 수행한다. 이 방법에 대하여는 3.10절에서 간단히 설명할 것이다.

결국 최선의 방법은 결측값 제거, 결측값 대체, 다변량 추정방법 등 가능한 여러 가지 방법들을 적용하고, 현실적으로 가장 적절하다고 판단되는 결과를 선택하는 것이다. 그리고 연구자들은 자신의 연구분석 과정에서 결측값을 어떻게 처리하였는가를 충분히 설명할 필요가 있다.

2.5.1 분석 사례 – 결측값 파악 및 제거

이 절에서는 결측값이 있는 개체들을 파악하고, 그러한 개체들을 제거하여 새로운 데이터를 생성하는 사례를 다루도록 한다.

⟨예 2.9⟩ 결측값 파악 및 제거

```
> Stu_Missing$Nmiss <-
+     rowSums(is.na(Stu_Missing[c("Y1","Y2","X1","X2","X3")]))
> Stu_Missing
#-------------------------------------------------------------------------
   ID  Y1  Y2 X1  X2   X3 Nmiss
1   1 0.8 2.0 72 114 17.3     0
2   2 2.2 2.2 78 117 17.6     0
3   3 1.6 2.0 84 117 15.0     0
4   4 2.6 3.7 95 120 18.0     0
5   5 2.7 3.2 88 117 18.7     0
6   6 2.1 3.2 83 123 17.9     0
7   7 3.1 3.7 92 118 17.3     0
8   8 3.0 3.1 86 114 18.1     0
9   9 3.2 2.6 88 114 16.0     0
10 10 2.6 3.2 80 115 16.4     0
11 11 2.7 2.8 87 114 17.6     0
12 12  NA 2.4 NA 112 19.5     2
```

```
13 13 1.6  NA NA 115 12.7     2
14 14 0.9 1.0 NA 111 17.0     1
15 15 1.9 1.2 83  NA 16.1     1
#-----------------------------------------------------------------------
> Stu_Complete <- Stu_Missing[which(Stu_Missing$Nmiss==0),]
> Stu_Complete <- na.omit(Stu_Missing,cols=c("Y1","Y2","X1","X2","X3"))
> Stu_Complete <- Stu_Missing[
+     complete.cases(Stu_Missing[c("Y1","Y2","X1","X2","X3")]),]
```

위의 ⟨예 2.9⟩에서 is.na 함수는 각 변수의 값이 결측이면 1, 아니면 0의 값을 가지는 객체를 생성한다. 그리고 rowSums 함수는 행당 객체에서 각 행의 합계를 구하는 함수이다. 따라서 위의 프로그램을 수행하면 새로운 변수 Nmiss가 생성되며, 이 변수를 살펴봄으로써 각 개체들에 존재하는 결측값의 개수를 파악할 수 있다.

또한, 결측값이 있는 개체를 제거하기 위해서는 'Nmiss = 0'인 조건을 만족하는 개체들만 선택하여 새로운 데이터 프레임으로 저장하면 된다. 예를 들어, 대괄호와 함께 which 함수를 사용하면 되는데, 이때 which 함수 뒤에는 반드시 콤마(,) 기호를 붙여야 한다.

한편, na.omit 함수(결측값이 있는 개체를 제거하기) 또는 complete.cases 함수(결측값이 없는 개체만 선택하기)를 이용하여 스크립트를 수행해도 된다. 즉, ⟨예 2.9⟩에서의 세 가지 방법은 모두 동일한 형태의 데이터 프레임을 생성한다.

⟨예 2.10⟩ 결측값의 패턴 파악

```
> library(VIM)
> aggr(Stu_Missing[c("Y1","Y2","X1","X2","X3")],
+     numbers=TRUE,prop=FALSE)
```

위의 예에서 사용된 VIM(visualization and imputation of missing values) 패키지의 aggr(aggregations for missing/imputed values) 함수는 각 변수별 결측값의 개수와 결측값의 패턴을 그래프로 제시한다(그림 2.4 참조). 또한, VIM 패키지는 결측값을 탐색하고 대체하기 위한 다양한 유형의 함수들을 제공한다.

2.5.2 분석 사례 – 결측값이 있는 데이터에 대한 상관분석

이 절에서는 결측값이 있는 데이터에 대하여 통계분석을 수행할 때 사용되는 몇 가지 방법들을 설명한다. 다음 ⟨예 2.11⟩은 결측값이 있는 데이터에 대하여 cor 함수를 적용한 사례들을 제시한 것이다.

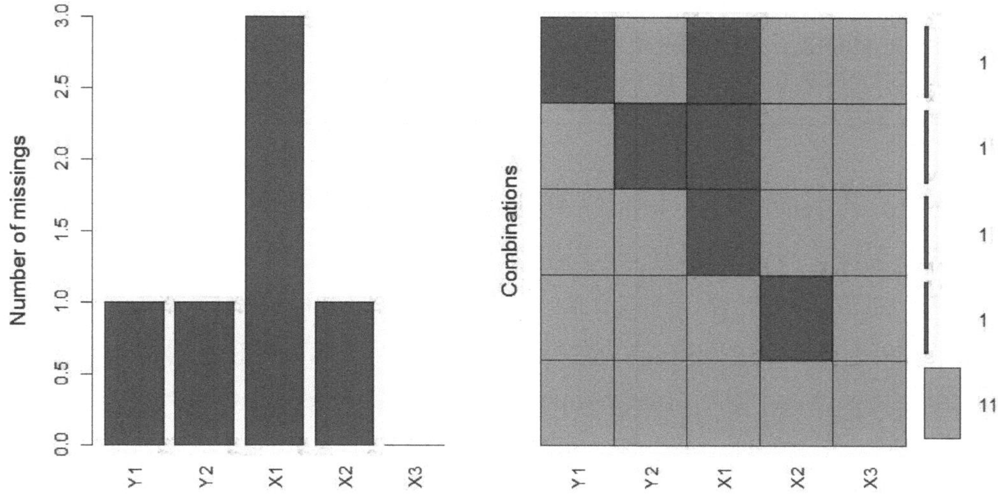

〈그림 2.4〉 각 변수별 결측값의 개수와 결측값의 패턴 ← aggr 함수

〈예 2.11〉 결측값 파악 및 제거

```
> cor(Stu_Missing[c("Y1","Y2","X1","X2","X3")])
#------------------------------------------------------------------------
   Y1 Y2 X1 X2 X3
Y1  1 NA NA NA NA
Y2 NA  1 NA NA NA
X1 NA NA  1 NA NA
X2 NA NA NA  1 NA
X3 NA NA NA NA  1
#------------------------------------------------------------------------
> cor(Stu_Complete[c("Y1","Y2","X1","X2","X3")])
> cor(Stu_Missing[c("Y1","Y2","X1","X2","X3")],use="complete.obs")
#------------------------------------------------------------------------
            Y1        Y2        X1          X2        X3
Y1  1.00000000 0.6682608 0.7374460 -0.05441361 0.1994027
Y2  0.66826085 1.0000000 0.7256591  0.42573587 0.4958389
X1  0.73744602 0.7256591 1.0000000  0.29344668 0.1752953
X2 -0.05441361 0.4257359 0.2934467  1.00000000 0.2561615
X3  0.19940268 0.4958389 0.1752953  0.25616155 1.0000000
#------------------------------------------------------------------------
> cor(Stu_Missing[c("Y1","Y2","X1","X2","X3")],
+      use="pairwise.complete.obs")
#------------------------------------------------------------------------
          Y1        Y2        X1         X2         X3
Y1 1.0000000 0.7436853 0.7358149 0.25196522 0.32448824
Y2 0.7436853 1.0000000 0.6112946 0.61123291 0.38030013
```

```
X1 0.7358149 0.6112946 1.0000000 0.29344668 0.19239960
X2 0.2519652 0.6112329 0.2934467 1.00000000 0.06257924
X3 0.3244882 0.3803001 0.1923996 0.06257924 1.00000000
```

먼저, 결측값이 있는 데이터에 대하여 cor 함수를 사용할 경우, 결측값 처리를 위해 특별한 인수를 지정하지 않으면 상관계수가 출력되지 않음을 볼 수 있다.

결측값을 제거할 때 일반적으로 두 가지 선택이 있다. '**목록별 결측값 제외**'(listwise deletion)는 결측값이 하나라도 있는 개체를 모두 제거하고 완전한 데이터만 사용하는 방법이다. cor 함수의 경우 use="complete.obs" 인수를 사용하여 이를 지정할 수 있다. 예를 들어, ⟨예 2.11⟩에서는 다섯 개의 변수에 모두 관찰값이 있는 11개의 개체만을 이용하여 모든 상관계수를 계산한다. '**대응별 결측값 제외**'(pairwise deletion)는 각각의 상관계수를 계산할 때 관련된 변수에 결측값이 있는 개체만 제거하는 방법이다. cor 함수의 경우 use="pairwise.complete.obs" 인수를 사용하여 이를 지정할 수 있다. 예를 들어, ⟨예 2.11⟩에서 변수 Y1과 X1의 상관계수는 두 변수에 모두 관찰값이 있는 12개의 개체를 이용하여 계산된다. 이 방법은 가용한 데이터를 모두 사용한다는 장점이 있지만, 상관계수마다 사용된 표본크기가 달라지고 상관계수 행렬의 주요 특성을 잃을 수 있다는 단점이 있다.[6]

2.5.3 분석 사례 – 결측값 대체

R에는 결측값 대체 방법을 제공하는 패키지가 여럿 있는데, 대표적인 것으로는 Amelia, Hmisc, mi, mice, missForest, VIM 등이 있다. 여기에서는 mice(multivariate imputation by chained equations) 패키지의 결측값 대체 방법에 대하여 간단히 다루도록 한다.

mice 패키지는 평균대체(imputation by the mean)와 임의대체(imputation by simple random sampling) 등의 단순대체 방법들과 다양한 형태의 다변량 대체 방법들을 제공한다. 이 패키지에서 제공하는 주요 다변량 대체 방법은 다음과 같다.[7]

- pmm(predictive mean matching, **예측평균 매칭**): 수치형(numeric) 변수에 대하여 회귀모형에 의해 결측값들을 대체한다.
- logreg(logistic regression, **로지스틱 회귀**): 이항형(binomial) 변수에 대하여 로지스틱 회귀모형에 의해 결측값들을 대체한다.

[6] 예를 들어, 대응별 결측값 제외(pairwise deletion)를 이용하여 계산된 상관계수 행렬은 양정치행렬(positive definite matrix)이 아닐 수 있다.

[7] 다변량 대체 방법들에 대하여 보다 자세한 설명은 "SAS를 활용한 표본설계와 통계적 추론(박민규, 강현철, 2016)"의 9.3절을 참조하기 바란다.

- polyreg(polytomous logistic regression, 다항 로지스틱 회귀): 다항형(polytomous) 변수에 대하여 다항 로지스틱 회귀모형에 의해 결측값들을 대체한다.
- polr(proportional odds model, 비례오즈 모형): 순서형(ordinal) 변수에 대하여 비례오즈 모형(순서형 로지스틱 회귀모형)에 의해 결측값들을 대체한다.

〈예 2.12〉 결측값 대체

```
> library(mice)
> imp <- mice(Stu_Missing[c("Y1","Y2","X1","X2","X3")],method='pmm')
> Stu_Imputed <- complete(imp)
> Stu_Imputed
#------------------------------------------------------------------
    Y1  Y2 X1  X2   X3
1  0.8 2.0 72 114 17.3
2  2.2 2.2 78 117 17.6
3  1.6 2.0 84 117 15.0
4  2.6 3.7 95 120 18.0
5  2.7 3.2 88 117 18.7
6  2.1 3.2 83 123 17.9
7  3.1 3.7 92 118 17.3
8  3.0 3.1 86 114 18.1
9  3.2 2.6 88 114 16.0
10 2.6 3.2 80 115 16.4
11 2.7 2.8 87 114 17.6
12 0.8 2.4 83 112 19.5
13 1.6 2.0 87 115 12.7
14 0.9 1.0 87 111 17.0
15 1.9 1.2 83 120 16.1
```

〈예 2.12〉는 pmm(예측평균 매칭) 방법을 사용하여 결측값을 대체하는 예이다. 먼저, mice 함수는 주어진 방법에 의해 결측값을 수행하고, 그 결과들(원자료, 모형에 대한 계수 추정치, 대체값 등)이 저장된 리스트(list) 객체를 생성한다. 그리고 complete 함수는 결측값이 대체된 새로운 데이터 프레임을 생성한다.

〈예 2.12〉의 경우 $\{Y_2, X_1, X_2, X_3\}$를 이용하여 Y_1의 결측값을 대체함으로써 Y_1^*를 생성하고, $\{Y_1^*, X_1, X_2, X_3\}$를 이용하여 Y_2를 대체함으로써 Y_2^*를 생성하고, $\cdots$, $\{Y_2^*, X_1^*, X_2^*, X_3^*\}$를 이용하여 Y_1을 대체함으로써 Y_1^*를 생성하는 과정을 통해, 안정적인 값을 얻을 때까지 반복을 계속함으로써 결측값 대체를 수행하게 된다.

결측값 대체를 수행할 경우, 가급적 여러 가지 함수들에서 제공하는 방법들을 수행하고 그 결과를 비교하여 선택하는 것이 바람직하다.

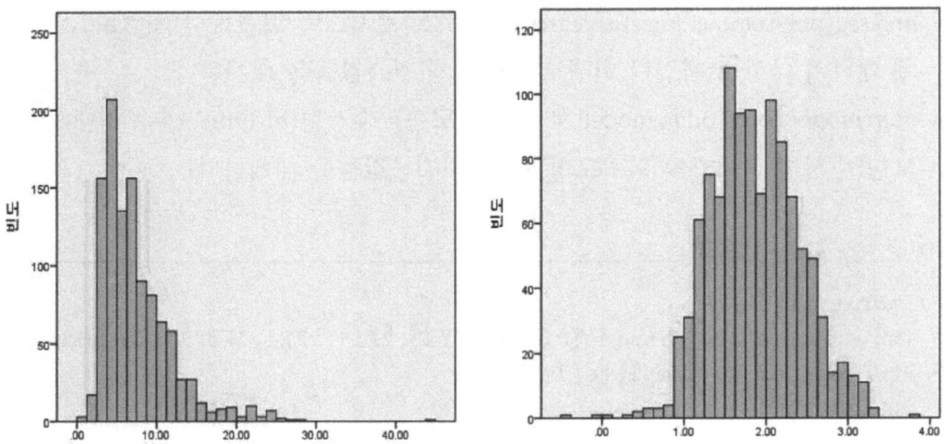

(a) 변수변환 이전　　　(b) 로그변환 이후

⟨그림 2.5⟩ 변수변환 이전과 이후의 분포

2.6 변수변환

데이터가 정규분포를 따르지 않을 때 대처방법 중의 하나로 변수변환(variable transformation)을 고려할 수 있다. 예를 들어, ⟨그림 2.5⟩는 어떤 변수에 대하여 원래의 분포와 자연로그 변환을 취한 후의 분포를 보여주고 있다(임금, 소득, 매출 등은 이와 같이 왼쪽으로 치우쳐진 분포를 가지는 경우가 많이 있다).

변수변환의 가장 일반적인 형태는 다음과 같은 **멱변환**(power transforamtion)이다.

$$Y = \begin{cases} X^{\lambda}, \text{ if } \lambda \neq 0, \\ \log_e X, \text{ if } \lambda = 0. \end{cases} \tag{2.10}$$

이 식에서 λ의 값에 따라 변환의 형태가 결정된다. 변수가 왼쪽으로 치우쳐진 분포를 가지는 경우 로그($\lambda = 0$), 제곱근($\lambda = 1/2$), 역수($\lambda = -1$) 변환 등 $\lambda < 1$인 값을 취할 수 있고, 변수가 오른쪽으로 치우쳐진 분포를 가지는 경우 제곱($\lambda = 2$) 변환 등 $\lambda > 1$인 값을 취할 수 있다.

연구자는 여러 가지 변환을 적용하여 가장 적합한 변환이 무엇인지를 탐색할 필요가 있다. 한편, 변수를 변환하면 그 변수가 가지고 있는 원래의 단위를 잃게 되므로, 이후의 분석에서 결과를 해석할 때 해석이 어려워진다는 단점이 있다.

2.7 표본크기

많은 문헌에서 구조방정식모형의 표본크기에 대하여 추천되는 다양한 경험적 기준들이 제시되어 있다. 그러나 이러한 경험적 기준들은 모호하거나 때로는 타당한 근거가 없는 경우도 있다(Schmitt, 2011). 예를 들어, '표본크기가 최소한 얼마이어야 한다' 또는 '표본크기가 변수 수의 몇 배가 되어야 한다' 등의 기준들이 통용되고 있으나, 이러한 기준들은 모형의 형태나 자료의 특성을 고려하지 않는다는 점에서 비판을 받고 있다. MacCallum et al.(2001)은 모수 추정치들의 정확도와 모형의 적합도에는 표본크기, 적재값의 크기, 결정계수 등 여러 가지 요인들이 영향을 주기 때문에, 표본크기에 관한 경험적 기준을 특정한 구조방정식모형에 적용하는 것은 바람직하지 않다고 언급하였다.

구조방정식모형에 대한 많은 문헌들에서 표본크기의 결정을 위하여 다양한 방법들이 제안되어 있다. 이 절에서는 경험적 기준들을 포함하여 일반 연구자들이 현실적으로 적용할 수 있는 몇 가지 방법들을 소개한다.

2.7.1 절대적 기준

다변량 자료분석 및 구조방정식모형 분야에서 최소 표본크기에 대하여 오랫동안 사용되어 온 경험적 기준 중 하나는 절대적 기준이다. 예를 들어, Kline(2011)은 100개 이하의 경우 '작은', 100개에서 200개 사이는 '중간의', 200개 이상의 경우 '큰' 표본크기로 볼 수 있다고 하였다. 또한, Comrey & Lee(1992)를 인용한 여러 문헌들에서는 표본크기가 100이면 나쁜 편이고, 200 정도면 괜찮은 편이며, 300 정도면 좋은 편이고, 500 정도면 매우 좋은 편이며, 1,000 이상이면 훌륭하다고 서술하고 있다(Williams et al., 2012).

그러나 이와 같은 절대적 기준은 모형이나 자료의 특성을 고려하지 않기 때문에 많은 연구자들에 의해 비판을 받고 있다(Muthen & Muthen, 2002). 특히 잠재변수가 없는 간단한 모형에 대하여 일반적으로 절대적 기준은 너무 큰 표본크기를 요구한다.

2.7.2 변수의 개수를 기준으로 하는 방법

구조방정식모형 분야에서 가장 널리 사용되는 방법들은 관찰변수, 잠재변수, 자유모수의 개수를 기준으로 하는 것이다.

(1) 관찰변수의 수를 기준으로 하는 방법

흔히 사용되는 경험적 기준은 관찰변수(observed variable)의 수를 고려하는 것이다. 근거를 제시하지 않으면서 Nunnally(1967)가 변수의 개수에 대하여 적어도 10배의 표본크기를 가지는 것이 바람직하다고 언급한 이래로 '10배수의 기준'(rule of 10)은 여러 문헌들에서 빈번하게 인용되고 있다. $n:p$-비(사례수 대 측정변수의 비율)에 대하여 5:1 또는 20:1과 같은 기준이 사용되기도 한다.

(2) 자유모수의 수를 기준으로 하는 방법

많은 학자들은 모형의 복잡도를 고려하여 10배수의 기준이 자유모수(free parameter, 추정해야 할 모수)의 수에 대하여 적용되는 것이 더 바람직하다고 언급하고 있다. 예를 들어, Kline(2011)은 "이상적으로는 사례수와 자유모수의 비가 20:1 정도 되면 좋을 것이나, 현실적으로는 10:1 정도의 비를 목표로 하면 무난하다고 볼 수 있다. 그리고 사례수와 모수의 비가 5:1보다 작다면 결과의 통계적 정확성이 의문시될 가능성이 있다"'고 언급하였다 (이현숙 등, 2010).

(3) 관찰변수와 잠재변수의 비를 기준으로 하는 방법

잠재변수가 있는 구조방정식모형의 경우 '10배수의 기준'(rule of 10)은 지나치게 많은 표본크기를 요구할 가능성이 있으며, Marsh et al.(1996)은 이러한 이유 때문에 연구자들이 잠재변수당 관찰변수의 수를 적게 하는 경향이 있다고 지적하였다.

Boomsma(1982)는 '잠재변수당 관찰변수의 비' $r(=p/k)$를 사용할 것을 제안하였으며 (p: 관찰변수의 개수, k: 잠재변수의 개수), Marsh et al.(1988, 1996, 1998)은 모의실험을 통해 r을 이용하는 것이 더 타당하다는 것을 보였다. 즉, r이 크면 잠재변수에 대한 신뢰도가 높아질 수 있으므로 더 적은 표본크기가 요구될 수 있으며(예를 들어, $r=2 \to n=400$, $r=3 \to n=200$, $r=4 \to n=100$), Westland(2010)는 이러한 연구결과들을 정리하여 다음과 같은 기준을 제시하였다.

$$n \geq 50r^2 - 450r + 1100. \tag{2.11}$$

2.7.3 검정력 분석을 이용하는 방법

주어진 통계적 자료분석 방법하에서, 일반적으로 표본크기를 결정하는 데 있어 고려되는 사항은 모수 추정치에 대한 통계적 정확도와 검정력이다. 정확도(precision)는 추정에 일치성이 있는지 또는 추정치와 표준오차가 얼마나 정확하게 산출되었는지를 나타낸다. 검정력(power)은 $1-\beta$로 정의되며(여기에서 β는 제2종 오류를 범할 확률이다), 대립가설이 사실일 때 대립가설을 채택할 확률을 나타낸다. 일반적으로 검정력은 0.80을 넘는 것이 바람직하다(Cohen, 1988). 적절한 검정력이 확보될 때 모수 추정치들에 대한 정확도도 실현된다는 점에서, 표본크기 결정에 대한 많은 접근법들은 검정력에 초점을 두는 경우가 많다.

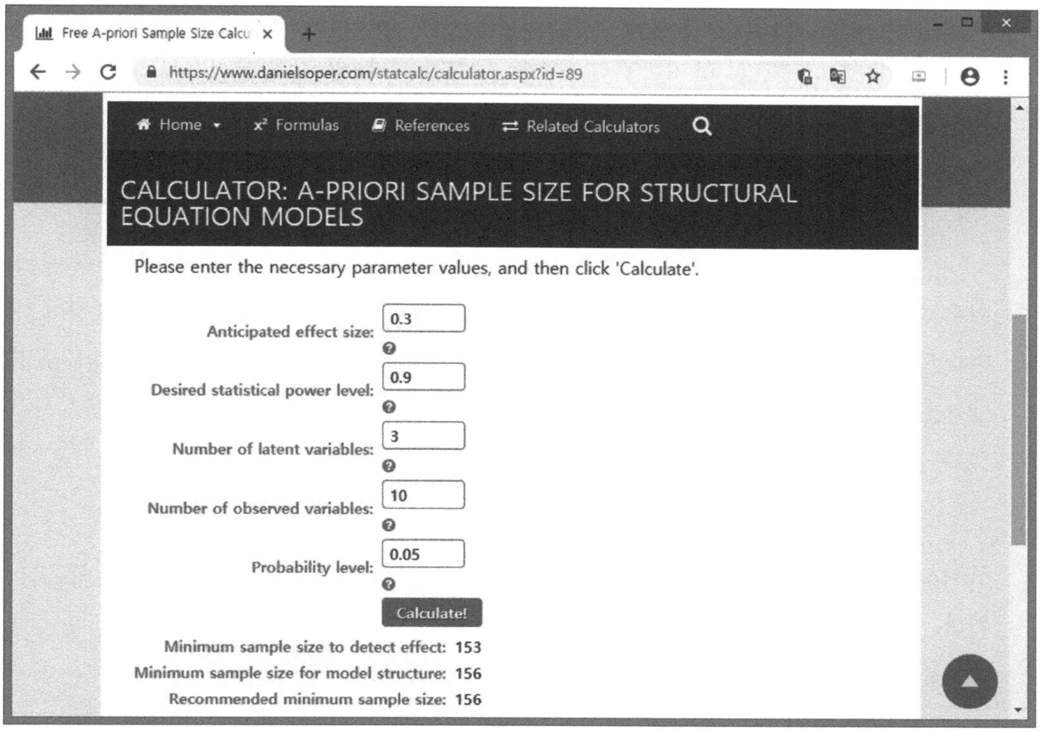

〈그림 2.6〉 SEM을 위한 표본크기 계산 (http://www.danielsoper.com/statcalc/)

일반적으로 표본크기는 일정 기준의 검정력을 넘도록 요구된다. 가능한 방법 중 하나는 유의수준(α)과 효과크기 등 필요한 정보들이 주어진 상태에서, 검정통계량의 분포를 이용하여 주어진 검정력을 넘게 되는 표본크기를 찾는 것이다.

(1) 잠재변수들 간의 상관계수를 기준으로 하는 방법

잠재변수가 있는 구조방정식모형에서 어떤 두 잠재변수들 간의 상관계수에 대하여 다음과 같은 가설에 관심이 있다고 하자.

$$H_0 : \rho = 0 \ \text{ vs } \ H_1 : \rho = \rho_1 (\neq 0). \tag{2.12}$$

Westland(2010)는 위와 같은 가설에 대한 검정력 분석을 통해 표본크기를 계산하는 방법을 제안하였으며, 웹사이트에서 관찰변수와 잠재변수의 비를 기준으로 하는 방법과 함께 이 방법을 쉽게 적용할 수 있다(그림 2.6 참조).

예를 들어, 잠재변수가 3개이고 관찰변수가 10개라고 할 때, 식 (3.10)을 이용하면 요구되는 표본크기는 n_1 = 156('Minimum sample size for model structure'에 계산된 값)이 된다. 다음으로, 유의수준(α) = 0.05, 검정력($1-\beta$) = 0.9, 기대되는 상관계수(ρ_1) = 0.3"

의 조건하에서 요구되는 표본크기는 $n_2 = 153$('Minimum sample size to detect effect'에 계산된 값)이 된다. 마지막으로 n_1과 n_2 중 더 큰 값을 취하면 $n = \max(n_1, n_2) = 156$('Recommended minimum sample size'에 계산된 값)이 된다.

(2) 결정계수(R^2)를 기준으로 하는 방법

경로분석모형 또는 잠재변수가 있는 구조방정식모형에서 경로계수에 대한 통계적 검정력을 추정하는 한 가지 방법은 다중 회귀분석을 이용하는 것이다. 다중 회귀분석에서 설명변수들에 의해 반응변수가 설명되는 정도를 평가하는 측도 중 하나는 **결정계수**(coefficient of determination)이며, 이는 통상 R^2(R-square)로 표기된다.[8] 이때 일반적으로 사용되는 효과크기는 다음과 같다.

$$f^2 = \frac{R^2}{1 - R^2}.$$

여기에서 R^2는 반응변수의 전체 분산 중에서 회귀식으로 설명되는 분산의 비율을 의미한다.

[8] 제곱다중상관(SMC, squared multiple correlation)이라고도 한다(3.7절 참조).

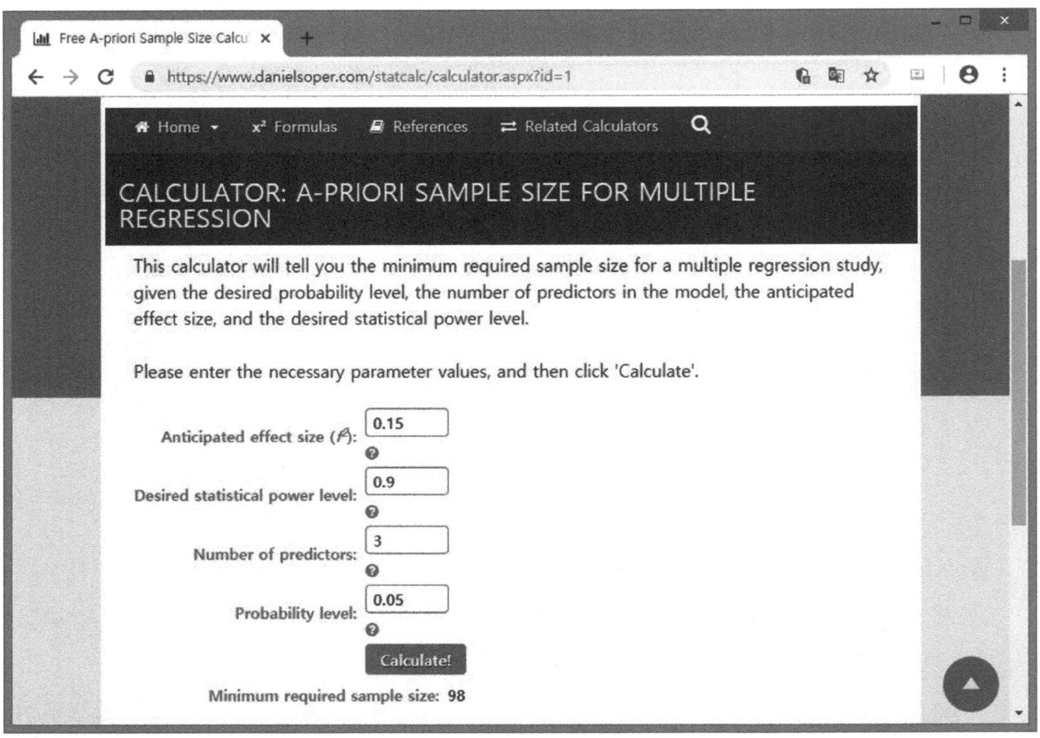

〈그림 2.7〉 결정계수를 이용한 표본크기 계산 (http://www.danielsoper.com/statcalc/)

한편, Cohen(1988)은 효과크기 f^2에 대하여 다음과 같은 일반적인 기준을 제시하였다.

- 작은(small): $f^2 = 0.1$ ($R^2 = 0.02$)
- 중간의(midium): $f^2 = 0.15$ ($R^2 = 0.13$)
- 큰(large): $f^2 = 0.35$ ($R^2 = 0.26$)

회귀분석에서 결정계수를 이용하여 표본크기를 계산하는 방법은 G*Power, SPSS, SAS 등 여러 소프트웨어에서 제공되고 있다.[9] 또한, 여러 웹사이트에서도 이 방법을 쉽게 적용할 수 있다(그림 3.23 참조). 예를 들어, 유의수준(α) = 0.05, 검정력($1-\beta$) = 0.9, 기대되는 효과크기(f^2) = 0.15, 설명변수의 개수 = 3"의 조건하에서 요구되는 표본크기는 $n = 98$('Minimum required size'에 계산된 값)이 된다.

(3) RMSEA를 기준으로 하는 방법

RMSEA(root mean square error of approximation)는 그 값이 0일 때 완벽한 적합도를 나타내고 값이 클수록 적합도가 좋지 않음을 나타내는 부적합도(badness-of-fit)의 지수이다. RMSEA의 특징은 다른 적합도지수와는 달리 신뢰구간을 산출할 수 있으며, 이를 통해 좋은 적합도에 대한 검정을 수행할 수 있다는 것이다.[10]

MacCallum 등(1996)은 RMSEA에 기초하여 검정력 분석을 통한 표본크기 계산 방법을 제안하였다. 이 방법에서는 '$H_0 : \epsilon_0 \leq 0.05$'(모형이 근사 적합도를 가진다)라는 '근사 적합도'(close-fit) 가설과 '$H_0 : \epsilon_0 \geq 0.05$'(모형이 근사 적합도를 가지지 않는다)라는 '비근사 적합도'(not-close-fit) 가설에 대한 검정력 분석을 적용한다. MacCallum 등(1996)은 자유도에 따른 최소 표본크기를 계산하여 표로 제시하였으며, STATISTICA 등의 소프트웨어에서 이 방법을 이용한 검정력 분석을 제공하고 있다. 또한, 웹사이트 상에서도 이 방법을 쉽게 사용할 수 있다(예를 들어, http://www.quantpsy.org/rmsea/rmsea.htm).

그러나 이 방법은 일반적인 상황(특히 자유도가 작은 경우)에서 지나치게 많은 표본크기를 요구하는 경향이 있다. 이 방법에 대한 자세한 설명은 MacCallum 등(1996)과 Kenny et al.(2014)을 참조하기 바란다.

(4) 모의실험을 이용하는 방법

조금 더 복잡한 방법으로 모의실험을 통한 검정력 분석을 이용하는 방법이 있다. Satorra & Saris(1985)는 주어진 가정하에서 예측공분산행렬을 만들고, 관심이 되는 모수에 대한 검정력 분석을 수행하는 절차를 제시하였다. 한편, Muthén & Muthén(2002)는 Monte

---

[9] 예를 들어 "G*Power를 활용한 효과크기와 표본크기 계산(강현철, 2019)"을 참조하여라.

[10] RMSEA에 대하여 자세한 설명은 부록을 참조하여라.

Carlo 모의실험을 통해 주어진 모형에 대하여 검정력 분석을 수행하는 방법을 제시하였다. 이들 방법에 대하여 자세한 설명은 Wolf et al.(2013)을 참조하기 바란다.

이와 같이 구조방정식모형을 분석하기 위한 표본크기 문제에 있어서 다양한 방법과 견해가 존재한다. 연구자는 가급적 여러 가지 기준을 적용하여 최소 표본크기를 산출하고, 주어진 상황을 고려하여 적절한 표본크기를 결정할 필요가 있다.

2.A 부록: SAS 프로그램의 예

이 절에서는 앞에서 다루었던 사례들에 대하여 SAS/STAT 소프트웨어를 이용한 프로그램의 예를 제시한다.

⟨SAS 프로그램 2.1⟩ 기술통계량 – PROC MEANS

```
PROC MEANS DATA=sem.Stu_Outlier N MEAN STD CV MIN MAX SKEW KURT;
     VAR Y1 Y2 X1 X2 X3;
RUN;
```

- PROC MEANS: 기술통계량들을 출력한다. 이 명령문에 출력하기를 원하는 통계량을 중심어(keyword)로 지정할 수 있다. 만약 특별한 중심어가 지정되지 않으면 관측치 수, 최솟값, 최댓값, 평균, 표준편차 등이 기본적으로 출력된다.[11]
- VAR: 분석 대상이 되는 변수들을 지정한다.

⟨SAS 프로그램 2.2⟩ 기술통계량 – PROC UNIVARIATE

```
PROC UNIVARIATE DATA=sem.Stu_Outlier PLOT NORMAL;
     VAR Y1 Y2 X1 X2 X3;
     HISTOGRAM Y1 Y2 X1 X2 X3 / NORMAL(MU=EST SIGMA=EST);
RUN;
```

- PROC UNIVARIATE: 이 명령문에 PLOT 옵션을 지정하면 히스토그램, 상자그림, 정규확률도 등이 출력된다. NORMAL 옵션을 지정하면 정규성 검정을 위한 결과들이 출력된다.
- VAR: 분석 대상이 되는 변수들을 지정한다.
- HISTOGRAM: 주어진 변수들에 대하여 히스토그램이 출력된다. 이때 NORMAL 옵션을 지정하면 정규분포도가 함께 작성된다.

[11] PROC MEANS와 PROC UNIVARIATE에서 지정할 수 있는 중심어에 대하여는 "예제로 배우는 SAS 데이터 분석 입문(김기영 등, 2009)"을 참조하기 바란다.

〈SAS 프로그램 2.3〉 상관분석 – PROC CORR

```
PROC CORR DATA=sem.Student PEARSON SPEARMAN NOMISS;
     VAR Y1 Y2 X1 X2 X3;
RUN;
```

- PROC CORR: 상관분석을 수행한다. 이 명령문에 출력하기를 원하는 상관계수의 유형을 지정할 수 있다. 만약 특별한 유형이 지정되지 않으면 Pearson의 상관계수가 기본적으로 출력된다. NOMISS 옵션을 지정하면 '목록별 결측값 제외'가 사용되며, 이 옵션을 지정하지 않으면 '대응별 결측값 제외'가 사용된다(2.5.2절 참조).
- VAR: 분석 대상이 되는 변수들을 지정한다.

〈SAS 프로그램 2.4〉 결측값 대체 – PROC MI

```
PROC MI DATA=sem.Stu_Missing OUT=sem.Stu_Imputed NIMPUTE=1 SEED=139516;
     VAR Y1 Y2 X1 X2 X3;
     FCS REGPMM NBITER=20 PLOTS=TRACE;
RUN;
```

- PROC MI: 결측값의 패턴을 파악하고 다양한 형식의 결측값 대체를 수행한다. OUT= 옵션은 결측값이 대체된 자료가 저장될 데이터셋을 지정한다. NIMPUTE= 옵션은 결측값 대체의 개수를 지정한다(초깃값: NIMPUTE=5). SEED= 옵션은 난수 생성의 초깃값을 지정한다.[12]
- VAR: 분석 대상이 되는 수치형 변수들을 지정한다. 범주형 변수들은 CLASS 명령문으로 지정할 수 있다.
- FCS: 결측값 대체 방법과 모형을 지정한다. 이 명령문에 지정할 수 있는 대체 방법은 다음과 같다 – DISCRIM(판별함수), LOGISTIC(로지스틱 회귀), REG(회귀), REGPMM(예측평균 매칭). NBITER=k 옵션은 최종적인 결측값 대체 이전에 수행될 사전 반복횟수(number of burn-in iterations)를 지정한다. 즉, k번의 사전 반복을 수행한 후 $k+1$번째 반복에서 최종 결측값 대체가 수행된다(초깃값: NBITER=20). PLOTS=TRACE 옵션은 연속형(continuous) 변수들에 대하여 각 반복시점에 따른 평균값의 변화를 그래프로 출력한다.

[12]PROC MI에 대하여 보다 자세한 설명은 "SAS를 활용한 표본설계와 통계적 추론(박민규, 강현철, 2016)"의 9.3절을 참조하기 바란다.

제 3 장
회귀분석

Regression Analysis

회귀분석은 인과관계를 분석하는데 가장 널리 사용되는 방법이다. 이 장에서는 상관분석, 편상관, 회귀분석에 대한 기본 개념을 설명하고, R을 이용하여 분석하는 사례를 다루도록 하자.

3.1 상관분석

이 절에서는 가구당 실질소득과 저축률, 섭취한 알코올의 양과 맥박수, 지능지수와 학업성적 등과 같이 두 연속형 변수들 간의 연관성을 측정하는 데 사용되는 상관계수에 대하여 설명한다. 이 절에서 사용되는 데이터 파일은 'Blood.csv'이다: X(혈압), Z(나이), Y(급여, 단위: 백만 원).

2.3절과 2.4절에서 공분산과 상관계수의 개념에 대하여 설명한 바 있다. 이 절에서는 몇 가지 함수들을 이용하여 산점도를 작성하고 상관분석을 수행하는 사례를 다루어 보도록 하자.

3.1.1 산점도 작성

2.3.1절에서 plot 함수를 이용하여 산점도를 행렬을 작성하는 사례를 다룬 바 있다. 한편, 다음 예에서 사용된 car(companion to applied regression) 패키지의 scatterplotMatrix 함수는 보다 다양한 형태의 산점도 행렬을 작성할 수 있는 함수이다.

⟨예 3.1⟩ 산점도 행렬

```
> Blood <- read.csv("E:/My_Work/Data/Blood.csv",header=TRUE)
> library(car)
> scatterplotMatrix(~X+Z+Y,data=Blood,ellipse=TRUE,smooth=FALSE)
```

□ scatterplotMatrix(formula,data=,ellipse=,smooth=,⋯): 데이터 프레임의 주어진 변수들에 대하여 산점도 행렬을 출력한다.

- formula: '~X+Z+Y'와 같은 형식으로 변수들을 지정한다. 또는 '~X+Z+Y|G'와 같은 형식으로 집단변수를 추가로 지정할 수 있다. 만약 formula가 생략되면 데이터 프레임의 모든 변수들이 사용된다.
- ellipse=: 타원 등고선을 추가할지의 여부를 지정한다(기본값: ellipse=FALSE).
- smooth=: 평활선의 종류를 지정하며(기본값: smooth=loessLine), 만약 smooth=FALSE로 지정하면 평활선을 출력하지 않는다.

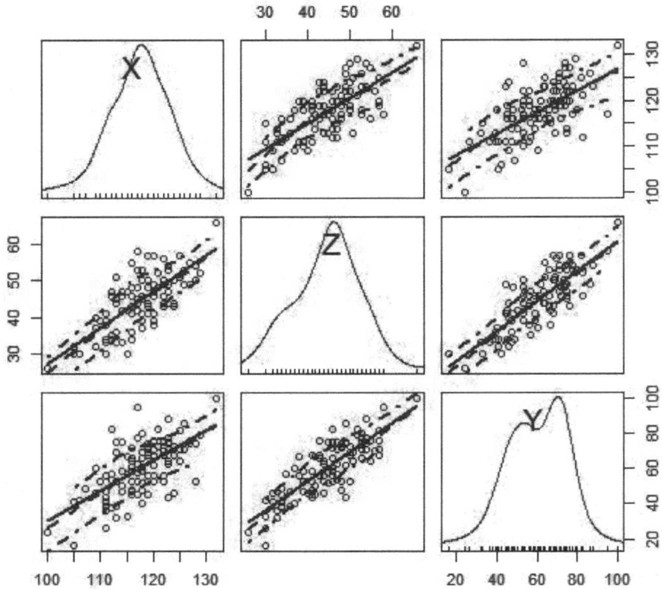

〈그림 3.1〉 산점도 행렬

〈그림 3.1〉을 살펴보면, 변수 X(혈압), Z(나이), Y(급여) 사이에 모두 상당히 큰 양(+)의 연관성을 갖는다는 것을 알 수 있다.

3.1.2 상관분석

다음 〈예 3.2〉는 cor 함수를 이용하여 상관계수를 출력하고, Hmisc 패키지의 rcorr 함수를 이용하여 p-값(유의확률)을 출력한 예이다(2.3.2절 참조).

〈예 3.2〉 상과계수와 p-값 계산

```
> cor(Blood[c("X","Z","Y")])
#---------------------------------------------------------------------
          X         Z         Y
X 1.0000000 0.7355226 0.6364039
Z 0.7355226 1.0000000 0.8217540
Y 0.6364039 0.8217540 1.0000000
#---------------------------------------------------------------------
> library(Hmisc)
> Blood.matrix = as.matrix(Blood[c("X","Z","Y")])
> rcorr(Blood.matrix)
#---------------------------------------------------------------------
n= 100
```

〈표 3.1〉 상관계수 요약

	X(혈압)	Z(나이)	Y(급여)
X(혈압)	1		
Z(나이)	0.736*	1	
Y(급여)	0.636*	0.822*	1

* 유의수준 5 %하에서 통계적으로 유의함을 나타냄.

```
P
  X Z Y
X   0 0
Z 0   0
Y 0 0
```

〈표 3.1〉은 〈예 3.2〉의 결과들을 요약한 것이다. 이를 살펴보면 모든 상관계수가 큰 양의 값을 갖는다는 것을 알 수 있다. 또한, p-값(유의확률)이 모두 0.001보다 작으므로, 모든 상관계수에 대하여 모상관계수가 0이라는 가설(즉, $H_0 : \rho = 0$)을 기각할 수 있음을 볼 수 있다.

3.2 단순 회귀분석

상관분석은 방향성을 고려하지 않고 연관관계를 분석하는데 반해, 회귀분석은 방향성을 고려한 인과관계를 분석한다. 이때 결과의 역할을 하는 변수를 **종속변수**(dependent variable)라고 하고, 원인의 역할을 하는 변수를 **설명변수**(explortary variable)라고 한다.[1]

회귀분석에서 설명변수가 하나만 있는 경우를 단순 회귀분석(simple regression analysis)이라고 한다. 즉, 단순 회귀모형은 다음 식과 같이 종속변수 Y를 설명변수 X의 일차 함수식으로 설명하려는 것이다.

$$Y = \alpha + \beta X + \epsilon. \tag{3.1}$$

여기에서 α와 β는 데이터로부터 추정되어야 할 미지의 모수로서 **회귀계수**(regression coefficient)들이며, ϵ은 **오차항**(error term)으로서 설명변수로는 설명할 수 없는 종속변수의 변이 및 모형의 함수적 형태에서 기인하는 오류 등을 포함한다. 일반적으로 오차항 ϵ은 평균 0과 분산 σ^2을 가지며 정규분포를 따르는 것으로 가정된다.

[1] 설명변수는 독립변수(independent variable)라고도 한다.

이 절에서는 lm 함수를 이용하여 단순 회귀분석을 수행하는 사례를 다루어 보도록 하자. 이 예에서 종속변수는 Y(급여)이고 설명변수는 X(혈압)이다.

⟨예 3.3⟩ 단순 회귀분석

```
> Blood.A.fit <- lm(Y~X,data=Blood)
> summary(Blood.A.fit)
#-----------------------------------------------------------------
Coefficients:
            Estimate Std. Error t value Pr(>|t|)
(Intercept) -141.440     24.719  -5.722 1.15e-07 ***
X              1.715      0.210   8.168 1.11e-12 ***
---
Signif. codes:  0 '***' 0.001 '**' 0.01 '*' 0.05 '.' 0.1 ' ' 1

Residual standard error: 12.16 on 98 degrees of freedom
Multiple R-squared:  0.405,Adjusted R-squared:  0.3989
F-statistic: 66.71 on 1 and 98 DF,  p-value: 1.112e-12
#-----------------------------------------------------------------
> library(lm.beta)
> Blood.A.beta <- lm.beta(Blood.A.fit)
> summary(Blood.A.beta)
#-----------------------------------------------------------------
Coefficients:
             Estimate Standardized Std. Error t value Pr(>|t|)
(Intercept) -141.4403       0.0000    24.7192  -5.722 1.15e-07 ***
X              1.7154       0.6364     0.2100   8.168 1.11e-12 ***
```

위의 예에서는 먼저 lm 함수를 이용하여 회귀모형을 적합하고, 그 결과를 리스트 객체 Blood.A.fit에 저장하였다. 그 다음 summary 함수를 이용하여 추정치(estimates), p-값, R^2(multiple R-squared) 등을 출력하였다.

한편, 이 예에서 사용된 lm.beta 함수는 표준화추정치를 리스트 객체에 추가하는 함수이다. 여기에서 **표준화추정치**(standardized estimates)는 모든 변수들을 표준화하고 회귀분석을 수행하여 얻은 추정치를 의미한다.[2]

⟨표 3.2⟩는 ⟨예 3.3⟩의 주요 결과들을 요약한 것이다. 여기에서 절편항(상수) α와 기울기 β에 대한 추정치는 각각 $\hat{\alpha} = -141.44$와 $\hat{\beta} = 1.715$이며, 계수들에 대한 p-값(유의확률)은 모두 0.05보다 작다. 먼저 추정치들로부터 회귀 추정식을 표현하면 다음과 같다.

$$\hat{Y} \;=\; -\,141.44 \;+\; 1.715\,X.$$

[2]표준화추정치에 대하여는 3.7절에서 자세히 설명할 것이다.

〈표 3.2〉 단순 회귀분석의 결과 (Blood.csv)

설명변수	회귀계수	표준화추정치	p-값	SMC(R^2)
Intercept	−141.440	−	<.001	0.405
X(혈압)	1.715	0.636	<.001	

그리고 R^2(SMC) = 0.405이므로 종속변수 Y의 변이 중 X에 의하여 설명되는 비율은 40.5 %이다.

여기에서 기울기의 표준화추정치는 단순 상관계수 $\mathrm{Cor}(X_1, Y) = 0.636$과 동일하다는 것을 주목할 필요가 있다. 또한, 단순 회귀분석의 R^2(SMC)는 상관계수의 제곱과 동일하다는 것을 확인할 수 있다. 즉, 단순 상관모형과 단순 회귀모형은 수리적으로 동치 관계를 가진다.

이 사례에서 기울기가 $\hat{\beta} = 171.5$로 추정되었으며 유의수준 5 %하에서 통계적으로 유의하다. 그런데 이러한 결과들로부터 설명변수 X가 종속변수(내생변수) Y에 영향을 미친다고 결론지을 수 있을까? 즉, X(혈압)이 1단위 증가하면 Y(급여)가 1.715(백만 원) 정도 증가한다고 말할 수 있을까? 다른 원인에 의하여 이와 같은 결과가 얻어졌는지를 살펴볼 필요가 있겠다.

3.3 편상관계수

〈표 3.1〉에서 Z(나이)와 X(혈압)의 상관계수가 $\mathrm{Cor}(Z, X) = 0.736$이고, Z(나이)와 Y(급여)의 상관계수가 $\mathrm{Cor}(Z, Y) = 0.822$로서 상당히 크다는 것을 볼 수 있다. 이러한 경향은 〈그림 3.1〉을 통해서도 확인할 수 있다. 따라서 Z(나이)에 의하여 X(혈압)과 Y(급여)의 상관계수가 높게 나타날 수 있다고 짐작할 수 있다. 이와 같이 다른 변수의 효과로 인해 나타나는 상관성을 **의사상관**(pseudo correlation)이라고 한다.

의사상관을 제거하고 두 변수 사이의 상관성을 분석하는 한 가지 방법은 **편상관계수**(partial correlation coefficient)를 계산하는 것이다. 이때 효과를 제거하고자 하는 다른 변수를 **통제변수**(control variable, 제어변수)라고 한다. 여기에서 통제라고 함은 모든 개체에 대하여 통제변수의 값을 동일한 상태로 만든다는 의미이다.[3]

[3]실제로 통제변수의 값을 동일하게 만든다는 것이 아니라, 그러한 가정하에서 상관계수를 추정한다는 의미이다.

3.3.1 분석 사례 – pcor 함수

다음 ⟨예 3.4⟩는 ggm(functions for graphical markov models) 패키지의 pcor 함수를 사용하여 편상관계수를 구하고, pcor.test 함수를 사용하여 p-값을 출력한 예이다.

⟨예 3.4⟩ 편상관계수 계산

```
> library(ggm)
> Blood.cov <- cov(Blood[c("X","Y","Z")])
> Blood.pcor <- pcor(c("X","Y","Z"),Blood.cov)
> Blood.pcor
#----------------------------------------------------------------------
[1] 0.08284882
#----------------------------------------------------------------------
> pcor.test(Blood.pcor,1,100)
#----------------------------------------------------------------------
$tval
[1] 0.8187811
$df
[1] 97
$pvalue
[1] 0.4149184
```

먼저 pcor 함수에서는 통상 c 함수를 사용하여 변수의 이름들이 나열된 벡터를 지정하며, 첫 2개의 변수가 편상관계수를 계산할 대상이 되고 나머지 변수들이 통제변수로 사용된다. 또한, 관련 변수들이 포함된 공분산행렬을 지정해야 한다.

한편, pcor.test 함수에서는 'pcor 함수에 의해 생성된 객체의 이름, 통제변수의 개수, 표본크기'를 차례로 지정하면 된다.

위의 결과에서 변수 Z(나이)를 통제한 상태에서 X(혈압)과 Y(급여)의 상관계수는 $\text{Cor}(X, Y|X_2) = 0.083$으로서 매우 낮으며, p-값이 0.415로서 편상관계수가 통계적으로 유의하지 않음을 볼 수 있다. 따라서 X(혈압)과 Y(급여)의 상관성은 Z(나이)의 효과로 인해 높은 것처럼 나타난 것이며, 실제로 두 변수 사이의 상관성은 낮다고 결론지을 수 있다.

한편, 이 사례에서 데이터를 나이가 비슷한 그룹으로 묶고(예를 들어, 20대, 30대, $\cdots$) 각 그룹별로 상관계수를 계산해 보면, 각 그룹에서 X(혈압)과 Y(급여)의 상관계수가 매우 낮게 나타난다. 이와 같은 형식의 방법을 **층화**(stratification)라고 하는데, 이 역시 의사상관을 분석하는 좋은 방법 중 하나이다.

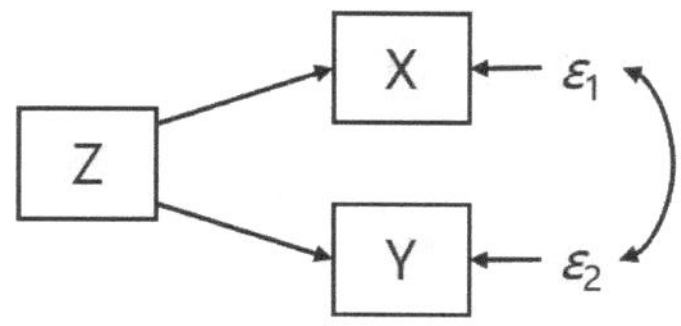

〈그림 3.2〉 편상관모형

3.3.2 분석 사례 – sem 함수

〈그림 3.2〉에는 편상관분석을 위한 경로도가 제시되어 있다. 이때 내생 오차변수 간에 연관관계(양방향 화살표)가 존재하도록 경로도가 작성되어 있는데, 이와 같이 내생오차들 간의 연관관계는 편상관의 의미를 가진다는 점을 주목할 필요가 있다.[4]

〈예 3.5〉 편상관모형 분석

```
> library(lavaan)
> Blood.B.model <-
+       '
+       X ~ Z
+       Y ~ Z
+       X ~~ Y
+       '
> Blood.B.fit <- sem(Blood.B.model,data=Blood)
> summary(Blood.B.fit,rsquare=TRUE,standardized=TRUE)
#-------------------------------------------------------------
Regressions:
                    Estimate  Std.Err  z-value  P(>|z|)   Std.lv  Std.all
  X ~ Z                0.549    0.051   10.856    0.000    0.549    0.736
  Y ~ Z                1.652    0.115   14.421    0.000    1.652    0.822
Covariances:
                    Estimate  Std.Err  z-value  P(>|z|)   Std.lv  Std.all
 .X ~~ .Y              2.891    3.501    0.826    0.409    2.891    0.083
Variances:
                    Estimate  Std.Err  z-value  P(>|z|)   Std.lv  Std.all
   .X                 15.389    2.176    7.071    0.000   15.389    0.459
   .Y                 79.104   11.187    7.071    0.000   79.104    0.325
R-Square:
                    Estimate
   X                   0.541
   Y                   0.675
```

[4]내생오차는 설명변수들에 의해 설명되지 않는 부분을 나타낸다.

〈표 3.3〉 편상관분석의 결과 (Blood.csv)

A. 회귀계수 (Regression weights)

내생변수	설명변수	회귀계수	표준화추정치	p-값	SMC(R^2)
X	Z	0.549	0.736	<.001	0.541
Y	Z	1.652	0.822	<.001	0.675

B. 편상관 (Paprtial correlation)

내생변수		공분산	상관계수	p-값
X	Y	2.891	0.083	0.409

여기에서는 lavaan(fit a latent variable model) 패키지의 sem 함수를 이용하여 이 모형에 대한 분석을 수행하여 보자. 〈예 3.5〉는 lavaan 패키지의 사용 예를 보여주고 있으며, 다음과 같은 요소들로 구성되어 있다.

- model: 모형 설정의 내용이 저장될 객체의 이름을 지정하고, 다음의 인용부호(' ') 사이에 인과관계를 나타내는 내용들을 입력한다. 이 예에서 'X ~ Z'는 'X ← Z'의 관계를 나타내고, 'Y ~ Z'는 'Y ← Z'의 관계를 나타낸다. 그리고 'X ~~ Y'는 대응되는 내생오차들 간의 연관관계를 나타낸다.
- sem(model,data=,···): 지정된 모형과 데이터에 대하여 분석을 수행하고, 그 결과를 리스트 객체에 저장하는 함수이다.
- summary(fit,rsquare=,standardized=,···): sem 객체의 내용을 요약하여 출력하는 함수이다. rsquare= 인수는 R^2를 출력할지의 여부를 지정하며, standardized= 인수는 표준화추정치를 출력할지의 여부를 지정한다.

〈표 3.3〉은 〈예 3.5〉의 주요 결과들을 요약한 것이다. 먼저 설명변수(통제변수) Z(나이)는 내생변수 X(혈압)과 Y(급여)에 모두 통계적으로 유의한 영향을 준다는 것을 볼 수 있다. 다음으로 편상관계수는 공분산(covariance)에 대한 표준화추정치로 출력되는데(예 3.5의 Std.all 영역에 제시되어 있다), 이 결과에서 0.083으로 추정되었음을 볼 수 있다. 그리고 이 값은 앞에서 얻은 편상관계수와 동일하다. 한편, 〈표 3.3〉의 회귀계수에 대한 표준화추정치는 〈표 3.1〉의 단순 상관계수와 동일함을 확인할 수 있다.

다음 〈예 3.6〉에서와 같이 semPlot(path diagrams and visual analysis of various SEM packages) 패키지의 semPaths(plot path diagram for SEM models) 함수를 사용하여 적합된 모형과 그 결과를 그래프로 출력할 수 있다(그림 3.3 참조).

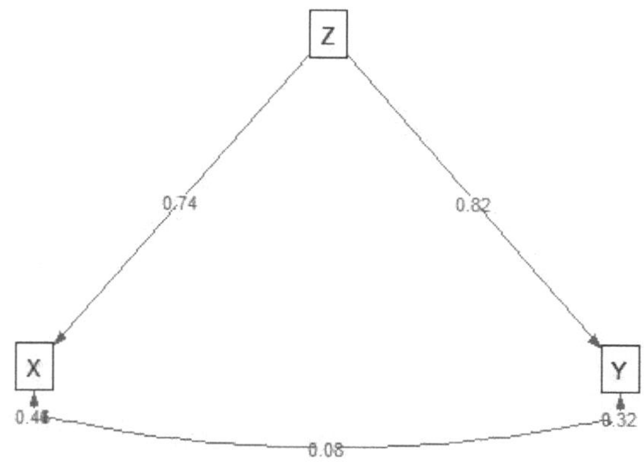

⟨그림 3.3⟩ semPaths 함수에 의해 출력된 경로도

⟨예 3.6⟩ 경로도 출력

```
> library(semPlot)
> semPaths(Blood.B.fit,whatLabels="std",style="lisrel",nCharNodes=0)
```

여기에서 whatLabels="std" 인수는 표준화추정치를 출력하도록 지정한 것이며, style="lisrel" 인수는 LISREL 소프트웨어에서 제공하는 형식의 그래프를 출력하도록 지정한 것이고, nCharNodes=0 인수는 변수의 이름을 축약하지 않도록 지정한 것이다. 이 함수에 의한 그래프가 기대만큼 예쁘지는 않지만, 모형 설정이 제대로 되었는지를 확인하기 위해 유용하게 사용될 수 있다.

3.4 다중 회귀분석 – 사례 1

통제변수의 효과를 분석하는 다른 하나의 방법은 다중 회귀분석을 수행하는 것이다. 종속변수 Y와 p개의 설명변수 X_1, X_2, $\cdots, X_p$가 있을 때, 다중 회귀분석(multiple regression analysis) 모형은 다음과 같이 표현된다.

$$Y = \alpha + \beta_1 X_1 + \beta_2 X_2 + \cdots + \beta_p X_p + \epsilon.$$

여기에서 α, β_1, β_2, $\cdots$, β_p는 추정되어야 할 회귀계수이며 ϵ은 오차항이다. 일반적으로 오차항 ϵ은 기댓값 0과 분산 σ^2을 가지며 정규분포를 따르는 것으로 가정된다.

여기에서는 'Blood.csv' 데이터에 대하여 종속변수를 Y(급여)로 설정하고 설명변수를 X(혈압)과 Z(나이)로 설정하여 다중 회귀분석을 수행하여 보자.

〈표 3.4〉 다중 회귀분석의 결과 (Blood.csv)

설명변수	회귀계수	표준화추정치	p-값	SMC(R^2)
Intercept	−31.031	–	0.161	0.678
X(혈압)	0.188	0.070	0.415	
Z(나이)	1.549	0.771	<.001	

〈예 3.7〉 다중 회귀분석

```
> Blood.C.fit <- lm(Y~X+Z,data=Blood)
> library(lm.beta)
> Blood.C.beta <- lm.beta(Blood.C.fit)
> summary(Blood.C.beta)
#----------------------------------------------------------------
Coefficients:
             Estimate Standardized Std. Error t value Pr(>|t|)
(Intercept) -31.03085      0.00000   21.98482  -1.411    0.161
X             0.18783      0.06968    0.22941   0.819    0.415
Z             1.54930      0.77050    0.17113   9.053 1.48e-14 ***
---
Signif. codes:  0 ‘***’ 0.001 ‘**’ 0.01 ‘*’ 0.05 ‘.’ 0.1 ‘ ’ 1
Residual standard error: 8.999 on 97 degrees of freedom
Multiple R-squared:  0.6775,Adjusted R-squared:  0.6709
F-statistic: 101.9 on 2 and 97 DF,  p-value: < 2.2e-16
```

〈예 3.7〉은 lm 함수를 이용하여 다중 회귀분석을 수행한 것이며, 〈표 3.4〉는 주요 결과들을 요약한 것이다. 여기에서 계수들에 대한 추정치들로부터 회귀 추정식을 표현하면 다음과 같다.

$$\hat{Y} \;=\; -\,31.031 \;+\; 0.188\,X \;+\; 1.549\,Z.$$

그리고 $R^2(\mathrm{SMC}) = 0.678$이므로 종속변수 Y의 변이 중 두 개의 설명변수 X와 Z에 의하여 설명되는 비율은 67.8 %이다.

먼저 〈표 3.2〉의 단순 회귀분석의 결과와 비교하여 변수 X(혈압)에 대한 추정치를 살펴보자. 다중 회귀분석에서는 회귀계수 추정치와 표준화추정치의 값이 매우 작게 나타났으며, p-값이 0.415로서 통계적으로 유의하지 않음을 볼 수 있다(이 p-값은 편상관분석의 p-값과 동일하다). 따라서 변수 X(나이)가 통제된 상태에서 X(혈압)은 Y(급여)에 영향을 미치지 않는다고 결론지을 수 있다.

다음으로 변수 Z(나이)에 대한 추정치를 살펴보자. 회귀계수 추정치는 $\hat{\beta}_2 = 1.549$이고 표준화추정치의 값도 상당히 크게 나타났으며, p-값이 매우 작음을 볼 수 있다. 따라서 변수 X(혈압)이 통제된 상태에서도, Z(나이)는 Y(급여)에 유의한 영향을 미친다고 결론지을 수 있다. 그리고, Z(나이)가 1단위 증가하면 Y(급여)가 1.549(백만원) 정도 증가한다고 말할 수 있다.

3.5 다중 회귀분석 – 사례 2

다중 회귀분석의 사례를 하나 더 다루어 보도록 하자. 어떤 회사에서는 신입사원에 대해 4과목(X_1=창의력, X_2=단순추론능력, X_3=복합추론능력, X_4=계량능력)의 적성검사를 실시하여 왔다. 이 회사에서는 이러한 적성검사 과목들이 사원의 업무능력을 평가하는 데 타당하지를 알아보기 위하여 입사 후 일 년 간의 실적을 평가하여 '업무능력 평가지수(Y)'를 산출하였다. 이 절에서 사용되는 데이터 파일은 'Ability.sav'이다.

먼저 ⟨표 3.5⟩에는 상관계수와 표준편차가 요약되어 있다. 이를 살펴보면 X_1(창의력)과 X_3(복합추론능력)의 상관계수를 제외한 모든 상관계수가 0.3보다 크고, 유의수준 5 % 하에서 통계적으로 유의함을 알 수 있다. 특히 종속변수 업무능력(Y)과 설명변수들의 상관계수는 상당히 큰 편임을 볼 수 있다. 이와 같이 회귀분석에 앞서 상관계수와 표준편차를 살펴보는 것은 언제나 추천된다고 하겠다.

3.5.1 분석 사례 – lm 함수

다음 ⟨예 3.8⟩은 'Ability.csv' 데이터에 lm 함수를 사용하여 다중 회귀분석을 수행한 것이다.

⟨표 3.5⟩ 상관계수와 표준편차 (Ability.csv)

	X1	X2	X3	X4	Y
X1(창의력)	1				
X2(단순추론)	0.601*	1			
X3(복합추론)	0.103	0.421*	1		
X4(계량능력)	0.394*	0.575*	0.548*	1	
Y(업무능력)	0.531*	0.746*	0.498*	0.944*	1
표준편차	3.907	3.385	2.275	10.538	10.124

* 유의수준 5 %하에서 통계적으로 유의함을 나타냄.

〈표 3.6〉 다중 회귀분석의 결과 (Ability.csv)

설명변수	회귀계수	표준화추정치	p-값	SMC(R^2)
Intercept	73.155	–	<.001	0.959
X1(창의력)	0.142	0.055	0.168	
X2(단순추론)	0.845	0.283	<.001	
X3(복합추론)	−0.272	−0.061	0.113	
X4(계량능력)	0.763	0.794	<.001	

〈예 3.8〉 다중 회귀분석 – lm 함수

```
> Ability <- read.csv("E:/My_Work/Data/Ability.csv",header=TRUE)
> Ability.A.fit <- lm(Y~X1+X2+X3+X4,data=Ability)
> library(lm.beta)
> Ability.A.beta <- lm.beta(Ability.A.fit)
> summary(Ability.A.beta)
#-----------------------------------------------------------------------
Coefficients:
            Estimate Standardized Std. Error t value Pr(>|t|)
(Intercept) 73.15526      0.00000    1.68258  43.478  < 2e-16 ***
X1           0.14245      0.05498    0.10157   1.403    0.168
X2           0.84501      0.28250    0.13186   6.408 7.72e-08 ***
X3          -0.27220     -0.06116    0.16825  -1.618    0.113
X4           0.76269      0.79383    0.03949  19.312  < 2e-16 ***
---
Signif. codes:  0 '***' 0.001 '**' 0.01 '*' 0.05 '.' 0.1 ' ' 1
Residual standard error: 2.138 on 45 degrees of freedom
Multiple R-squared:  0.9591,Adjusted R-squared:  0.9554
F-statistic: 263.5 on 4 and 45 DF,  p-value: < 2.2e-16
```

〈표 3.6〉에는 다중 회귀분석의 주요 결과들이 요약되어 있다. 여기에서 회귀계수 추정치를 이용하여 회귀 추정식을 표현하면 다음과 같다.

$$\hat{Y} = 73.155 + 0.142X_1 + 0.845X_2 - 0.272X_3 + 0.763X_4.$$

각 회귀계수에 대한 t-검정의 p-값을 살펴보면 변수 X_2(단순추론능력)과 X_4(계량능력)에 대한 p-값은 유의수준 5 %보다 작으므로, 이 변수들은 종속변수를 설명하는 데 유의하게 기여한다고 할 수 있다. 그러나 변수 X_1(창의력)과 X_3(복합추론능력)에 대한 p-값은 유의수준 5 %보다 크므로, 이 변수들은 종속변수를 설명하는 데 유의하게 기여하지 않는다는 것을 알 수 있다.

다중 회귀분석에서 회귀계수 β_k는 "설명변수 X_k를 제외한 다른 모든 설명변수의 값이 동일할 때(즉, 다른 모든 설명변수의 값이 같도록 통제되어 있을 때), X_k가 1단위 증가하면 종속변수 Y가 β_k만큼 증가한다"는 것을 의미한다. 즉, 다중 회귀분석에서는 어떤 설명변수들을 함께 고려하느냐에 따라서 결과가 달라질 수 있다. 이러한 의미에서 회귀계수를 편회귀계수(partial regression coefficient)라고 부르기도 한다. 그러나 앞에서 다루었던 상관분석(또는 단순 회귀분석)에서는 변수 X_k와 Y의 연관성(또는 인과성)을 측정할 때 다른 변수와의 관계를 고려하지 않는다.

예를 들어, 〈표 4.5〉에서 설명변수 X_1(창의력)과 종속변수 Y는 상관계수가 0.531이고, 유의수준 5 %하에서 통계적으로 유의하다는 것을 볼 수 있다. 그러나 X_1과 다른 설명변수들 간에 큰 연관성이 존재하고[예컨대, $\text{Cor}(X_1, X_2) = 0.601$이므로 X_1이 높으면 X_2도 높게 된다], 이러한 연관성을 고려할 때 다른 설명변수들의 값이 모두 같도록 통제된다면 변수 X_1(창의력)은 종속변수 Y에 유의한 영향을 주지 않는다고 해석할 수 있다.

또한, 통계적으로 유의하지 않은 설명변수 X_1(창의력)과 X_3(복합추론능력)을 제거하고 분석을 다시 수행할 수도 있을 것이다.

3.5.2 분석 사례 – sem 함수

1장에서 설명한 경로도 작성의 일반적인 원칙에 따라서 다중 회귀분석 모형에 대한 경로도를 작성하면 〈그림 3.4〉와 같다. 여기에서 종속변수(내생변수) Y에는 대응되는 오차변수가 존재하며, 모든 외생변수들 간에 연관관계(양방향 화살표)가 설정되어 있다는 것을 주목하여라.

다음 〈예 3.9〉는 lavaan 패키지의 sem 함수를 사용하여 다중 회귀분석을 수행한 것이다. 여기에서는 lm 함수와 비교하여 sem 함수의 몇 가지 특징들도 설명할 것이다. 〈예 3.9〉에서 모형을 설정하는 부분은 lm 함수에서와 유사하다.

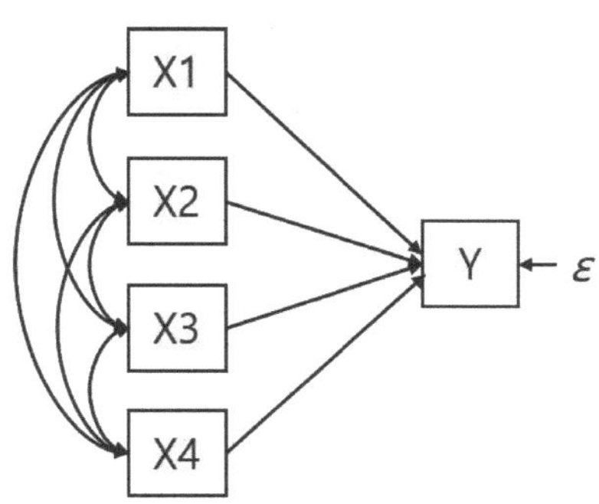

〈그림 3.4〉 다중 회귀분석 모형

⟨예 3.9⟩ 다중 회귀분석 – sem 함수

```
> library(lavaan)
> Ability.B.model <-
+     '
+     Y ~ X1+X2+X3+X4
+     '
> Ability.B.fit <- sem(Ability.B.model,data=Ability)
> library(semPlot)
> semPaths(Ability.B.fit,whatLabels="std",style="lisrel",nCharNodes=0)
> summary(Ability.B.fit,rsquare=TRUE,standardized=TRUE)
#-------------------------------------------------------------------
Regressions:
                  Estimate  Std.Err  z-value  P(>|z|)   Std.lv  Std.all
  Y ~
    X1               0.142    0.096    1.478    0.139    0.142    0.055
    X2               0.845    0.125    6.755    0.000    0.845    0.283
    X3              -0.272    0.160   -1.705    0.088   -0.272   -0.061
    X4               0.763    0.037   20.357    0.000    0.763    0.794
Variances:
                  Estimate  Std.Err  z-value  P(>|z|)   Std.lv  Std.all
   .Y                4.112    0.822    5.000    0.000    4.112    0.041
R-Square:
                  Estimate
    Y                0.959
```

위의 결과를 살펴보면 절편항에 대한 추정치가 출력되지 않은 것을 제외하고는 ⟨예 3.8⟩ 및 ⟨표 3.6⟩의 결과와 모두 동일함을 확인할 수 있다.

⟨예 3.10⟩ 절편항 추정치 출력

```
> Ability.B.fit <- sem(Ability.B.model,data=Ability,missing="ml")
> summary(Ability.B.fit,rsquare=TRUE,standardized=TRUE)
#-------------------------------------------------------------------
Intercepts:
                  Estimate  Std.Err  z-value  P(>|z|)   Std.lv  Std.all
   .Y               73.155    1.596   45.830    0.000   73.155    7.299
```

일반적으로 구조방정식모형에서는 공분산 구조에 주요 관심을 두고 있으며, 특별한 경우에만 평균 구조에 관심을 두게 된다. 따라서 sem 함수에서는 평균 구조와 관련이 있는 절편항에 대해서는 기본적으로 추정치가 출력되지 않는다. 절편항에 대한 추정치를 출력하기 위해서는 ⟨예 3.10⟩에서와 같이 missing="ml" 인수를 지정하면 된다. sem 함수에서 missing= 인수는 결측값 처리와 관련이 있지만, 절편항을 출력하기 위하여 사용될 수도 있다(이 사례의 데이터에는 결측값이 존재하지 않는다).

⟨예 3.11⟩ 외생변수들의 공분산 및 상관계수 출력

```
> Ability.B.fit <- sem(Ability.B.model,data=Ability,fixed.x=FALSE)
> summary(Ability.B.fit,rsquare=TRUE,standardized=TRUE)
#----------------------------------------------------------------------
Covariances:
                   Estimate  Std.Err  z-value  P(>|z|)   Std.lv  Std.all
  X1 ~~
    X2                7.790    2.139    3.643    0.000    7.790    0.601
    X3                0.899    1.238    0.726    0.468    0.899    0.103
    X4               15.887    6.133    2.591    0.010   15.887    0.394
  X2 ~~
    X3                3.175    1.158    2.743    0.006    3.175    0.421
    X4               20.083    5.701    3.523    0.000   20.083    0.575
  X3 ~~
    X4               12.866    3.788    3.397    0.001   12.866    0.548
```

한편, sem 함수에서는 외생 관찰변수들의 공분산에 대해서도 기본적으로 추정치가 출력되지 않는다. 이를 출력하기 위해서는 ⟨예 3.11⟩에서와 같이 fixed.x=FALSE 인수를 지정하면 된다. 위의 결과에서 공분산 추정치는 Estimate 영역에 출력되어 있으며, 상관계수(표준화된 공분산)는 Std.all 영역에 출력되어 있다. 위의 결과에서의 상관계수들은 ⟨표 3.5⟩에 제시된 것과 동일함을 확인하기 바란다.

3.6 결정계수(R-Square)

회귀식의 설명력을 측정하는 한 가지 측도는 **결정계수**(coefficient of determination, R^2)이다. 이는 종속변수 Y의 전체 분산 중에서 회귀식이 설명하는 비율을 나타낸다. 즉,

$$R^2 = \frac{\text{회귀식에 의하여 설명되는 분산}}{\text{종속변수의 전체 분산}}. \tag{3.2}$$

따라서 이 값이 1에 가까울수록 추정된 회귀식이 데이터를 잘 설명하고 있다고 할 수 있다 ($0 \leq R^2 \leq 1$). 또한, R^2는 종속변수의 실젯값 Y와 예측값 $\hat{Y}$에 대한 상관계수의 제곱과 같으므로 **제곱다중상관**(SMC, squared multiple correlation)이라고 불리기도 한다.

⟨예 3.8⟩ 및 ⟨예 3.9⟩에서 $R^2 = 0.959$임을 볼 수 있다. 따라서 4개의 설명변수로 종속변수의 분산(변이) 중 95.9 % 정도를 설명할 수 있다는 것을 알 수 있다.

3.7 표준화추정치

어떤 단순 회귀분석에서 종속변수 광고비(Y)와 설명변수 매출액(X)의 단위가 모두 천만 원이라고 가정하자. 그리고 추정된 회귀식이 '$\hat{Y} = 3.285 + 1.597X$'라고 하자. 그런데 매출액의 단위는 그대로 둔 상태에서 광고비의 단위를 백만 원으로 바꾸어 데이터를 입력한 후 회귀분석을 수행하면 어떻게 될까? 이 경우에는 추정된 회귀식이 '$\hat{Y} = 3.285+0.1597X$'가 된다.

이와 같이 설명변수의 단위를 바꾸면 해당 변수의 회귀계수의 크기도 변하지만, 그 변수의 회귀계수 자체에 대한 해석에는 아무런 차이가 없다 즉, '광고비가 1단위(천만 원) 증가하면 매출액이 1.597단위(천오백만 원 정도) 증가한다'는 해석은 '광고비가 백만 원 증가하면 매출액이 백오십만 원 정도 증가한다'는 해석과 의미상 다를 바가 없다. 그러나 이와 같이 회귀계수의 크기가 설명변수의 단위에 의존하기 때문에 그 크기를 절대비교할 수가 없고(즉, 회귀계수 자체만을 가지고 그 값이 얼마나 큰 것인지를 판단할 수 없고), 설명변수들의 단위가 서로 다른 경우에는 회귀계수들을 상대비교하는 것에도 문제가 생기게 된다.

이런 경우 유용하게 사용될 수 있는 **표준화추정치**(standardized coefficient)는 종속변수 및 각 설명변수들을 다음과 같이 표준화하여

$$Z_k = \frac{X_k - \bar{X}_k}{s_k}, \tag{3.3}$$

설명변수들의 단위를 모두 없앤 후에, 표준화된 변수들 Z_1, Z_2, $\cdots$, Z_p를 이용하여 얻은 회귀계수이다(여기에서 $\bar{X}_k$는 평균이고 s_k는 표준편차이다). 표준화 변수는 원래 변수의 측정단위나 변이의 영향을 제거하는 효과를 가지기 때문에, 표준화추정치는 설명변수들이 종속변수에 미치는 효과의 크기를 비교하는 데 이용될 수 있다.

3.8 다중공선성

다중공선성(multicollinearity)이란 설명변수들 간의 완전한 또는 거의 완전한 선형종속(linear dependency)의 관계를 의미한다. 예를 들어, 종속변수 Y와 4개의 설명변수 X_1, $\cdots$, X_4가 주어져 있는 경우를 고려하자. 만약 설명변수들 간에 완전한 다중공선성(선형종속)이 존재하는 경우, 즉

$$a_0 + a_1X_1 + a_2X_2 + a_3X_3 + a_4X_4 = 0 \tag{3.4}$$

을 만족하는 어떤 상수 a_0, a_1, a_2, a_3, a_4가 존재하는 경우(단, $a_0 = a_1 = \cdots = a_4 = 0$은 아님), 이는 4개의 설명변수들 중 다른 3개의 설명변수를 알게 되면 나머지 하나의 설명

변수를 완벽히 알 수 있어 불필요한 정보가 중복되어 있다는 것을 의미하며 수치적으로도 통상적인 최소제곱추정치(least square estimator)를 구할 수 없게 된다.[5]

또한, 완전한 다중공선성이 존재하는 경우가 아니더라도 식 (3.4)의 좌변이 거의 0에 가까워서 설명변수들 간에 상당이 높은 선형종속의 관계가 존재하게 되면, 최소제곱추정치가 이론상으로는 존재하나 실제로 구하기가 어려울 뿐만 아니라 최소제곱추정치의 분산이 매우 커져서 구해진 추정치를 신뢰할 수 없게 된다.[6]

회귀분석을 수행할 때 다중공선성으로 인해 흔히 나타나는 현상으로 다음과 같은 것들을 들 수 있다.

- 중요하다고 생각되는 회귀계수에 대한 검정결과가 유의하지 않게 나타난다.
- 회귀계수 추정치의 부호가 경험적 또는 이론적 기대와 상반된다.
- 하나 이상의 설명변수를 추가(제거)하면 회귀계수 추정치에 큰 변화가 생긴다.
- 몇 개의 관측개체를 추가(제거)하면 회귀계수 추정치에 큰 변화가 생긴다.

이와 같은 다중공선성의 문제를 진단하기 위해 가장 많이 사용되는 것으로 공차한계와 분산확대인자를 들 수 있다.

먼저 **공차한계**(tolerance)는 다음과 같으며,

$$\text{Tolerance} = 1 - R_k^2, \tag{3.5}$$

여기에서 R_k^2은 X_k를 반응변수로 하고 나머지 변수들을 설명변수로 하여 회귀분석을 수행하였을 때의 결정계수이다. 따라서 공차한계가 작다는 것은 변수 X_k의 변이가 다른 설명변수들에 의해 설명되는 비율이 높다는 것을 의미한다.

분산확대인자(VIF, variance inflation factor)는 공차한계의 역수이며,

$$\text{VIF} = \frac{1}{1 - R_k^2}, \tag{3.6}$$

보통 분산확대인자가 10보다 크면(즉, 해당 변수의 변이가 다른 설명변수들에 의해서 90 % 이상 설명되면) 다중공선성이 심각한 것으로 간주한다.

다중공선성을 탐색하는 다른 측도로서 다음과 같은 **상태지수**(condition index)가 있다.

$$\text{CI}_k = \sqrt{\frac{\lambda_1}{\lambda_k}}. \tag{3.7}$$

[5] 다중공선성의 문제는 종속변수와는 관련이 없다는 것을 주의하기 바란다. 설명변수와 종속변수의 상관관계가 크면 R^2가 커지므로, 오히려 이는 바람직한 상황이 될 수 있다.

[6] 회귀분석에 대하여 보다 자세한 설명은 "김기영, 전명식, 강현철, 이성건(2015), 예제를 통한 회귀분석, 자유아카데미"를 참조하기 바란다.

여기에서 λ_k는 설명변수들의 상관행렬(또는 공분산행렬)에 대한 k번째 고윳값을 나타낸다. 보통 상태지수가 15보다 크면 다중공선성이 어느 정도 존재하는 것으로, 그리고 상태지수가 100보다 크면 매우 심각한 것으로 간주하기도 한다.

〈예 3.12〉 다중공선성 검토

```
> Ability.A.fit <- lm(Y~X1+X2+X3+X4,data=Ability)
> library(olsrr)
> ols_vif_tol(Ability.A.fit)
#-----------------------------------------------------------------------
  Variables Tolerance   VIF
1 X1            0.592  1.69
2 X2            0.468  2.14
3 X3            0.637  1.57
4 X4            0.538  1.86
```

〈예 3.12〉에서 볼 수 있는 바와 같이 olsrr(tools for building OLS regression models) 패키지의 ols_vif_tol 함수 또는 ols_coll_diag 함수를 사용하여 공차한계, VIF, 상태지수 등을 얻을 수 있다.

이 사례에서는 모든 설명변수들에 대한 VIF가 10 미만이므로 다중공선성으로 인한 문제가 없는 것으로 판단된다.

다중공선성이 심각한 경우 이를 해결하는 방법으로 다음과 같은 방법들을 고려할 수 있다.

- 다중공선성에 관련되어 있는 일부 변수를 제거한다. 이 방법은 실제적으로 가장 많이 사용되는 방법이며 전진 선택법, 후진 제거법, 단계적 방법 등 소프트웨어에서 제공하는 변수선택 방법이 사용되기도 한다.
- 다중공선성에 관련되어 있는 변수들을 결합하여 하나의 합성변수를 만들고, 기존의 변수들 대신 합성변수를 설명변수로 사용한다.
- 더 넓은 범위의 독립변수들의 값에서 새로운 관측치를 얻어낸다. 이 경우 추가로 비용과 시간이 드는 것을 감수해야 한다.
- 능형회귀(ridge regression) 또는 주성분회귀(principal components regression) 등 편의 추정법을 사용한다.

다중공선성은 잠재변수들 간에도 발생할 수 있다. 잠재변수들 간의 상관성이 높게 추정되면, 그 잠재변수들이 구별되지 않는 변수들이라는 것을 나타낸다.

3.9 가변수 – 질적 설명변수의 처리

회귀분석 또는 구조방정식모형에서 일반적으로는 양적 변수들이 사용된다. 그러나 때로는 질적 설명변수들이 모형에 포함될 수 있다. 여기에서 질적 변수는 성별, 지역, 직업 등과 같이 크기에 의미를 둘 수 없는 변수들을 말한다. 예를 들어, 앞 절에서 다루었던 'Ability.sav' 데이터에는 교육수준(Education; 1='고등학교', 2='대학교', 3='대학원')이 포함되어 있다.

이와 같은 질적 설명변수는 수치를 나타내지 않기 때문에 그대로는 회귀분석에 사용할 수가 없다. 따라서 질적 변수의 각 범주(category)를 나타내는 **가변수**(dummy variable)를 만들어서 대신 사용해야 한다.

어떤 질적 변수의 범주가 m개 있다고 할 때, 가변수는 $m-1$개를 만들어야 한다. 예를 들어, 이 사례에서 교육수준에 3개의 범주가 있으므로 다음과 같이 2개의 가변수를 생성하면 된다.

$$Educ1 = \begin{cases} 1, & \text{if Education=1,} \\ 0, & \text{otherwise.} \end{cases} \qquad Educ2 = \begin{cases} 1, & \text{if Education=2.} \\ 0, & \text{otherwise.} \end{cases}$$

3.9.1 가변수 생성하기

다음 〈예 3.13〉은 교육수준(Education) 변수에 대한 2개의 가변수 Educ1과 Educ2를 생성하는 예이다.

〈예 3.13〉 가변수 생성

```
> Ability$Educ1 = 0
> Ability$Educ1[Ability$Education==1] = 1
> Ability$Educ1[is.na(Ability$Education)] = NA
> Ability$Educ2 = 0
> Ability$Educ2[Ability$Education==2] = 1
> Ability$Educ2[is.na(Ability$Education)] = NA
> head(Ability,5)
#------------------------------------------------------------------
ID Education X1 X2 X3 X4     Y Educ1 Educ2
 1         1 10 12  7 15  95.3     1     0
 2         2  9 12  9 20  96.0     0     1
 3         3 10 14 11 21  97.5     0     0
 4         2 10 15 12 32 107.8     0     1
 5         1  8 10 13 17  90.8     1     0
```

이와 같은 과정을 수행하면〈예 3.13〉에서 볼 수 있는 바와 같이 1과 0만을 값으로 갖는 두 개의 가변수가 생성된다. 여기에서 Educ1은 '고등학교'를 나타내는 가변수이고, Educ2는 '대학교'를 나타내는 가변수이다. 그리고 두 가변수가 모두 0이면 그 개체가 '대학원'임을 나타낸다.

한편, 원래의 질적변수에 결측값이 있을 경우, 〈예 3.13〉에서와 같이 is.na 함수 등을 사용하여 이를 별도로 처리해 주어야 한다(이 데이터의 경우에는 결측값이 존재하지 않지만 예시를 위해 작성하였다).

3.9.2 가변수를 이용한 다중 회귀분석

다음 〈예 3.14〉는 앞에서 생성된 가변수들을 이용하여 다중 회귀분석을 수행하는 예이다. 즉, 원래의 질적 설명변수 Education 대신에 생성된 가변수 Educ1과 Educ2를 설명변수로 지정하면 된다.

〈예 3.14〉 가변수를 이용한 다중 회귀분석

```
> Ability.C.fit <- lm(Y~X1+X2+X3+X4+Educ1+Educ2,data=Ability)
> library(lm.beta)
> Ability.C.beta <- lm.beta(Ability.C.fit)
> summary(Ability.C.beta)
#----------------------------------------------------------------------
Coefficients:
            Estimate Standardized Std. Error t value Pr(>|t|)
(Intercept) 69.50862      0.00000    2.27601  30.540  < 2e-16 ***
X1           0.10107      0.03901    0.10020   1.009   0.3188
X2           0.92921      0.31065    0.13449   6.909 1.74e-08 ***
X3          -0.35956     -0.08078    0.16693  -2.154   0.0369 *
X4           0.84968      0.88438    0.05386  15.775  < 2e-16 ***
Educ1        3.25538      0.13455    1.42417   2.286   0.0273 *
Educ2        0.96193      0.04783    0.77015   1.249   0.2184
---
Signif. codes:  0 '***' 0.001 '**' 0.01 '*' 0.05 '.' 0.1 ' ' 1
Residual standard error: 2.064 on 43 degrees of freedom
Multiple R-squared:  0.9635,Adjusted R-squared:  0.9584
F-statistic: 189.2 on 6 and 43 DF,  p-value: < 2.2e-16
```

위의 결과에는 추정치, 표준화추정치, R^2 등이 출력되어 있으며, 다음 〈표 3.7〉은 이 결과들을 요약한 것이다. 앞에서 설명한 바와 같이 양적 설명변수의 계수는 기울기를 의미한다. 예를 들어, 변수 X_2(단순추론능력)의 회귀계수가 양(+)의 값을 가지므로, X_2가 높을수록

〈표 3.7〉 다중 회귀분석의 결과 – 가변수 포함

설명변수	회귀계수	표준화추정치	p-값	SMC(R^2)
Intercept	69.509	–	<.001	0.964
X1(창의력)	0.101	0.039	0.319	
X2(단순추론)	0.929	0.311	<.001	
X3(복합추론)	−0.360	−0.081	0.037	
X4(계량능력)	0.850	0.884	<.001	
Educ=고등학교	3.255	0.135	0.027	
Educ=대학교	0.962	0.048	0.218	
Educ=대학원	0	0	–	

Y(업무능력)이 높다는 것을 나타낸다. 즉, '단순추론능력'이 1단위 높아지면 '업무능력'이 0.929 정도 높아진다는 것을 나타낸다(물론, 다른 변수들이 통제된 상태에서).

반면에 질적 설명변수를 지칭하는 가변수의 계수는 종속변수의 범주 간 평균 차이를 나타낸다는 것을 유의하기 바란다.

예를 들어, 교육수준이 '고등학교'일 경우가 '대학원'일 경우에 비하여 Y(업무능력)의 평균이 3.255 정도 높다는 것을 볼 수 있다. 또한, 교육수준이 '대학교'일 경우가 '대학원'일 경우에 비하여 Y(업무능력)의 평균이 0.962 정도 높으며, 두 범주 간 평균 차이는 통계적으로 유의하지 않다.

〈예 3.15〉 교육수준별 업무능력의 기술통계량

```
> library(psych)
> describeBy(Ability[c("Y")],group=Ability$Education)
#-----------------------------------------------------------------------
group: 1
   vars  n  mean   sd median trimmed  mad  min  max range skew kurtosis
X1    1 11  93.1 3.29   92.8      93 2.97 87.3 99.5  12.2 0.16    -0.62
-----------------------------------------------------------------------
group: 2
   vars  n  mean   sd median trimmed  mad  min  max range skew kurtosis
X1    1 27 109.1 6.71  109.3  109.06 6.97   96  121    25 0.11    -0.94
-----------------------------------------------------------------------
group: 3
   vars  n  mean   sd median trimmed  mad  min  max range skew kurtosis
X1    1 12 113.5 9.51  117.5  114.18  6.3 97.5  122  24.8 -0.6    -1.53
```

한편, 〈예 3.15〉는 다른 변수들을 고려하지 않았을 때 교육수준별로 업무능력(Y)의 평균과 표준편차 등을 출력한 것이다. 이 표에서 교육수준별 단순 평균은 '대학원 > 대학교 > 고등학교'의 순이다. 그런데 다중 회귀분석의 결과에서는 반대의 양상을 나타내고 있다. 즉, 교육수준별 추정치가 '고등학교 > 대학교 > 대학원'의 순으로 나타나고 있다. 이러한 결과는 다음과 같은 사항을 암시한다. (1) 일반적으로는 교육수준이 높을수록 Y(업무능력)이나 X_1(창의력), X_2(단순추론) 등의 능력이 우수하다. (2) 그러나 X_1(창의력), X_2(단순추론) 등의 능력이 같도록 통제된다면, 교육수준이 낮은 경우가 오히려 '업무능력'이 우수한 편이다.

3.9.3 요인변수를 이용한 다중 회귀분석

lm 함수를 사용할 때 가변수를 생성하지 않고 보다 쉽게 처리할 수 있는 방법이 있다. 예를 들어, 다음 〈예 3.16〉에서와 같이 factor 함수를 사용하여 변수 Education을 요인변수로 선언한 후, lm 함수에 Education을 설명변수로 지정하면 가변수를 이용하는 것과 동일한 결과를 얻을 수 있다. 다만, 이 경우에는 항상 첫 번째 범주를 기준으로 가변수가 생성되어 사용된다(가변수를 데이터 프레임에 실제로 추가하지는 않는다).

〈예 3.16〉 요인변수를 이용한 다중 회귀분석

```
> Ability$Education <- factor(Ability$Education)
> Ability.D.fit <- lm(Y~X1+X2+X3+X4+Education,data=Ability)
> library(lm.beta)
> Ability.D.beta <- lm.beta(Ability.D.fit)
> summary(Ability.D.beta)
#-----------------------------------------------------------------------
Coefficients:
             Estimate Standardized Std. Error t value Pr(>|t|)
(Intercept) 72.76400      0.00000    1.63410  44.529  < 2e-16 ***
X1           0.10107      0.03901    0.10020   1.009   0.3188
X2           0.92921      0.31065    0.13449   6.909 1.74e-08 ***
X3          -0.35956     -0.08078    0.16693  -2.154   0.0369 *
X4           0.84968      0.88438    0.05386  15.775  < 2e-16 ***
Education2  -2.29346     -0.11405    1.14540  -2.002   0.0516 .
Education3  -3.25538     -0.13872    1.42417  -2.286   0.0273 *
---
Signif. codes:  0 '***' 0.001 '**' 0.01 '*' 0.05 '.' 0.1 ' ' 1
Residual standard error: 2.064 on 43 degrees of freedom
Multiple R-squared:  0.9635,Adjusted R-squared:  0.9584
F-statistic: 189.2 on 6 and 43 DF,  p-value: < 2.2e-16
```

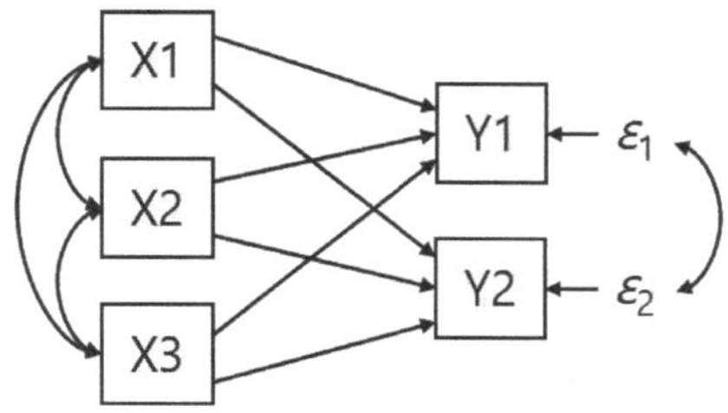

〈그림 3.5〉 다변량 회귀모형

〈예 3.16〉의 결과를 〈예 3.14〉의 결과와 비교하여 보면 해석 상에는 아무런 차이가 없음을 알 수 있다. 먼저 양적변수들의 회귀계수 추정치는 모두 동일하다. 또한 '고등학교'의 경우가 '대학원'의 경우에 비해 업무능력의 평균이 3.255 정도 크고, '고등학교'의 경우가 '대학교'의 경우에 비해 업무능력의 평균이 2.293 정도 크며, '대학교'의 경우가 '대학원'의 경우에 비해 업무능력의 평균이 0.962 정도 크다는 해석에는 차이가 없다.

3.10 다변량 회귀분석

〈그림 3.5〉의 경우 설명변수가 3개이고 종속변수가 2개 존재하는 회귀분석 모형이며, 이와 같이 종속변수가 여러 개 있는 모형을 **다변량 회귀모형**(multivariate regression model)이라고 한다. 이 모형을 수식으로 표현하면 다음과 같다.

$$\begin{cases} Y_1 = \alpha_1 + \beta_{11}X_1 + \beta_{12}X_2 + \beta_{13}X_3 + \epsilon_1, \\ Y_2 = \alpha_2 + \beta_{21}X_1 + \beta_{22}X_2 + \beta_{23}X_3 + \epsilon_2. \end{cases} \tag{3.8}$$

다변량 회귀모형에서는 일반적으로 내생 오차변수들 간에 서로 연관관계가 있는 것으로 가정되며, 3.3.2절에서 설명한 바와 같이 내생오차들 간의 상관은 편상관의 의미를 가진다.

〈예 3.17〉에서와 같이 lavaan 패키지의 sem 함수를 사용하여 다변량 회귀분석을 쉽게 수행할 수 있다. 이 예에서는 2.3절에서 다룬 바 있는 'Student.csv' 데이터를 사용하였다.

〈예 3.17〉 다변량 회귀분석

```
> library(lavaan)
> Student.model <-
+     '
+     Y1 ~ X1+X2+X3
+     Y2 ~ X1+X2+X3
+     Y1 ~~ Y2
+     '
> Student.fit <- sem(Student.model,data=Student,missing="ml")
```

```
> library(semPlot)
> semPaths(Student.fit,whatLabels="std",style="lisrel",nCharNodes=0)
> summary(Student.fit,rsquare=TRUE,standardized=TRUE)
#-----------------------------------------------------------------------
lavaan 0.6-3 ended normally after 58 iterations
  Optimization method                           NLMINB
  Number of free parameters                         11

  Number of observations                            15
  Number of missing patterns                         1

  Estimator                                         ML
  Model Fit Test Statistic                       0.000
  Degrees of freedom                                 0

Parameter Estimates:
  Information                                 Observed
  Observed information based on                Hessian

Regressions:
                   Estimate  Std.Err  z-value  P(>|z|)   Std.lv  Std.all
  Y1 ~
    X1                0.085    0.023    3.700    0.000    0.085    0.763
    X2                0.008    0.042    0.198    0.843    0.008    0.034
    X3               -0.015    0.096   -0.156    0.876   -0.015   -0.032
  Y2 ~
    X1                0.047    0.022    2.129    0.033    0.047    0.375
    X2                0.145    0.040    3.639    0.000    0.145    0.537
    X3                0.126    0.092    1.366    0.172    0.126    0.238
Covariances:
                   Estimate  Std.Err  z-value  P(>|z|)   Std.lv  Std.all
.Y1 ~~ .Y2            0.158    0.072    2.190    0.029    0.158    0.686
Intercepts:
                   Estimate  Std.Err  z-value  P(>|z|)   Std.lv  Std.all
   .Y1               -5.619    4.808   -1.169    0.243   -5.619   -7.548
   .Y2              -20.405    4.623   -4.414    0.000  -20.405  -24.322
Variances:
                   Estimate  Std.Err  z-value  P(>|z|)   Std.lv  Std.all
   .Y1                0.240    0.088    2.739    0.006    0.240    0.432
   .Y2                0.222    0.081    2.739    0.006    0.222    0.315
R-Square:
                   Estimate
    Y1                0.568
    Y2                0.685
```

〈표 3.8〉 다변량 회귀분석의 결과

A. 회귀계수 (Regression weights)

내생변수	설명변수	회귀계수	표준화추정치	p-값	SMC(R^2)
Y1	Intercept	−5.619	–	0.243	0.568
	X1	0.085	0.763	<.001	
	X2	0.008	0.034	0.843	
	X3	−0.015	−0.032	0.876	
Y2	Intercept	−20.405	–	<.001	0.685
	X1	0.047	0.375	0.033	
	X2	0.145	0.537	<.001	
	X3	−0.015	−0.126	0.172	

B. 편상관 (Paprtial correlation)

내생변수		공분산	상관계수	p-값
Y1	Y2	0.158	0.686	0.029

〈예 3.17〉에서는 모형표현식(Student.model) 부분에 두 종속변수와 설명변수들을 지정하였으며, 내생오차들 간의 연관성을 모형에 표현하였다(3.3.2절 참조). 또한, 절편항 추정치를 출력하기 위하여 sem 함수에 missing="ml" 인수를 지정하였다(3.5.2절 참조).

〈표 3.8〉은 〈예 3.17〉의 주요 결과들을 요약한 것이다. 먼저 내생변수(종속변수) Y_1에 통계적으로 유의한 영향을 미치는 변수는 X_1이며, Y_2에 통계적으로 유의한 영향을 미치는 변수는 X_1과 X_2라는 것을 볼 수 있다(유의수준 5 %하에서). 다음으로 편상관계수는 공분산(covariance)에 대한 표준화추정치로 출력되는데(이는 Std.all 영역에 제시되어 있다), 이 결과에서 0.686으로 추정되었으며 유의수준 5 %하에서 통계적으로 유의함을 볼 수 있다.

한편, 다중 회귀분석 또는 다변량 회귀분석에서 절편항(intercept)에 대한 표준화추정치는 항상 0이라는 점을 주의하기 바란다.

〈예 3.18〉 결측값이 있는 경우

```
> Stu_Missing.A.fit <- sem(Student.model,data=Stu_Missing)
> summary(Stu_Missing.A.fit,rsquare=TRUE,standardized=TRUE)
#------------------------------------------------------------------------
                                                    Used        Total
  Number of observations                              11           15
...
```

이 장을 마치기 전에 lavaan 패키지에서의 결측값 처리에 대하여 간단히 설명할 것이다. ⟨예 3.18⟩은 2.5절에서 다룬 바 있는 'Stu_Missing.csv' 데이터에 대하여 sem 함수를 사용한 예이다. 이 예에서는 전체 15개의 개체 중 11개가 분석에 사용되었음을 볼 수 있다(다른 결과들은 생략함).

⟨예 3.19⟩ FIML 추정법

```
> Stu_Missing.B.fit <-
+     sem(Student.model,data=Stu_Missing,fixed.x=FALSE,missing="ml")
> summary(Stu_Missing.B.fit,rsquare=TRUE,standardized=TRUE)
#------------------------------------------------------------------
  Number of observations                          15
  Number of missing patterns                       5
...
```

⟨예 3.19⟩는 fixed.x=FALSE와 missing="ml" 옵션을 사용하여 FIML(full information maximum likelihood)이라는 특별한 형태의 최대우도법을 적용하도록 지정한 예이다. 이때 EM(expectation-maximization) 알고리즘을 통해 관찰변수들의 분산과 공분산을 추정하는데, EM 알고리즘은 두 단계에 의해서 수행된다. 'E(기대)-단계'에서는 결측값들이 추정된 통계적 정보들에 의해 예측된 값으로 대체된다. 'M(최대화)-단계'에서는 관측된 자료와 대체된 자료를 모두 이용하여 통계적 정보(분산, 공분산 등)를 추정한다. 그리고 안정된 값들이 생성될 때까지 두 단계를 반복한다.

한편, sem 함수의 missing= 인수에는 "listwise"(목록별 결측값 제외), "pairwise"(대응별 결측값 제외), "ml"("direct", "fiml") 등의 옵션을 지정할 수 있다(2.5.2절 참조). ⟨예 3.18⟩의 경우 missing="listwise" 옵션을 지정한 것과 동일하다.

FIML 방법은 개체를 제거하거나 결측값을 대체하지 않고서도 모수들을 추정할 수 있다는 장점이 있으나, 실제 문제에 적용할 때 몇 가지 단점을 가지고 있다. 첫째, 최대우도법 이외에 다른 추정법을 사용할 수 없다. 둘째, 중요한 통계량들이 계산되지 않을 수 있다. 셋째, 결측값이 많거나 결측값에 특정한 패턴이 존재할 경우 편향된 결과를 얻을 수 있다.

2.5절에서도 언급한 바와 같이 결국 최선의 방법은 결측값 제거, 결측값 대체, FIML 방법 등 가능한 여러 가지 방법들을 적용하고, 현실적으로 가장 적절하다고 판단되는 결과를 선택하는 것이다. 또한, 연구자들은 자신의 연구분석 과정에서 결측값을 어떻게 처리하였는가를 충분히 설명할 필요가 있다.

3.A 부록: SAS 프로그램의 예

이 절에서는 앞에서 다루었던 사례들에 대하여 SAS/STAT 소프트웨어를 이용한 프로그램의 예를 제시한다.

⟨SAS 프로그램 3.1⟩ 상관분석 – PROC CORR

```
PROC CORR DATA=sem.Blood PEARSON SPEARMAN NOMISS;
     VAR X Z Y;
RUN;
```

- PROC CORR: 상관분석을 수행한다. 이 명령문에 출력하기를 원하는 상관계수의 유형 및 기타 옵션들을 지정할 수 있다(2.A절 참조).
- VAR: 분석 대상이 되는 변수들을 지정한다.

⟨SAS 프로그램 3.2⟩ 단순 회귀분석 – PROC REG

```
PROC REG DATA=sem.Blood SIMPLE CORR;
     MODEL Y = X / STB;
RUN;
```

- PROC REG: 회귀분석을 수행한다. SIMPLE 옵션을 지정하면 평균, 표준편차 등이 출력된다. CORR 옵션을 지정하면 상관계수가 출력된다.
- MODEL: 등호의 왼쪽에 종속변수를, 오른쪽에 설명변수를 지정한다. STB 옵션을 지정하면 표준화추정치가 출력된다.

⟨SAS 프로그램 3.3⟩ 편상관분석 – PROC CORR

```
PROC CORR DATA=sem.Blood PEARSON SPEARMAN NOMISS;
     VAR X Y;
     PARTIAL Z;
RUN;
```

- PARTIAL: 통제변수(제어변수)들을 지정한다.

⟨SAS 프로그램 3.4⟩ 편상관분석 – PROC CALIS

```
PROC CALIS DATA=sem.Blood;
     PATH Z ===> X,
          Z ===> Y;
```

```
    PCOV X Y;
    PATHDIAGRAM SOLUTION=STANDARD;
RUN;
```

- PROC CALIS: 구조방정식모형에 대한 분석을 수행한다.
- PATH: 인과관계의 내용을 지정한다.
- PCOV: 대응되는 오차변수들 간의 연관관계(공분산)를 지정한다.[7]
- PATHDIAGRAM: 경로도를 출력한다(그림 3.6 참조). SOLUTION=STANDARD 옵션을 지정하면 경로도에 표준화추정치가 출력된다.

⟨SAS 프로그램 3.5⟩ 다중 회귀분석 – PROC REG

```
PROC REG DATA=sem.Ability SIMPLE CORR;
    MODEL Y = X1 X2 X3 X4 / STB TOL VIF COLLIN;
RUN;
```

- MODEL: 이 명령문에 다중공선성 검토를 위한 통계량들을 지정할 수 있다 – TOL(공차한계), VIF(분산확대인자), COLLIN(상태지수).

⟨SAS 프로그램 3.6⟩ 다중 회귀분석 – PROC CALIS

```
PROC CALIS DATA=sem.Ability;
    PATH Y <=== X1 X2 X3 X4;
    MEAN Y;
    PATHDIAGRAM SOLUTION=STANDARD;
RUN;
```

- PATH: 인과관계의 내용을 지정한다.
- MEAN: 절편항 및 평균 추정치들을 출력한다.

⟨SAS 프로그램 3.7⟩ 가변수를 이용한 다중 회귀분석 – PROC REG

```
PROC REG DATA=sem.Ability SIMPLE CORR;
    MODEL Y = X1 X2 X3 X4 Educ1 Educ2 / STB TOL VIF;
RUN;
```

[7] 계산 방식의 차이로 인해 PROC CALIS에서 출력되는 편상관계수는 PROC CORR의 결과와 다를 수 있다.

〈SAS 프로그램 3.8〉 집단별 기술통계량 – PROC MEANS

```
PROC MEANS DATA=sem.Ability N MEAN STD CV MIN MAX SKEW KURT;
     CLASS Education;
     VAR Y;
RUN;
```

- PROC MEANS: 기술통계량들을 출력한다. 이 명령문에 출력하기를 원하는 통계량을 중심어(keyword)로 지정할 수 있다(2.A절 참조).
- CLASS: 집단 변수들을 지정한다.
- VAR: 분석 대상이 되는 변수들을 지정한다.

〈SAS 프로그램 3.9〉 집단변수를 이용한 다중 회귀분석 – PROC GLM

```
PROC GLM DATA=sem.Ability;
     CLASS Education;
     MODEL Y = X1 X2 X3 X4 Education / SOLUTION;
     MEANS Education;
     LSMEANS Education;
RUN;
```

- PROC GLM: 분산분석 등 일반선형모형(general linear model)에 대한 분석을 수행한다.
- CLASS: 설명변수들 중 집단 변수들을 지정한다.
- MODEL: 등호의 왼쪽에 종속변수를, 오른쪽에 설명변수들을 지정한다. SOLUTION 옵션을 지정하면 계수 추정치들이 출력된다.
- MEANS: 집단별 단순 평균이 출력된다.
- LSMEANS: 집단별 최소제곱평균(least squares mean)이 출력된다. 이는 설명변수들이 통제된 상태에서의 평균을 의미한다.

〈SAS 프로그램 3.10〉 다변량 회귀분석 – PROC CALIS

```
PROC CALIS DATA=sem.Student;
     PATH Y1 <=== X1 X2 X3,
          Y2 <=== X1 X2 X3;
     PCOV Y1 Y2;
     MEAN Y1 Y2;
     PATHDIAGRAM SOLUTION=STANDARD;
RUN;
```

- PATH: 인과관계의 내용을 지정한다.

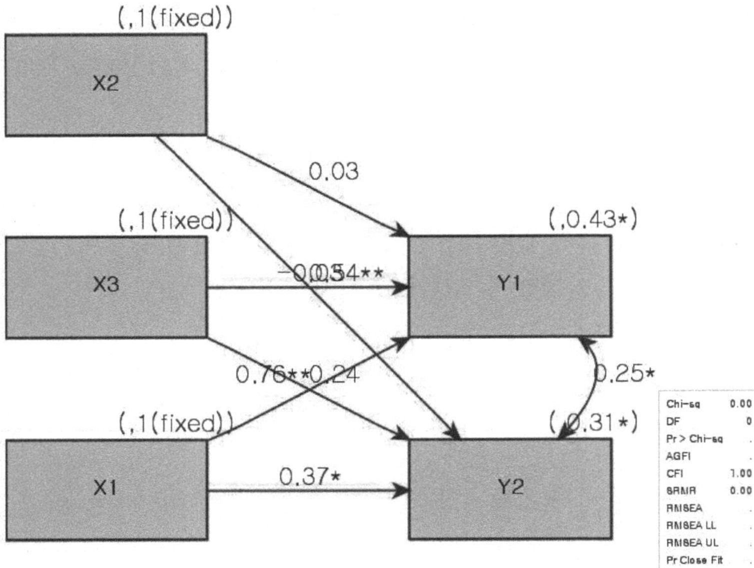

〈그림 3.6〉 PROC CALIS에 의한 경로도 ← SAS 프로그램 3.10

- PCOV: 대응되는 오차변수들 간의 연관관계(공분산)를 지정한다.[8]
- MEAN: 절편항 및 평균 추정치들을 출력한다.

〈SAS 프로그램 3.11〉 FIML 추정법 – PROC CALIS

```
PROC CALIS DATA=sem.Student METHOD=FIML;
     PATH Y1 <=== X1 X2 X3,
          Y2 <=== X1 X2 X3;
     PCOV Y1 Y2;
     MEAN Y1 Y2;
     PATHDIAGRAM SOLUTION=STANDARD;
RUN;
```

- PROC CALIS: 이 명령문에 METHOD= 옵션을 이용하여 추정 방법을 지정할 수 있다.

---

[8] 계산 방식의 차이로 인해 PROC CALIS에서 출력되는 편상관계수는 sem 함수의 결과와 다를 수 있다.

제 4 장
잠재변수가 없는 구조방정식모형

Structural Equation Model without Latent Variable

⟨그림 4.1⟩은 잠재변수는 고려하지 않고 외생관찰변수와 내생관찰변수들 간의 구조적 관계만을 분석하는 모형의 예이며, 이와 같이 잠재변수가 존재하지 않는 모형을 **경로분석 모형**(path analysis model)이라고 부르기도 한다. 이 장에서는 이와 같은 경로분석모형을 예로 하여 구조방정식모형을 분석하기 위해 필요한 여러 가지 개념들을 설명할 것이다.

4.1 연구모형의 구축과 해석 절차

연구자가 설정한 가설적 모형을 기반으로 하여 최종적인 구조방정식모형을 구축하고 그 결과를 해석하기 위한 일반적인 절차는 다음과 같다.

(1) 모형에 대한 적합도 평가

카이제곱 통계량, GFI, RMSEA 등 적합도 통계량들을 활용하여 연구자가 설정한 모형의 전반적 적합도를 평가한다(표 5.1 및 부록 참조). 이는 연구모형이 데이터(실제)에 잘 적용되는지를 평가하는 것이다. 모형의 전반적 적합도가 좋은 것으로 평가된다면 이 모형을 통해 얻어진 데이터 분석의 결과를 해석할 수 있으며, 적합도가 좋지 않은 것으로 평가된다면 연구모형을 다시 설정하거나 수정해야 한다.

(2) 모형 수정

모형 수정에는 두 개의 방향이 있다. 첫째, 모형에 모수를 추가하여 더 복잡한 형태의 모형을 만든다. 모형의 적합도가 좋지 않은 통상적인 이유는 모형이 너무 단순하여 데이터의 구조를 제대로 나타내지 못하기 때문이다. 이런 경우 모형에 추가적인 경로계수 또는 공분산을 도입하여 모형에 대한 제약을 완화시킬 필요가 있다. 이때 **수정지수**(modification index)를 이용하면 어떤 모수를 추가해야 할지에 대한 정보를 얻을 수 있다.

둘째, 불필요한 모수를 삭제하여 더 간단한 형태의 모형을 만든다. 통계적 모형 구축의 목적이 데이터에 내재되어 있는 복잡한 데이터의 구조를 단순화하여 설명하는 것에 있다고 할 때, 모수의 절약이 시도되지 않은 모형은 **간명성**(parsimony)의 측면에서 모형으로서의 가치가 떨어진다고 할 수 있다. 즉, 연구자는 가급적 간명한 모형에 의해서 데이터의 구조를 설명할 필요가 있다. 이때 모수 추정치들에 대한 통계적 가설검정의 결과를 이용할 수 있다.

(3) 모수 추정치들에 대한 검정 및 해석

개별 모수(경로계수 및 공분산)들의 추정치에 대하여 통계적 유의성을 평가하고, 각 추정치들의 부호와 크기를 고려하여 그 의미를 해석한다. 또한, 직접(direct), 간접(indirect), 총(total) 효과 등에 대한 평가와 해석을 수행한다.

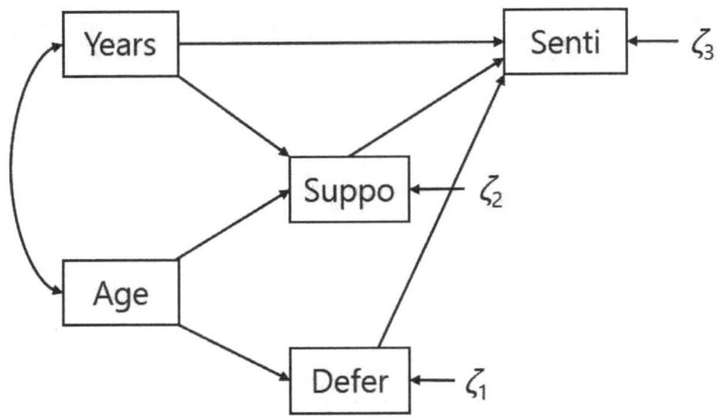

〈그림 4.1〉 '노조 호감도' 모형 – 초기모형(Union.A)

이와 같은 모형 구축의 절차는 대부분 한 번에 끝나지 않는다. 연구자는 좋은 적합도와 간명성이라는 목표를 달성하기 위하여, 일반적으로 여러 번 모형을 수정하고 평가할 필요가 있게 된다.

4.2 분석 사례 – 초기모형

〈그림 4.1〉의 경로모형을 고려하자. 이는 Bollen(1989)과 Jöreskog & Sörbom(1993) 등에서 다룬 바 있는 모형을 약간 수정한 것으로서, 다음과 같은 관찰변수들과 오차변수들로 구성되어 있다.

- **외생 관찰변수**(Exogenous Observed Variable)
  – Years(근무년수), Age(나이)
- **내생 관찰변수**(Endogenous Observed Variable)
  – Defer(상사에 대한 복종심), Suppo(노조활동 지지도), Senti(노조에 대한 호감도)
- **오차변수**(Error Variable)
  – zeta1(ζ_1), zeta2(ζ_2), zeta3(ζ_3)

여기에서 **외생변수**(exogenous variable)는 다른 변수의 변화에 원인이나 동기의 역할을 하는 변수로서, 외생변수의 변이는 모형의 외부에 있는 다른 원인에 의해 결정된다. 반면 **내생변수**(endogenous variable)는 설명변수들(외생변수, 다른 내생변수)에 의해서 영향을 받는 변수로서, 내생변수의 변이는 모형을 통해 적극적으로 설명하려는 부분이 된다.

또한, **오차변수**(error variable)는 모형에 포함되어 있는 인과관계로는 설명될 수 없으나, 내생변수의 변이를 발생시키는 원인으로 모형에 도입되는 일종의 외생변수이다.

〈표 4.1〉 상관계수와 표준편차 (Union.csv)

	Yeaes	Age	Defer	Suppo	Senti
Years(근무년수)	1				
Age(나이)	0.371*	1			
Defer(복종심)	0.023	−0.192*	1		
Suppo(지지도)	0.060	0.325*	−0.391*	1	
Senti(호감도)	0.147	0.286*	−0.396*	0.669*	1
표준편차	1.014	13.481	3.869	2.986	5.319

* 유의수준 5 %하에서 통계적으로 유의함을 나타냄.

〈그림 4.1〉의 모형을 각 내생변수에 대한 식으로 표현하면 다음과 같은 연립방정식으로 나타낼 수 있다.

$$\begin{cases} \text{Defer} & = \gamma_{12}\text{Age} + \zeta_1, \\ \text{Suppo} & = \gamma_{21}\text{Years} + \gamma_{22}\text{Age} + \zeta_2, \\ \text{Senti} & = \gamma_{31}\text{Years} + \beta_{31}\text{Defer} + \beta_{32}\text{Suppo} + \zeta_3. \end{cases} \tag{4.1}$$

여기에서 γ_{12}, β_{31} 등은 경로계수로서 데이터와 모형을 통해 추정되며, 앞에서 다루었던 회귀계수와 유사한 의미를 가진다. 위의 식에서 볼 수 있는 바와 같이 경로분석모형에서 방정식의 수는 내생변수의 수와 같게 된다.

이 장의 사례를 위해 사용되는 데이터는 'Union.csv'이며 〈표 4.1〉에 상관계수와 표준편차가 요약되어 있다. 다음 〈예 4.1〉은 〈그림 4.1〉의 모형을 분석하기 위한 것으로서, 다음과 같은 요소들로 구성되어 있다.

- model: 모형 설정의 내용이 저장될 객체의 이름을 지정하고, 다음의 인용부호(' ') 사이에 각 내생변수와 설명변수들을 차례로 지정한다.
- sem(model,data=,···): 지정된 모형과 데이터에 대하여 분석을 수행하고, 그 결과를 리스트 객체에 저장하는 함수이다. 여기에서 fixed.x=FALSE 옵션은 외생변수들의 공분산 및 상관계수 추정치를 출력하기 위한 것이다(3.5절 참조).
- summary(fit,rsquare=,standardized=,···): sem 객체의 내용을 요약하여 출력하는 함수이다. fit.measures= 인수는 적합도 통계량들을 출력할지의 여부를 지정하며 rsquare= 인수는 R^2를 출력할지의 여부를 지정하고, standardized= 인수는 표준화추정치를 출력할지의 여부를 지정한다.

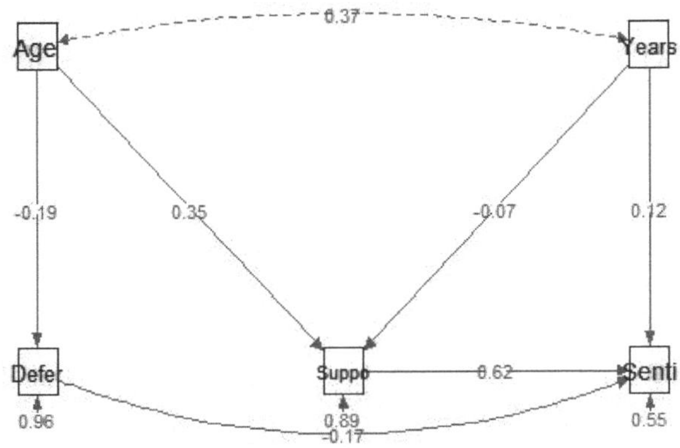

⟨그림 4.2⟩ semPaths 함수에 의해 출력된 경로도

⟨예 4.1⟩ 초기모형 (Union.A)

```
> Union = read.csv("E:/My_Work/Data/Union.csv",header=TRUE)
> library(lavaan)
> Union.A <-
+     '
+     Defer ~ Age
+     Suppo ~ Years + Age
+     Senti ~ Years + Defer + Suppo
+     '
> Union.A.fit <- sem(Union.A,data=Union,fixed.x=FALSE)
> summary(Union.A.fit,fit.measures=TRUE,rsquare=TRUE,standardized=TRUE)
> library(semPlot)
> semPaths(Union.A.fit,whatLabels="std",style="lisrel",nCharNodes=0)
#-----------------------------------------------------------------------
lavaan 0.6-3 ended normally after 30 iterations

  Number of observations                           173

  Estimator                                         ML
  Model Fit Test Statistic                      24.505
  Degrees of freedom                                 3
  P-value (Chi-square)                           0.000
...
Regressions:
                 Estimate  Std.Err  z-value  P(>|z|)   Std.lv  Std.all
  Defer ~
    Age            -0.055    0.021   -2.577    0.010   -0.055   -0.192
...
```

〈예 4.1〉에서는 summary 함수를 이용하여 주요 적합도 통계량, 추정치와 표준화추정치, 결정계수(R^2) 등을 출력하였다(여기에서는 일부 결과만 제시하였음). 또한, semPlot 패키지의 semPaths 함수를 사용하여 적합된 모형과 그 결과를 그래프로 출력하였다(그림 4.2 및 3.3.2절 참조).

4.3 적합도 평가

구조방정식모형의 일차적인 목적은 연구자가 가정한 모형이 데이터에 의해서 얼마나 지지되는지를 평가하는 것이다. 이는 연구자의 모형에 의해서 추정된 공분산행렬이 관측된 공분산행렬과 얼마나 부합하는지를 평가하는 것이며, 만약 **적합도**(goodness of fit)가 좋지 않다면 모수에 대한 추가적인 해석은 의미가 없게 된다.

4.3.1 적합도 지수에 의한 모형평가

적합도는 설정된 구조방정식모형이 데이터의 상황을 잘 반영하고 있는지를 나타내는 것으로서, 적합도가 나쁘면 도출된 결과들을 신뢰할 수 없게 된다. 따라서 적합도 지수들을 통한 모형평가는 구조방정식모형의 결과를 해석함에 있어 가장 기본적으로 수행해야 할 중요한 과정이다.

〈예 4.1〉의 summary 함수는 적합도 지수들 중 일부만을 출력한다. 적합도 지수들을 모두 출력하기 위해서는 다음 〈예 4.2〉에서와 같이 fitMeasures 함수를 사용하면 된다.

〈예 4.2〉 적합도 지수 출력 – 초기모형(Union.A)

```
> fitMeasures(Union.A.fit)
#-------------------------------------------------------------------
           npar                 fmin                chisq                   df
          9.000                0.071               24.505                3.000
         pvalue       baseline.chisq          baseline.df    baseline.pvalue
          0.000              164.810                9.000                0.000
            cfi                  tli                 nnfi                  rfi
          0.862                0.586                0.586                0.554
            nfi                 pnfi                  ifi                  rni
          0.851                0.284                0.867                0.862
           logl   unrestricted.logl                  aic                  bic
      -1377.229            -1364.977             2772.459             2800.838
         ntotal                 bic2                rmsea       rmsea.ci.lower
        173.000             2772.339                0.204                0.134
 rmsea.ci.upper         rmsea.pvalue                  rmr           rmr_nomean
          0.282                0.000                1.506                1.506
           srmr        srmr_bentler  srmr_bentler_nomean                 crmr
```

```
       0.103             0.103              0.103         0.123
 crmr_nomean       srmr_mplus  srmr_mplus_nomean          cn_05
       0.123             0.101              0.101        56.171
       cn_01               gfi               agfi          pgfi
      81.094             0.917              0.587         0.183
         mfi              ecvi
       0.940             0.246
```

〈표 4.2〉 주요 적합도 통계량들에 대한 요약

• 절대 적합도 지수 (Absolute Fit Index)

적합도 지수	범위	기준
χ^2/df (Normed Chi-square)	$0 \sim \infty$	$\leq$ 2(또는 3)
GFI (Goodness of Fit Index)	$0 \sim 1$	$\geq$ 0.9
AGFI (Adjusted Goodness of Fit Index)	$0 \sim 1$	$\geq$ 0.9
RMSEA (Root Mean Square Error of Approximation)	$0 \sim \infty$	$\leq$ 0.08(또는 0.1)
RMR (Root Mean square Residual)	$0 \sim \infty$	작을수록 좋음
SRMR (Standardized RMR)	$0 \sim \infty$	$\leq$ 0.05(또는 0.1)
CN (Hoelter's Critical N)	$0 \sim \infty$	$\geq$ 200

• 증분 적합도 지수 (Incremental Fit Index)

적합도 지수	범위	기준
CFI (Comparative Fit Index)	$0 \sim 1$	$\geq$ 0.9
TLI (Tucker-Lewis Index, NNFI)	$0 \sim 1$	$\geq$ 0.9
NFI (Normed Fit Index)	$0 \sim 1$	$\geq$ 0.9

• 간명 적합도 지수 (Parsimony Fit Index)

적합도 지수	범위	기준
PGFI (Parsimony Goodness of Fit Index)	$0 \sim 1$	클수록 좋음
PNFI (Parsimony Normed Fit Index)	$0 \sim 1$	클수록 좋음
PCFI (Parsimony Comparative Fit Index)	$0 \sim 1$	클수록 좋음

• 정보기준에 근거한 적합도 지수 (Fit Index based Information Criterion)

적합도 지수	범위	기준
AIC, BCC, BIC, CAIC	$0 \sim \infty$	작을수록 좋음
ECVI (Expected Cross-Validation Index)	$0 \sim \infty$	작을수록 좋음

* 간명 적합도 지수와 정보기준 적합도 지수는 두 개 이상의 경쟁 모형들에 대하여 적합도를 비교할 때 유용하다.

〈예 4.2〉에서 볼 수 있는 바와 같이 구조방정식모형에서는 매우 많은 적합도 지수들이 사용되는데, 〈표 4.2〉는 주요 적합도 지수들의 범위와 일반적인 기준에 대하여 간단히 요약한 것이다(자세한 설명은 부록을 참고하여라).

〈예 4.2〉의 결과 중에서 주로 사용되는 적합도 지수들의 수치를 간단히 정리하면 다음과 같다.

χ^2	df	GFI	AGFI	CFI	TLI	RMSEA	SRMR
24.505	3	0.917	0.587	0.862	0.586	0.204	0.103

이 결과를 살펴보면 GFI를 제외한 대부분의 적합도 지수들이 기준에 미달하여 〈그림 4.1〉의 모형설정에 문제가 있음을 나타내고 있다.

4.3.2 적합도 지수에 대한 해석시 주의사항

분석 사례를 다루기에 앞서, 이 절에서는 적합도 지수를 해석할 때 주의해야 할 몇 가지 사항들을 먼저 설명한다.

(1) χ^2 통계량의 의미

χ^2 통계량은 적합도가 얼마나 좋지 않은지를 나타내는 부적합도(badness-of-fit)의 지수이다. 즉, 이 값이 클수록 데이터에 대한 모형의 적합도가 나쁘다는 것을 나타낸다. 또한, χ^2 통계량은 설정된 모형이 타당하다는 귀무가설을 검정하는 데 사용된다.[1] 그러나 귀무가설의 내용이 너무 엄격하다는 것과 χ^2 통계량이 표본크기, 관찰변수들의 상관계수의 크기, 정규분포성에 대하여 민감하다는 단점들이 있어서, χ^2 통계량을 이용한 검정은 구조방정식모형의 평가에 잘 사용되지 않는다.[2] 대신에 표본크기에 대한 민감도를 낮추기 위해 χ^2 값을 자유도로 나눈 **표준카이제곱**(normed chi-square)을 사용하기도 한다. 표준카이제곱이 2 혹은 3보다 작으면 좋다는 기준이 통용되고 있기는 하지만, 표준카이제곱 값이 얼마나 작아야 모형을 수용할 수 있는지에 대한 명확한 지침은 없다. 또한, 표준카이제곱 역시 표본크기의 영향에서 완전히 자유로울 수 없다.

이와 같이 χ^2 통계량을 적합도 지수로 사용하는 데 문제가 있기는 하지만, 일반적으로 연구결과에 χ^2 값과 자유도(degree of fredom)를 보고하는 것이 바람직하다. 그 이유는

[1] 〈예 4.1〉과 〈예 4.2〉의 결과에서는 p-값이 <0.001이므로 모형설정이 타당하다는 귀무가설이 기각된다.

[2] χ^2 통계량은 표본크기가 클수록 커지는 경향이 있다. 따라서 구조방정식모형의 분석에서 표본크기가 작을수록 유리하다는 잘못된 언급이 여러 문헌에서 발견되기도 한다. 그러나 모집단에 대한 표본의 대표성이라는 관점 등에서 볼 때, 당연히 표본크기가 큰 것이 더 바람직하다.

대부분의 적합도 지수들이 χ^2 값에 근거하여 산출되므로 이 값이 핵심적인 요소이며, 자유도를 통해 모형의 복잡도(또는 간명도)를 살필 수 있기 때문이다. 또한, χ^2 값과 자유도는 포함(nested) 관계에 있는 모형들을 비교하여 평가할 때 유용하게 사용될 수 있다.

대부분의 적합도 지수들은 관찰변수의 수가 많을수록 나빠지는 경향이 있다. 따라서 단순히 적합도만을 향상시키고자 한다면 관찰변수의 수를 줄이면 된다. 그러나 구조방정식모형을 분석하는 목적은 연구자의 모형(가설, 이론)을 검증하기 위한 것이지, 적합도를 높이는 데 있지 않다. 단순히 적합도를 높이고자 하는 시도는 잘못된 모형설정을 유도할 수 있다. 즉, 이런 경우 모형이 현실을 제대로 표현하지 못하게 되며, 결국 연구자의 주장 자체가 설득력을 잃게 된다(이학식, 임지훈, 2011).

연구자들이 자신에게 유리한 적합도 지수들만을 보고하는 경우가 드물지 않다. 이보다는 가장 기본적인 적합도 지수인 χ^2 통계량과 함께 절대 적합도 지수와 증분 적합도 지수를 적어도 한 개는 보고하는 것이 권장된다. 그리고 두 개 이상의 모형을 비교하는 경우, 이와 함께 간명 적합도 지수 또는 정보기준에 근거한 적합도 지수들을 보고할 필요가 있다.

(2) 적합도와 좋은 모형의 관계

적합도는 연구자의 모형(가설, 이론)이 데이터를 통해 나타난 실제의 현상을 얼마나 잘 재현해 내는지를 측정하려는 것이라고 할 수 있다. 그런데 많은 연구자들이 '적합도가 높다'와 '좋은(good) 모형'을 혼동하는 경우가 많다. 적합도가 높다는 것은 좋은 모형이기 위한 여러 가지 필요조건 중 가장 기본적인 하나의 조건일 뿐이며 필요충분조건이 아니다.

예를 들어, 〈그림 4.3〉과 같은 모형을 고려하자. 이 모형의 적합도가 $\chi^2 = 1.0$, $df = 2$, GFI = 0.99 등으로 매우 우수한 것으로 나타났다고 하자. 그런데 한쪽 화살표(→)로 표시된 모든 인과관계에 대한 경로계수의 값이 거의 0에 가깝고 통계적으로 유의하지도 않게 나타났다고 하자. 이때 적합도가 우수하다는 것의 의미는 키(신장), 시력, 지능 간에 아무 인과(연관)관계가 없다는 실제 데이터의 내용을 모형에 의해 구축된 결과가 잘 나타내

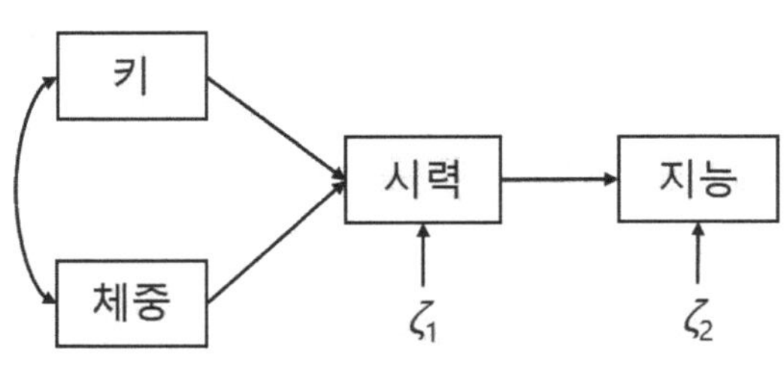

〈그림 4.3〉 적합도는 높지만 설명력은 낮은 모형의 예

고 있다는 것이다.[3] 그러나 이와 같이 연구자에게 아무런 의미 있는 결과를 주지 못하는 모형을 좋은 모형이라고 할 수는 없을 것이다.

(3) 적합도와 설명력

적합도와 설명력을 혼동하는 것도 연구자들이 자주 범하는 오류 중 하나이다. 적합도가 모형의 적절성을 나타내는 데 비하여 설명력은 어떤 내생변수와 설명변수들의 관계에 대한 강도(強度, strength)를 나타낸다. 즉, **설명력**이란 '설명변수들이 내생변수의 변이를 설명하는 정도'이다. 일반적으로 인과모형에서의 설명력은 결정계수(coefficent of determination, R^2)로 측정된다(3.6절 참조).

예를 들어, ⟨그림 4.3⟩의 모형에 대하여 내생변수 시력과 지능에 대한 결정계수(R^2)가 모두 매우 낮은 것으로 나타났다고 하자. 적합도가 우수하다고 하더라도, 설명력이란 측면에서 볼 때 이 모형을 좋은 모형이라고 할 수는 없다. 일반적으로 어떤 인과모형에 대하여 좋은 모형인가를 평가할 경우, 적합도와 함께 계수들의 크기와 유의성 및 결정계수 등에 의하여 종합적으로 판정할 필요가 있다.

결론적으로 말하자면, 적합도 지수들은 연구결과가 이론적으로 의미가 있는지 아닌지에 대해서는 말해주지 않는다. 또한, 적합도가 높게 나타났다고 해서 반드시 내생변수의 설명력이 높게 나타나지는 않는다. 예를 들어, 데이터에 대한 모형의 적합도가 완벽하더라도 설명오차는 여전히 클 수 있으며, 이때 적합도가 완벽하다는 것의 의미는 변수들 사이의 설명력이 낮다는 점을 모형이 정확하게 반영한다는 것을 의미한다.

그리고 데이터가 일반적인 가정을 만족하지 않은 경우(비정규성, 특이값의 존재, 다중공선성 존재 등), 적합도가 높더라도 어떤 계수들의 값이 기대와 달리 매우 낮거나 부호가 예상과 반대로 나올 수도 있다. 따라서 적합도 지수의 값이 우수하게 나왔다고 해도 이렇게 이례적인 결과가 산출된 이유에 관해 설명할 필요가 있다(이현숙 등, 2010).

⟨참조⟩ 포화모형 (Saturated Model)

포화모형은 카이제곱 통계량의 자유도(degree of freedom)가 0이 되는 모형으로, 고려하고 있는 관찰변수들로 만들 수 있는 가장 복잡한 모형 중 하나라고 할 수 있다(물론 해를 구할 수는 있다). 통계적 모형구축의 목적이 데이터에 내재되어 있는 복잡한 구조를 단순화하여 설명하려는 것에 있다고 할 때, 모수의 절약이 시도되지 않은 모형이므로 간명성의 측면에서 모형으로서의 가치가 떨어진다고 할 수 있다. 즉, 연구자는 가급적 간명한 모형에 의해서 데이터의 구조를 설명할 수 있도록 노력해야 할 것이다.

---

[3]만약 데이터에서는 연관관계가 낮은 두 변수의 관계가 추정된 결과에서는 높게 나타나거나 혹은 그 반대의 경우, 일반적으로 적합도는 우수하지 않을 것이다.

잠재변수가 있는 구조방정식모형의 경우에는 포화모형이 거의 나타나지 않는다. 그러나 잠재변수가 없는 모형의 경우에는 포화모형이 자주 나타날 수 있으며, 다중 회귀모형이나 다변량 회귀모형과 같이 본질적으로 포화모형인 경우도 있다. 따라서 어떤 경우 포화모형은 이상하거나 문제가 있는 모형이 아니라 모형의 구조상 자연스러운 현상일 수 있다.

좋은 적합도를 얻을 수 있다는 관점에서 볼 때, 연구자는 더 복잡한 모형을 초기모형으로 설정하여 시작하는 것이 좋을 수 있으므로, 초기모형은 종종 포화모형일 수 있다. 다만 연구자는 보다 간명한 경쟁모형들을 충분히 검토하여 모형을 선택할 필요가 있다.

4.4 분석 사례 – 수정지수를 이용한 모형수정

모형의 적합도가 좋지 않은 통상적인 이유는 모형이 너무 단순하여 데이터의 구조를 제대로 나타내지 못하기 때문이다. 따라서 적합도가 낮은 경우 일차적으로 모형에 추가적인 모수를 도입하여 모형에 대한 제약을 완화시킬 필요가 있는지를 검토하게 된다. 대부분의 구조방정식모형 소프트웨어에서는 **수정지수**(modification index)를 제공하여 연구자가 어느 모수를 추가해야 하는지에 대한 방향을 제시해 준다.

수정지수(modification index)는 해당 모수를 모형에 추가할 경우 감소하는 카이제곱 값을 나타내므로, 수정지수가 큰 모수를 추가하면 적합도 지수들이 좋아질 가능성이 크게 된다. 즉, 어떤 두 변수의 인과(연관)관계에 높은 수정지수가 발견된다면, 두 변수 간에는 추정되지 않고 남아 있는 어떤 관계가 있다는 것을 암시한다. 따라서 이론적 정당성이 충분히 뒷받침될 수 있다면, 이 두 변수의 인과(연관)관계를 새로 추가함으로써 수정지수 값만큼 카이제곱 값의 감소를 가져올 수 있다.

〈예 4.3〉 수정지수 출력 – 초기모형(Union.A)

```
> modificationIndices(Union.A.fit,sort=TRUE)
#----------------------------------------------------------------------
     lhs op   rhs     mi    epc sepc.lv sepc.all sepc.nox
16 Defer  ~ Suppo 21.641 -0.476  -0.476   -0.367   -0.367
13 Defer ~~ Suppo 20.877 -3.694  -3.694   -0.347   -0.347
19 Suppo  ~ Defer 20.877 -0.258  -0.258   -0.334   -0.334
17 Defer  ~ Senti 17.609 -0.392  -0.392   -0.523   -0.523
20 Suppo  ~ Senti  5.334  0.329   0.329    0.568    0.568
18 Defer  ~ Years  1.852  0.417   0.417    0.109    0.108
26 Years  ~ Defer  1.716  0.024   0.024    0.091    0.091
22   Age  ~ Defer  1.708 -0.848  -0.848   -0.243   -0.243
...
```

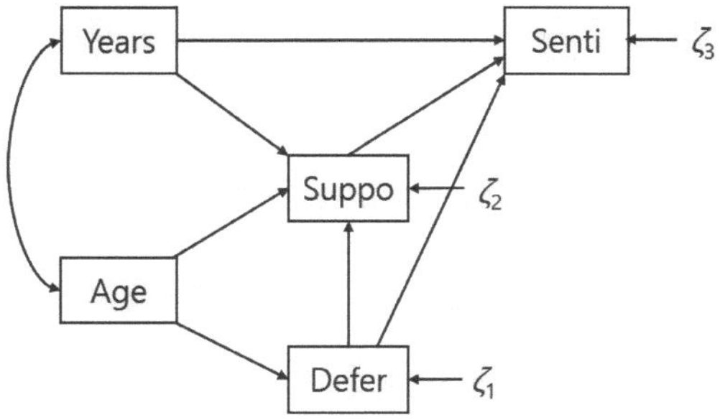

(a) 'Suppo ⟵ Defer'를 추가하는 경우

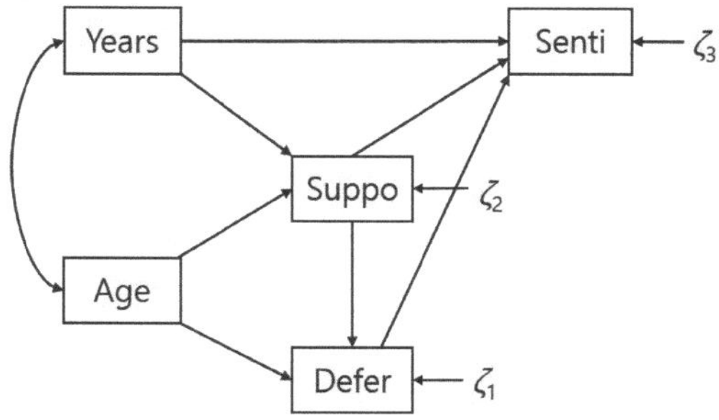

(b) 'Defer ⟵ Suppo'를 추가하는 경우

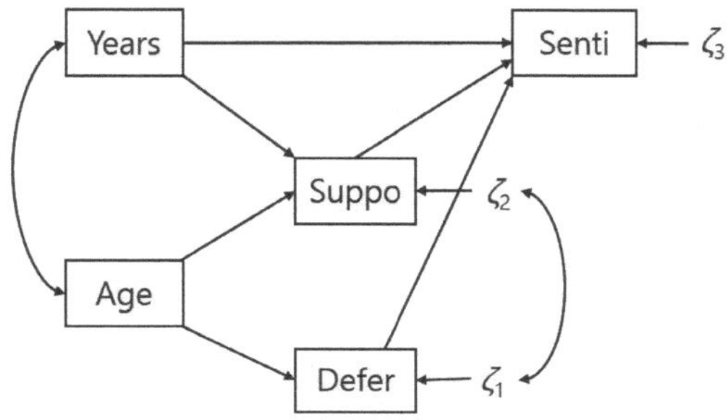

(c) '$\zeta_1 \longleftrightarrow \zeta_2$'를 추가하는 경우

〈그림 4.4〉 '노조 호감도' 모형에서 여러 가지 동치모형의 예

〈예 4.3〉은 modificationIndices 함수를 사용하여 수정지수를 출력한 것이다. 이때 sort= TRUE 옵션을 사용하여 수정지수가 큰 것부터 작은 순으로 정렬하도록 지정할 수 있다. 일반적으로 수정지수가 4 이상의 값을 가질 때 유의한 카이제곱 값의 감소를 가져올 수 있음을 시사한다. 여기에서는 〈예 4.3〉에서 수정지수가 큰 첫 3개의 내용을 살펴보도록 하자(그림 4.4 참조).[4]

- Suppo ~ Defer (Suppo ⟵ Defer): 〈그림 4.4〉의 (a)와 같이 변수 Defer(복종심)에서 변수 Suppo(지지도) 방향으로 한방향 화살표(인과관계)를 추가하는 것을 의미한다.
- Defer ~ Suppo (Defer ⟵ Suppo): 〈그림 4.4〉의 (b)와 같이 변수 Suppo(지지도)에서 변수 Defer(복종심) 방향으로 한방향 화살표(인과관계)를 추가하는 것을 의미한다.
- Defer ~~ Suppo ($\zeta_1 \longleftrightarrow \zeta_2$): 〈그림 4.4〉의 (c)와 같이 두 오차변수에 양방향 화살표(연관관계)를 추가하는 것을 의미한다.[5]

[4]lavaan 패키지에서 수정지수가 잘못 산출되는 경우가 있으므로 주의가 필요하다. 이 사례의 경우 〈그림 4.4〉의 세 경로에 대한 수정지수는 모두 동일해야 한다.

[5]lavaan 패키지의 함수들에서 ~~ 표현은 대응되는 오차변수들의 연관관계를 나타낸다.

이와 같이 모형수정의 과정에 있어서 수정지수를 이용하면 매우 편리하지만, 이 경우 주의해야 할 몇 가지 사항이 있다.

첫째, 수정지수는 수치적인 방향을 제시해 주는 것에 불과하며, 어떤 모수를 모형에 추가할 것인지는 당연히 해당 분야의 이론이나 구축된 가설에 근거하여 결정되어야 한다.

둘째, 어떤 모수를 추가하여 모형을 수정하는 경우 다른 모수에 대한 추정과 검정에도 영향을 미친다. 따라서 수정지수가 큰 것들이 여러 개 있다고 해도 이들을 한꺼번에 자유모수로 추가해서는 안된다. 즉, 여러 개의 모수를 동시에 추가하는 경우 이들의 수정지수를 모두 더한만큼 카이제곱 값이 작아진다는 것을 의미하지는 않는다. 그리고 수정지수 값이 큰 순서대로 모수를 추가해야 한다는 것을 의미하지도 않는다.

1장에서 언급한 바 있지만 모형수정 단계에서 연구자들이 자주 간과하는 문제 중 하나는 **동치모형**(equivalent model)의 존재이다. 동치모형이란 변수들 간에 설정된 경로는 다르지만 동일한 예측공분산을 산출하는 모형을 말한다. 동치모형은 동일한 적합도와 자유도를 가지므로, 적합도만으로는 동치관계에 있는 모형들 중 어느 것이 더 우수한지를 결정할 수 없다.

⟨그림 4.4⟩의 (a), (b), (c)는 모두 동치관계에 있는 모형들이다. 즉, ⟨그림 4.1⟩에서 모수가 하나 추가되는 것이므로, 이 모형들의 자유도는 모두 2가 된다(모수가 추가되는 만큼 자유도는 감소한다). 또한, 실제로 카이제곱 값의 감소분(수정지수)도 모두 동일하게 된다.

수정지수를 이용하여 모형을 수정할 경우(특히 동치모형들이 경쟁하는 경우), 가장 중요한 것은 관련 분야의 이론과 실제에 대한 식견이다. 따라서 연구자는 해당 분야의 이론과 경험적 결과들을 충분히 검토하여 타당한 모형을 설정하도록 노력해야 한다.

이 사례에서는 경로 'Suppo ⟵ Defer'를 추가하여 ⟨그림 4.5⟩와 같이 모형을 수정해 보기로 한다(그림 4.4의 a와 동일하다).

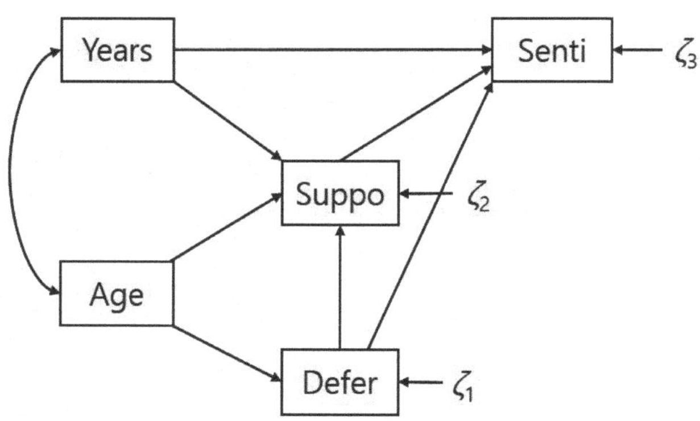

⟨그림 4.5⟩ '노조 호감도' 모형 – 수정모형 1(Union.B)

이 모형을 각 내생변수에 대한 식으로 표현하면 다음과 같은 연립방정식으로 나타낼 수 있다.

$$\begin{cases} \text{Defer} &= \gamma_{12}\text{Age} + \zeta_1, \\ \text{Suppo} &= \gamma_{21}\text{Years} + \gamma_{22}\text{Age} + +\beta_{21}\text{Defer} + \zeta_2, \\ \text{Senti} &= \gamma_{31}\text{Years} + \beta_{31}\text{Defer} + \beta_{32}\text{Suppo} + \zeta_3. \end{cases} \tag{4.2}$$

⟨예 4.4⟩ 수정모형 1 (Union.B)

```
> library(lavaan)
> Union.B <-
+      '
+      Defer ~ Age
+      Suppo ~ Years + Age + Defer
+      Senti ~ Years + Defer + Suppo
+      '
> Union.B.fit <- sem(Union.B,data=Union,fixed.x=FALSE)
> fitMeasures(Union.B.fit)
> library(semPlot)
> semPaths(Union.B.fit,whatLabels="std",style="lisrel",nCharNodes=0)
#-----------------------------------------------------------------------
           npar                fmin               chisq                  df
         10.000               0.006               2.000               2.000
         pvalue      baseline.chisq         baseline.df   baseline.pvalue
          0.368             164.810               9.000               0.000
            cfi                 tli                nnfi                 rfi
          1.000               1.000               1.000               0.945
            nfi                pnfi                 ifi                 rni
          0.988               0.220               1.000               1.000
           logl  unrestricted.logl                  aic                 bic
      -1365.977           -1364.977            2751.954            2783.487
         ntotal                bic2               rmsea    rmsea.ci.lower
        173.000            2751.821               0.000               0.000
 rmsea.ci.upper        rmsea.pvalue                 rmr          rmr_nomean
          0.150               0.511               0.351               0.351
           srmr       srmr_bentler srmr_bentler_nomean                crmr
          0.028               0.028               0.028               0.034
    crmr_nomean         srmr_mplus   srmr_mplus_nomean               cn_05
          0.034               0.028               0.028             519.385
          cn_01                 gfi                agfi                pgfi
        797.884               0.992               0.943               0.132
            mfi                ecvi
          1.000               0.127
```

⟨예 4.4⟩는 ⟨그림 4.5⟩의 모형에 대한 분석을 수행하여 얻은 결과 중 일부로서 모형 적합도(model fit)에 대한 것이다. 이 결과 중에서 주로 사용되는 적합도 지수들의 수치를 간단히 정리하면 다음과 같다. 여기에서는 ⟨그림 4.1⟩의 모형과 비교를 하기 위하여 몇 개의 간명 적합도 지수와 정보기준에 근거한 적합도 지수들을 함께 제시하였다.

	χ^2	df	GFI	TLI	RMSEA	PNFI	ECVI
초기모형	24.505	3	0.917	0.586	0.204	0.284	0.246
수정모형 1	2.000	2	0.992	1.000	0.000	0.220	0.127

이 결과를 살펴보면 $\chi^2 = 2.000$, df = 2로서 표준카이제곱 값이 1.000(= 2.000/2)이며, GFI, TLI, RMSEA 등 거의 모든 적합도 지수들이 매우 좋은 것을 알 수 있다. 또한, ECVI 등 정보기준에 근거한 적합도 지수들이 초기모형(그림 4.1)에 비하여 좋아졌음을 알 수 있다.[6]

⟨예 4.5⟩ 수정지수 출력 – 수정모형 1(Union.B)

```
> modificationIndices(Union.B.fit,sort=TRUE)
#-----------------------------------------------------------------
     lhs op   rhs    mi    epc sepc.lv sepc.all sepc.nox
19 Defer  ~ Years 1.852  0.417   0.417    0.109    0.108
17 Defer  ~ Suppo 1.851 -4.262  -4.262   -3.285   -3.285
26 Years  ~ Defer 1.716  0.024   0.024    0.091    0.091
22   Age  ~ Defer 1.716 -0.852  -0.852   -0.245   -0.245
28 Years  ~ Senti 1.528 -0.035  -0.035   -0.186   -0.186
...
```

또한, 이 모형에 대한 수정지수를 살펴보면(예 4.5 참조), 4보다 큰 수정지수를 가지는 추가 경로는 없는 것으로 나타났다. 만약 수정지수가 큰 경로들이 여전히 남아 있다면, 그러한 경로들 중 이론적 기반하에서 추가해야 할 경로가 있는지를 면밀히 검토해야 할 것이다. 이와 같이 적합도가 좋은 경우에도 수정지수를 살펴보는 일은 항상 추천된다.

또한, 이 사례에서는 모형수정이 한 번만 이루어졌지만, 일반적으로는 수정지수를 통한 모형수정과 평가가 수차례에 걸쳐 수행될 수 있다. 수정지수를 이용한 모형수정은 모수 하나씩에 대하여 축차적으로 수행되어야 한다는 것을 다시 한 번 강조한다.

[6]PNFI와 같은 간명 적합도 지수들은 초기모형(그림 4.1)에 비하여 좋아지지 않았는데, 이러한 결과는 수정모형 1(그림 4.5)이 간명성 측면에서 수정될 필요가 있음을 암시한다. 이에 대하여는 4.6절에서 다루도록 한다.

4.5 개별 모수들에 대한 검정

모형에 대해서 데이터에 의한 적합정도가 만족스러운 것으로 판정되면, 개별 모수에 대한 추론에 관심을 가지게 될 것이다. 다음 ⟨예 4.6⟩는 summary 함수를 사용하여 수정모형 1(그림 4.5)에 대한 결과 중 회귀계수(regression weight) 등을 출력한 것이다.

⟨예 4.6⟩ 계수 추정치 출력 – 수정모형 1(Union.B)

```
> summary(Union.B.fit,fit.measures=TRUE,rsquare=TRUE,standardized=TRUE)
#--------------------------------------------------------------------------
lavaan 0.6-3 ended normally after 30 iterations
  Optimization method                          NLMINB
  Number of free parameters                        10

  Number of observations                          173

  Estimator                                        ML
  Model Fit Test Statistic                      2.000
  Degrees of freedom                                2
  P-value (Chi-square)                          0.368
...
Regressions:
                  Estimate  Std.Err  z-value  P(>|z|)   Std.lv  Std.all
  Defer ~
    Age             -0.055    0.021   -2.577    0.010   -0.055   -0.192
  Suppo ~
    Years           -0.098    0.213   -0.459    0.646   -0.098   -0.033
    Age              0.060    0.016    3.704    0.000    0.060    0.273
    Defer           -0.260    0.053   -4.929    0.000   -0.260   -0.338
  Senti ~
    Years            0.604    0.289    2.095    0.036    0.604    0.115
    Defer           -0.227    0.082   -2.776    0.006   -0.227   -0.164
    Suppo            1.064    0.106   10.020    0.000    1.064    0.595
Covariances:
                  Estimate  Std.Err  z-value  P(>|z|)   Std.lv  Std.all
  Age ~~
    Years            5.041    1.102    4.574    0.000    5.041    0.371
Variances:
                  Estimate  Std.Err  z-value  P(>|z|)   Std.lv  Std.all
   .Defer           14.336    1.541    9.301    0.000   14.336    0.963
   .Suppo            6.927    0.745    9.301    0.000    6.927    0.783
   .Senti           14.582    1.568    9.301    0.000   14.582    0.515
    Age            180.694   19.428    9.301    0.000  180.694    1.000
    Years            1.022    0.110    9.301    0.000    1.022    1.000
```

```
R-Square:
                   Estimate
    Defer             0.037
    Suppo             0.217
    Senti             0.485
```

먼저 ⟨예 4.6⟩에는 회귀계수에 대한 추정치와 이에 대응되는 표준오차(standard error), z-값, p-값, 표준화추정치(Std.all) 등이 출력되어 있다. 또한, ⟨표 4.3⟩은 이들 결과를 표로 요약한 것이다.

예를 들어, 경로 'Defer ⟵ Age'에 대한 회귀계수 추정치가 음수(−0.055)임을 볼 수 있는데, 이는 Age(나이)가 증가할수록 Defer(상사에 대한 복종심)이 감소한다는 것을 의미한다. 이와 유사하게 경로 'Senti ⟵ Suppo'에 대한 회귀계수 추정치가 양수(1.064)이므로, Suppo(노조활동 지지도)가 증가할수록 Senti(노조에 대한 호감도)는 감소한다는 것을 알 수 있다.

회귀계수의 추정과 함께 개별 회귀계수 β_{ij}(또는 γ_{ij})에 대한 검정은 연구의 주요 관심 중 하나이다. 이때 관심이 되는 귀무가설은 일반적으로 '$H_0 : \beta_{ij} = 0$'이 될 것이다. 이와 같은 귀무가설을 검정하기 위하여 lavaan 패키지에서는 몇 가지 방법들을 제공한다. 이 책에서는 z-값을 이용하는 방법과 붓스트랩 방법을 소개한다. 먼저 여기에서는 z-값을 이용하는 방법을 설명하도록 한다.

⟨표 4.3⟩ 수정모형 1(Union.B) − 계수 추정치

A. 회귀계수 (Regression Weight)

내생변수	설명변수	추정치	표준화추정치	p-값	SMC(R^2)
Defer	Age	−0.055	−0.192	0.010	0.037
Suppo	Years	−0.098	−0.033	0.646	0.217
	Age	0.060	0.273	<.001	
	Defer	−0.260	−0.338	<.001	
Senti	Years	0.604	0.115	0.036	0.485
	Defer	−0.227	−0.164	0.006	
	Suppo	1.064	0.595	<.001	

B. 공분산 (Covariance)

외생변수		공분산	상관계수	p-값
Years	Age	5.041	0.371	<.001

개별 모수들에 대한 검정을 위하여 전통적으로 사용되고 있는 방법은 z-값을 이용하는 것이다. z-값은 다음과 같이 정의되는데,[7]

$$z\text{-값} = \frac{\text{추정치(Estimates)}}{\text{표준오차(Standard Error)}}, \tag{4.3}$$

표본크기가 충분히 크다는 조건하에서 z-값은 근사적으로 표준정규분포에 따르므로, 이를 이용하여 '해당 모수가 0과 같다'는 가설에 대한 검정을 수행할 수 있다.[8]

⟨표 4.3⟩은 ⟨예 4.6⟩에 출력된 결과 중 회귀계수(regression weights), 표준화추정치(standardized weight), SMC(squared multiple correlations) 등을 요약한 것이다. 예를 들어, 경로 'Defer ⟵ Age'에 대응되는 회귀계수 추정치는 −0.055이고, 표준오차는 0.021이다. 따라서 z-값은 $-2.577(= -0.055/0.021)$이고, 표준정규분포에서 이에 대응되는 p-값은 0.01이다. 그러므로 경로 'Defer ⟵ Age'에 대응되는 회귀계수는 0이 아니라고 말할 수 있으며(유의수준 5 %하에서), 이는 변수 Age(나이)가 내생변수 Defer(복종심)에 유의적인 영향을 미친다는 것을 의미한다. 또한, 추정치가 음수(−)이므로 '나이'가 증가할수록 '상사에 대한 복종심'이 작아진다고 해석할 수 있다.

⟨표 4.3⟩에서 경로 'Suppo ⟵ Years'에 대응되는 회귀계수 추정치는 통계적으로 유의하지 않으며(p-값$=0.647$), 그 외에 다른 회귀계수 추정치들은 유의수준 5 %하에서 모두 통계적으로 유의함을 볼 수 있다.

4.6 붓스트랩 방법

붓스트랩(bootstrap) 방법은 최근 여러 분야에서 매우 널리 사용되고 있다. 붓스트랩은 재표본(resampling) 기법에 기초한 비모수적 방법 중 하나로서, 분포에 대한 가정이나 표본크기 문제에 큰 영향을 받지 않고 사용할 수 있다는 장점을 가지고 있다.

⟨예 4.7⟩ 붓스트랩 방법에 의한 표준오차 계산

```
> Union.B.fit <- sem(Union.B,data=Union,fixed.x=FALSE,
+     se="bootstrap",bootstrap=1000)
> summary(Union.B.fit,fit.measures=TRUE,rsquare=TRUE,standardized=TRUE)
#----------------------------------------------------------------------
  Standard Errors                             Bootstrap
  Number of requested bootstrap draws              1000
  Number of successful bootstrap draws             1000
```

[7] z-값은 T-값, CR(critical ratio) 값 등의 이름으로 불리기도 한다.

[8] 표준정규분포(standard normal distribution)하에서 유의수준 10 %, 5 %, 1 %에 대응되는 기각역은 각각 $|z| \geq 1.64$, $|z| \geq 1.96$, $|z| \geq 2.58$이다.

```
Regressions:
                   Estimate  Std.Err  z-value  P(>|z|)   Std.lv  Std.all
  Defer ~
    Age              -0.055    0.020   -2.812    0.005   -0.055   -0.192
  Suppo ~
    Years            -0.098    0.210   -0.466    0.641   -0.098   -0.033
    Age               0.060    0.016    3.732    0.000    0.060    0.273
    Defer            -0.260    0.059   -4.414    0.000   -0.260   -0.338
  Senti ~
    Years             0.604    0.289    2.094    0.036    0.604    0.115
    Defer            -0.227    0.083   -2.731    0.006   -0.227   -0.164
    Suppo             1.064    0.093   11.471    0.000    1.064    0.595
Covariances:
                   Estimate  Std.Err  z-value  P(>|z|)   Std.lv  Std.all
  Age ~~
    Years             5.041    1.058    4.763    0.000    5.041    0.371
Variances:
                   Estimate  Std.Err  z-value  P(>|z|)   Std.lv  Std.all
   .Defer            14.336    1.432   10.013    0.000   14.336    0.963
   .Suppo             6.927    0.661   10.477    0.000    6.927    0.783
   .Senti            14.582    1.365   10.685    0.000   14.582    0.515
    Age             180.694   20.078    9.000    0.000  180.694    1.000
    Years             1.022    0.109    9.419    0.000    1.022    1.000
R-Square:
                   Estimate
    Defer             0.037
    Suppo             0.217
    Senti             0.485
```

〈예 4.7〉은 sem 함수에서 붓스트랩 방법에 의한 표준오차(standard error)와 p-값을 얻기 위한 것이다. 먼저 se="bootstrap" 옵션을 지정하여 붓스트랩 방법에 의해 표준오차를 계산하도록 하였으며, bootstrap= 인수를 이용하여 재표본 횟수를 지정하였다(재표본 횟수는 충분히 크게 지정하는 것이 좋다. 초깃값: bootstrap=1000). 재표본 횟수가 클수록 계산시간은 많이 소요되지만, 재표본 횟수가 작을 경우 부정확한 표준오차와 p-값이 계산될 수 있으므로 주의가 필요하다.[9]

〈표 4.4〉는 붓스트랩 방법에 의하여 산출된 p-값을 이용하여 회귀계수 테이블을 수정한 것이다. 이 사례에서는 〈표 4.3〉과 〈표 4.4〉의 p-값을 비교해 보면 큰 차이가 없음을 볼 수 있다.

[9]붓스트랩 방법을 사용할 경우 sem, summary, fitMeasures 함수의 결과가 출력될 때까지 다소 시간이 걸릴 수 있다.

〈표 4.4〉 수정모형 1(Union.B) – 계수 추정치

A. 회귀계수 (Regression Weight)

내생변수	설명변수	추정치	표준화추정치	p-값	SMC(R^2)
Defer	Age	−0.055	−0.192	0.005	0.037
Suppo	Years	−0.098	−0.033	0.641	0.217
	Age	0.060	0.273	<.001	
	Defer	−0.260	−0.338	<.001	
Senti	Years	0.604	0.115	0.036	0.485
	Defer	−0.227	−0.164	0.006	
	Suppo	1.064	0.595	<.001	

B. 공분산 (Covariance)

외생변수		공분산	상관계수	p-값
Years	Age	5.041	0.371	<.001

* p-값은 붓스트랩 방법에 의해 산출되었음(재표본 횟수=1,000).

그러나 많은 경우에서 z-값을 이용한 표준오차(p-값)와 붓스트랩 방법의 표준오차(p-값)가 매우 다를 수 있으며, 두 결과 중 어느 것을 선택할 것인가 하는 문제는 데이터의 분포 및 표본크기 등을 종합적으로 고려하여 결정해야 한다. 다만, z-값을 이용하는 방법이 통계량의 정규분포성과 큰 표본크기를 요구한다는 점을 고려할 때, 일반적으로는 붓스트랩 방법의 표준오차(p-값)가 더 선호될 수 있겠다. 또한, 연구자는 가급적 두 방법의 결과를 모두 산출하고, 결과를 비교하여 살펴볼 필요가 있다.

4.7 분석 사례 – 간명한 모형 구축하기

통계적 모형 구축의 목적이 데이터에 내재되어 있는 복잡한 구조를 단순화하여 설명하려는 것에 있다고 할 때, 불필요하게 복잡한 모형은 **간명성**(parsimony)의 측면에서 가치가 떨어진다고 할 수 있다. 즉, 연구자는 가급적 간명한 모형에 의해서 데이터의 구조를 설명할 필요가 있는데, 이때 추정치들에 대한 통계적 가설검정의 결과를 이용할 수 있다.

예를 들어, 〈표 4.3〉 또는 〈표 4.4〉에서 p-값을 살펴보면 경로 'Suppo ⟵ Years'에 해당하는 추정치가 통계적으로 유의하지 않음을 볼 수 있다. 이는 변수 Years(근무년수)가 내생변수 Suppo(노조활동 지지도)에 영향을 미치지 않는다는 의미이며, 따라서 이 경로를 모형에서 제거하여 〈그림 4.6〉과 같은 모형을 고려할 수 있겠다.

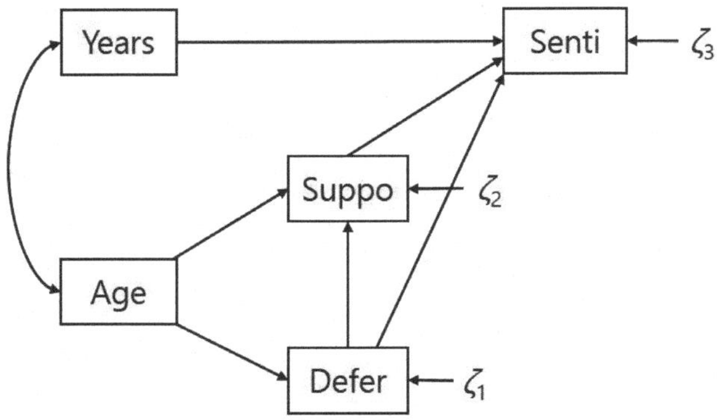

〈그림 4.6〉 '노조 호감도' 모형 – 수정모형 2(Union.C)

〈그림 4.6〉의 모형을 각 내생변수에 대한 식으로 표현하면 다음과 같은 연립방정식으로 나타낼 수 있다.

$$\begin{cases} \text{Defer} &= \gamma_{12}\text{Age} + \zeta_1, \\ \text{Suppo} &= \gamma_{22}\text{Age} + +\beta_{21}\text{Defer} + \zeta_2, \\ \text{Senti} &= \gamma_{31}\text{Years} + \beta_{31}\text{Defer} + \beta_{32}\text{Suppo} + \zeta_3. \end{cases} \tag{4.4}$$

다음 〈예 4.8〉은 〈그림 4.6〉의 모형에 대한 분석을 수행하여 얻은 결과 중 일부로서, fitMeasures 함수를 사용하여 적합도 통계량들을 출력한 것이다.

〈예 4.8〉 수정모형 2 (Union.C)

```
> library(lavaan)
> Union.C <-
+     '
+     Defer ~ Age
+     Suppo ~ Age + Defer
+     Senti ~ Years + Defer + Suppo
+     '
> Union.C.fit <- sem(Union.C,data=Union,fixed.x=FALSE)
> fitMeasures(Union.C.fit)
> library(semPlot)
> semPaths(Union.C.fit,whatLabels="std",style="lisrel",nCharNodes=0)
#-----------------------------------------------------------------------
          npar              fmin             chisq                df
        12.000             0.006             2.208             3.000
        pvalue    baseline.chisq       baseline.df   baseline.pvalue
         0.530           164.810             9.000             0.000
           cfi               tli              nnfi               rfi
         1.000             1.015             1.015             0.960
```

```
           nfi                pnfi                    ifi                rni
         0.987               0.329                  1.005              1.005
          logl  unrestricted.logl                     aic                bic
     -2295.662           -2294.558               4615.325           4653.164
        ntotal                bic2                  rmsea     rmsea.ci.lower
       173.000            4615.166                  0.000              0.000
rmsea.ci.upper       rmsea.pvalue                    rmr         rmr_nomean
         0.114               0.687                  0.367              0.367
          srmr       srmr_bentler  srmr_bentler_nomean                 crmr
         0.033               0.033                  0.033              0.039
   crmr_nomean         srmr_mplus    srmr_mplus_nomean                cn_05
         0.039               0.032                  0.032            613.275
         cn_01                 gfi                   agfi               pgfi
       889.857               0.995                  0.975              0.199
           mfi                ecvi
         1.002               0.151
```

이 결과 중에서 주로 사용되는 적합도 지수들의 수치를 간단히 정리하면 다음과 같다. 여기에서는 초기모형(그림 4.1) 및 수정모형 1(그림 4.5)과 비교하기 위하여 몇 개의 간명 적합도 지수와 정보기준에 근거한 적합도 지수들을 함께 제시하였다.

	χ^2	df	GFI	TLI	RMSEA	PNFI	ECVI
초기모형	24.505	3	0.917	0.586	0.204	0.284	0.246
수정모형 1	2.000	2	0.992	1.000	0.000	0.220	0.127
수정모형 2	2.208	3	0.995	1.000	0.000	0.329	0.151

이 결과를 살펴보면 수정모형 2(그림 4.6)의 경우 $\chi^2 = 2.208$, $\mathrm{df} = 3$으로서 표준카이제곱값이 $0.736 (= 2.208/3)$이며, GFI, TLI, RMSEA 등 거의 모든 적합도 지수들이 매우 높은 것을 알 수 있다.[10] 또한, PNFI 등 간명 적합도 지수들이 초기모형(그림 4.1)이나 수정모형 1(그림 4.5)에 비하여 좋아졌음을 볼 수 있으며, ECVI도 초기모형에 비하여 상당히 작음을 볼 수 있다.

또한, 이 모형에 대한 수정지수를 살펴보면, 4보다 큰 수정지수를 가지는 추가적인 경로는 없는 것으로 나타났다(예 4.9 참조). 만약 수정지수가 큰 경로들이 발견된다면, 그러한 경로들 중 이론적 기반하에서 추가해야 할 경로가 있는지를 다시 검토해야 할 것이다. 이와 같이 모형수정의 모든 과정에서 수정지수를 살펴보는 일은 항상 추천된다.

[10] TLI 등 일부 적합도 지수들은 1을 초과할 수 있다. 이때는 1로 간주하면 된다.

〈예 4.9〉 수정지수 출력 – 수정모형 2(Union.C)

```
> modificationIndices(Union.C.fit,sort=TRUE)
#------------------------------------------------------------------------
     lhs op   rhs     mi    epc sepc.lv sepc.all sepc.nox
22   Age  ~ Defer 1.852 -0.920  -0.920   -0.264   -0.264
26 Years  ~ Defer 1.852  0.026   0.026    0.098    0.098
18 Defer  ~ Years 1.852  0.417   0.417    0.109    0.108
28 Years  ~ Senti 1.436 -0.023  -0.023   -0.124   -0.124
17 Defer  ~ Senti 1.359  0.385   0.385    0.533    0.533
...
```

〈예 4.10〉 계수 추정치 출력 – 수정모형 2(Union.C)

```
> summary(Union.B.fit,fit.measures=TRUE,rsquare=TRUE,standardized=TRUE)
#------------------------------------------------------------------------
lavaan 0.6-3 ended normally after 27 iterations
  Optimization method                           NLMINB
  Number of free parameters                         12

  Number of observations                           173

  Estimator                                         ML
  Model Fit Test Statistic                       2.208
  Degrees of freedom                                 3
  P-value (Chi-square)                           0.530

  Tucker-Lewis Index (TLI)                       1.015
...
Regressions:
                  Estimate  Std.Err  z-value  P(>|z|)   Std.lv  Std.all
  Defer ~
    Age             -0.055    0.021   -2.577    0.010   -0.055   -0.192
  Suppo ~
    Age              0.057    0.015    3.787    0.000    0.057    0.260
    Defer           -0.263    0.053   -4.973    0.000   -0.263   -0.341
  Senti ~
    Years            0.604    0.289    2.089    0.037    0.604    0.115
    Defer           -0.227    0.082   -2.773    0.006   -0.227   -0.164
    Suppo            1.064    0.106    9.991    0.000    1.064    0.594
Covariances:
                  Estimate  Std.Err  z-value  P(>|z|)   Std.lv  Std.all
  Age ~~
    Years            5.041    1.102    4.574    0.000    5.041    0.371
```

```
Variances:
                   Estimate  Std.Err  z-value  P(>|z|)   Std.lv  Std.all
   .Defer            14.336    1.541    9.301    0.000   14.336    0.963
   .Suppo             6.935    0.746    9.301    0.000    6.935    0.782
   .Senti            14.582    1.568    9.301    0.000   14.582    0.512
    Age             180.694   19.428    9.301    0.000  180.694    1.000
    Years             1.022    0.110    9.301    0.000    1.022    1.000
R-Square:
                   Estimate
    Defer             0.037
    Suppo             0.218
    Senti             0.488
```

⟨예 4.10⟩은 summary 함수를 사용하여 수정모형 2(그림 4.6)에 대한 결과 중 회귀계수(regression weight) 등을 출력한 것이다. 또한, ⟨표 4.5⟩는 ⟨그림 4.6⟩의 모형에 대하여 추정치, 표준화추정치, p-값, SMC(R^2) 등을 요약한 것이다. 특히 p-값을 살펴보면 모든 추정치들이 유의수준 5 %하에서 유의함을 볼 수 있다. 그리고 수정지수가 크거나 p-값이 큰 경우가 없어서 더 이상 모형수정이 필요하지 않다고 판단되므로, 이 사례에서는 ⟨그림 4.6⟩의 모형(수정모형 2)을 최종적인 모형으로 선택할 수 있을 것이다.

이 사례에서는 경로를 제거하는 모형수정이 한 번만 이루어졌지만, 경로를 제거하고 모형을 평가하는 과정이 수차례에 걸쳐 수행될 수 있다. 경로를 제거할 때도 한 번에 하나씩

⟨표 4.5⟩ 수정모형 2(Union.C) – 계수 추정치

A. 회귀계수 (Regression Weight)

내생변수	설명변수	추정치	표준화추정치	p-값	SMC(R^2)
Defer	Age	−0.055	−0.192	0.010	0.037
Suppo	Age	0.057	0.260	<0.001	0.218
	Defer	−0.263	−0.341	<.001	
Senti	Years	0.604	0.115	0.037	0.488
	Defer	−0.227	−0.164	0.006	
	Suppo	1.064	0.594	<.001	

B. 공분산 (Covariance)

외생변수		공분산	상관계수	p-값
Years	Age	5.041	0.371	<.001

축차적으로 수행되어야 한다는 것을 강조한다. 또한, p-값이 큰 경로들이 여러 개 존재할 경우, 더 큰 p-값을 갖는 경로가 우선적으로 검토될 수 있겠지만, 어느 경로를 먼저 제거할 것인지를 결정할 때도 중요한 것은 관련 분야의 이론과 실제에 대한 식견이다. 따라서 연구자는 해당 분야의 이론과 경험적 결과들을 충분히 검토하여 타당한 모형을 설정하도록 노력해야 한다.

그리고 경로모형에서 얻어진 회귀계수 추정치들을 해석할 때, 관련된 다른 설명변수들이 통제된 상황에서 산출되었다는 의미를 염두에 두어야 한다(3.5절 참조).

4.8 내생 오차변수들 간의 연관성

앞에서 언급하였듯이 경로모형에서 **오차변수**(error variable)는 모형에 포함되어 있는 인과관계로는 설명될 수 없으나, 내생변수의 변이를 발생시키는 원인으로 모형에 도입되는 일종의 외생변수이다.

모형구축의 과정에서 이러한 내생(endogenous) 오차변수들 간에 연관성이 상정될 수 있는데, 이는 오차들 간의 연관성이라는 단순한 의미를 갖는다기보다는, 관련된 설명변수들이 통제된 상황에서 내생변수들 간의 **편상관**(partial correlation)으로 해석되어야 한다(3.3절 참조).

예를 들어, 〈그림 4.7〉과 같은 모형을 고려하자. 이 모형은 〈그림 4.6〉의 모형과 동치관계에 있다는 점을 유념할 필요가 있다. 따라서 〈그림 4.7〉의 모형에 대한 분석을 수행하여 얻은 적합도 지수들은 〈그림 4.6〉의 모형으로부터 산출된 적합도 지수들과 완전히 동일하다(여기에 제시하지는 않았음). 또한, 〈그림 4.7〉의 경로 '$\zeta_1 \longleftrightarrow \zeta_2$'에 대응하는 z-값과 p-값은 〈그림 4.6〉의 경로 'Suppo $\longleftarrow$ Defer'의 것과 거의 같게 된다(사실상 동일하다).

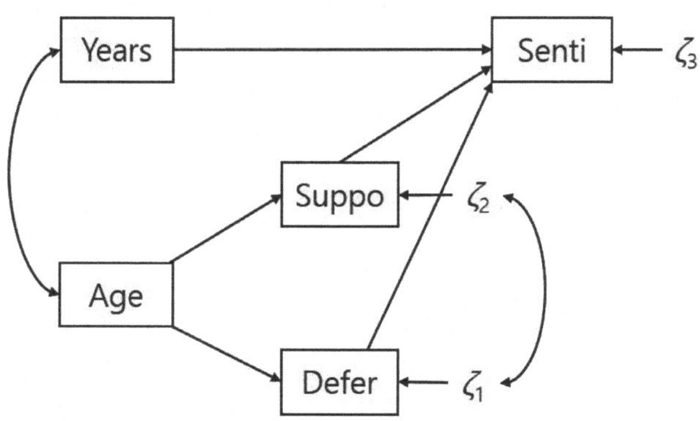

〈그림 4.7〉 '노조 호감도' 모형 – 오차변수들 간의 연관성(Union.D)

〈예 4.11〉 편상관 모형(Union.D)

```
> library(lavaan)
> Union.D <-
+     '
+     # Structural Model
+     Defer ~ Age
+     Suppo ~ Age
+     Senti ~ Years + Defer + Suppo
+     # Error Covariance
+     Defer ~~ Suppo
+     '
> Union.D.fit <- sem(Union.D,data=Union,fixed.x=FALSE)
> library(semPlot)
> semPaths(Union.D.fit,whatLabels="std",style="lisrel",nCharNodes=0)
> fitMeasures(Union.D.fit)
> summary(Union.D.fit,fit.measures=TRUE,rsquare=TRUE,standardized=TRUE)
#------------------------------------------------------------------------
Regressions:
                   Estimate  Std.Err  z-value  P(>|z|)   Std.lv  Std.all
  Defer ~
    Age              -0.055    0.021   -2.577    0.010   -0.055   -0.192
  Suppo ~
    Age               0.072    0.016    4.521    0.000    0.072    0.325
  Senti ~
    Years             0.604    0.289    2.089    0.037    0.604    0.115
    Defer            -0.227    0.082   -2.773    0.006   -0.227   -0.164
    Suppo             1.064    0.106    9.991    0.000    1.064    0.594
Covariances:
                   Estimate  Std.Err  z-value  P(>|z|)   Std.lv  Std.all
 .Defer ~~
   .Suppo            -3.770    0.860   -4.386    0.000   -3.770   -0.354
  Age ~~
    Years             5.041    1.102    4.574    0.000    5.041    0.371
Variances:
                   Estimate  Std.Err  z-value  P(>|z|)   Std.lv  Std.all
    Age             180.694   19.428    9.301    0.000  180.694    1.000
    Years             1.022    0.110    9.301    0.000    1.022    1.000
...
R-Square:
                   Estimate
    Defer             0.037
    Suppo             0.106
    Senti             0.488
```

〈표 4.6〉 편상관 모형(Union.D) – 계수 추정치

A. 회귀계수 (Regression Weight)					
내생변수	설명변수	추정치	표준화추정치	p-값	SMC(R^2)
Defer	Age	−0.055	−0.192	0.005	0.037
Suppo	Age	0.072	0.325	<.001	0.106
Senti	Years	0.604	0.115	0.037	0.488
	Defer	−0.227	−0.164	0.006	
	Suppo	1.064	0.594	<.001	
B. 편상관 (Partial Correlation)					
내생변수		공분산	상관계수	p-값	
Defer	Suppo	−3.770	−0.354	<.001	
C. 공분산 (Covariance)					
외생변수		공분산	상관계수	p-값	
Years	Age	5.041	0.371	<.001	

〈예 4.11〉은 〈그림 4.7〉의 모형을 적합하고 계수 추정치 등을 출력한 예이다. 여기에서 두 내생변수에 대응되는 오차변수들의 연관성은 'Defer ~~ Suppo'와 같이 ~~ 표시에 의해 표현되었다.

〈표 4.6〉은 〈그림 4.7〉의 모형에 대한 추정치들을 요약한 것이다. 여기에서 'B. 편상관'에 제시된 공분산과 상관계수는 〈예 4.11〉의 결과에서 'Covariances: Defer ~~ Suppo'에 대응되는 것을 기입한 것이다. 즉, 두 오차변수(ζ_1, ζ_2) 간의 상관계수 −0.354는 대응되는 내생변수(Defer, Suppo) 간의 편상관(연관성)으로 해석될 수 있다.[11]

또한, 회귀계수 추정치들을 〈표 4.5〉의 결과와 비교하여 살펴보면, 경로 'Suppo ⟵ Age'에 대한 추정치가 조금 다른 것을 제외하고는 나머지는 모두 동일함을 볼 수 있다 (내생변수 Suppo에 대한 SMC도 조금 변화하였다).

앞에서 언급한 바와 같이 동치모형은 동일한 적합도와 자유도를 가지므로, 적합도만으로는 동치 관계에 있는 모형들 중 어느 것이 더 우수한지를 결정할 수 없다. 따라서 연구자의 가설이 모형을 선택하는 데 있어서 중요하게 고려되어야 한다.

이 사례에서는 만약 두 내생변수 Suppo, Age 사이에 인과관계가 존재하는 것이 이론적으로 타당하다면 〈그림 4.6〉의 모형이, 반면에 두 변수 사에에 연관관계가 존재하는 것이 타당하다면 〈그림 4.7〉의 모형이 선택될 수 있다.

[11]상관계수(correlation)는 공분산(covariance)에 대한 표준화추정치이다.

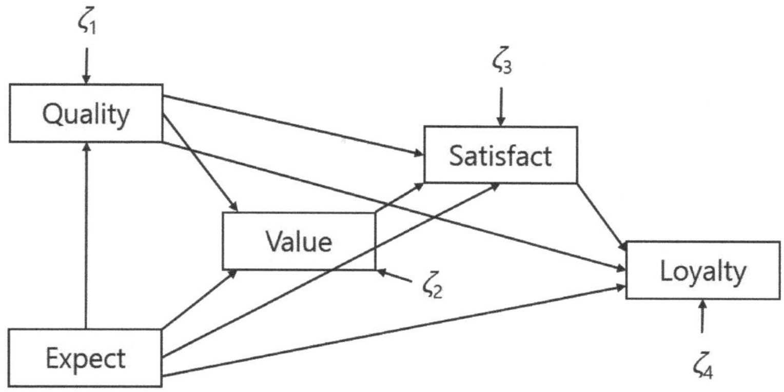

⟨그림 4.8⟩ '고객 충성도' 모형(Customer.A)

4.9 정규분포를 따르지 않는 데이터의 경우

구조방정식모형에 대한 계수들을 추정할 때 가장 기본이 되는 추정방법은 **최대우도법**(maximum likelihood)이며, 이 추정법은 관찰변수들이 모두 정규분포(normal distribution)를 따를 때 타당한 방법이다(자세한 내용은 부록을 참조하여라). 정규분포로부터의 작은 이탈에는 최대우도법이 잘 작동하는 것으로 알려져 있으나, 관찰변수들 중 일부가 정규분포로부터 심하게 이탈되어 있는 경우에는 최대우도법에 의한 추정치가 올바르지 않을 수 있다.

이 절에서는 ⟨그림 4.8⟩의 경로모형을 고려하자. 이 모형은 다음과 같은 관찰변수들로 구성되어 있다. 여기에서 사용되는 데이터는 'Customer.csv'이다.

- 외생 관찰변수(Exogenous Observed Variable)
  Expect(기대수준)
- 내생 관찰변수(Endogenous Observed Variable)
  Quality(인지품질), Value(인지가치), Satisfact(만족도), Loyalty(충성도)

4.9.1 정규성 검토

다음 ⟨예 4.12⟩는 'Customer.csv' 데이터에 대하여 기술통계량 및 정규성 평가의 결과를 출력한 것이다(일부 결과는 생략하였음). 여기에서 왜도(skewness)와 첨도(kurtosis)의 표준화 값을 살펴보면, 대부분의 변수에 대한 절댓값이 3보다 훨씬 커서 정규분포로부터 심하게 벗어나 있음을 알 수 있다(2.2.3절 참조).

⟨예 4.12⟩ 기술통계량 및 왜도와 첨도의 표준화 값 출력

```
> Customer <- read.csv("E:/My_Work/Data/Customer.csv",header=TRUE)
> library(psych)
> Cust.desc <- describe(Customer[
+     c("Expect","Quality","Value","Satisfact","Loyalty")])
> Cust.desc$skew.z <- Cust.desc$skew/sqrt(6/Cust.desc$n)
> Cust.desc$kurt.z <- Cust.desc$kurtosis/sqrt(24/Cust.desc$n)
> Cust.desc
#----------------------------------------------------------------
             n  mean    sd median   min max  skew kurtosis skew.z kurt.z
Expect     900 83.51 13.07  85.19 14.81 100 -0.89     1.16 -10.87   7.11
Quality    900 75.72 16.08  77.78  0.00 100 -1.25     2.83 -15.35  17.36
Value      900 71.72 16.02  72.22  5.56 100 -0.55     0.09  -6.70   0.53
Satisfact  900 72.28 15.74  74.07  0.00 100 -0.91     1.37 -11.13   8.38
Loyalty    900 62.40 22.73  66.67  0.00 100 -0.64     0.37  -7.86   2.27
```

4.9.2 WLS(가중최소제곱) 방법

대부분의 소프트웨어와 마찬가지로 lavaan 패키지에서는 최대우도법 이외에도 여러 가지 추정방법들을 제공하고 있다(부록 참조). 그 중에서도 WLS(weighted least square, 가중최소제곱) 방법은 관찰변수들에 대하여 특별한 분포를 가정하지 않는 비모수적 방법이다.[12]

WLS 방법은 최대우도법 대신에 가장 널리 사용되는 추정법이다. lavaan 패키지에서는 최대우도법이 기본 추정법으로 사용되기 때문에, 이 방법을 사용하기 위해서는 다음 ⟨예 4.13⟩에서와 같이 sem 함수에 estimator="WLS" 옵션을 지정해야 한다.[13]

⟨예 4.13⟩ WLS(weighted least square, 가중최소제곱) 방법

```
> library(lavaan)
> Customer.A <-
+     '
+     Quality ~ Expect
+     Value ~ Expect + Quality
+     Satisfact ~ Expect + Quality + Value
+     Loyalty ~ Expect + Quality + Satisfact
+     '
> Customer.A.fit <- sem(Customer.A,data=Customer,estimator="WLS")
```

[12] WLS 방법은 ADF(asymptotically distribution-free, 점근적분포무관) 방법으로 불리기도 한다.

[13] 최대우도법뿐만 아니라 WLS 방법에도 붓스트랩 방법을 적용할 수 있다(4.6절 참조).

```
> library(semPlot)
> semPaths(Customer.A.fit,whatLabels="std",style="lisrel",nCharNodes=0)
> fitMeasures(Customer.A.fit)
#----------------------------------------------------------------------
               npar                fmin               chisq                  df
             14.000               0.001               2.491               1.000
             pvalue      baseline.chisq         baseline.df     baseline.pvalue
              0.114             323.764              10.000               0.000
                cfi                 tli                nnfi                 rfi
              0.995               0.952               0.952               0.923
                nfi                pnfi                 ifi                 rni
              0.992               0.099               0.995               0.995
              rmsea      rmsea.ci.lower      rmsea.ci.upper        rmsea.pvalue
              0.041               0.000               0.108               0.469
                rmr          rmr_nomean                srmr        srmr_bentler
              3.579               3.579               0.010               0.010
srmr_bentler_nomean                crmr         crmr_nomean          srmr_mplus
              0.010               0.012               0.012               0.010
  srmr_mplus_nomean               cn_05               cn_01                 gfi
              0.010            1387.237            2395.284               0.998
               agfi                pgfi                 mfi                ecvi
              0.964               0.067               0.999               0.034
```

⟨예 4.13⟩의 결과 중에서 주로 사용되는 적합도 지수들의 수치를 간단히 정리하면 다음과 같다.

χ^2	df	GFI	AGFI	CFI	TLI	RMSEA	SRMR
2.491	1	0.998	0.964	0.995	0.952	0.041	0.010

이 결과를 살펴보면 GFI, TLI, RMSEA 등 거의 모든 적합도 지수들이 매우 좋은 것을 알 수 있다.

⟨예 4.14⟩ 계수 추정치 출력 – '고객 충성도' 모형(Customer.A)

```
> summary(Customer.A.fit,fit.measures=TRUE,rsquare=TRUE,
+     standardized=TRUE)
#----------------------------------------------------------------------
lavaan 0.6-4 ended normally after 37 iterations
  Estimator                                         WLS
  Model Fit Test Statistic                        2.491
  Degrees of freedom                                  1
  P-value (Chi-square)                            0.114
```

```
Regressions:
                   Estimate  Std.Err  z-value  P(>|z|)   Std.lv  Std.all
  Quality ~
    Expect            0.547    0.045   12.165    0.000    0.547    0.444
  Value ~
    Expect            0.114    0.039    2.918    0.004    0.114    0.093
    Quality           0.508    0.038   13.317    0.000    0.508    0.512
  Satisfact ~
    Expect           -0.019    0.032   -0.584    0.559   -0.019   -0.016
    Quality           0.606    0.035   17.230    0.000    0.606    0.619
    Value             0.314    0.027   11.522    0.000    0.314    0.319
  Loyalty ~
    Expect           -0.252    0.057   -4.376    0.000   -0.252   -0.144
    Quality           0.637    0.065    9.856    0.000    0.637    0.450
    Satisfact         0.331    0.064    5.130    0.000    0.331    0.229
R-Square:
                   Estimate
    Quality           0.198
    Value             0.313
    Satisfact         0.692
    Loyalty           0.356
```

⟨표 4.7⟩은 ⟨예 4.14⟩의 결과 중 계수 추정치 등을 요약한 것이다. 독자들은 WLS 방법에 의한 결과와 최대우도법에 의한 결과를 출력하여 전체적으로 비교하여 보기 바란다(최대우도법의 결과는 여기에 제시하지 않았음).

⟨표 4.7⟩ '고객 충성도' 모형(Customer.A) – 계수 추정치

내생변수	설명변수	추정치	표준화추정치	p-값	SMC(R^2)
Quality	Expect	0.547	0.444	<.001	0.198
Value	Expect	0.114	0.093	0.004	0.313
	Quality	0.508	0.512	<.000	
Satisfact	Expect	−0.019	−0.016	0.559	0.692
	Quality	0.606	0.619	<.001	
	Value	0.314	0.319	<.001	
Loyalty	Expect	−0.252	−0.144	<.001	0.356
	Quality	0.637	0.450	<.001	
	Satisfact	0.331	0.229	<.001	

4.A 부록: SAS 프로그램의 예

이 절에서는 앞에서 다루었던 사례들에 대하여 SAS/STAT 소프트웨어를 이용한 프로그램의 예를 제시한다.

⟨SAS 프로그램 4.1⟩ 초기모형 – Union.A

```
PROC CALIS DATA=sem.Union SIMPLE KURTOSIS MODIFICATION EFFPART;
     PATH Defer <=== Age,
          Suppo <=== Years Age,
          Senti <=== Years Defer Suppo;
     PATHDIAGRAM SOLUTION=STANDARD;
RUN;
```

- PROC CALIS: 구조방정식모형에 대한 분석을 수행한다. SIMPLE 옵션을 지정하면 관찰변수들의 평균과 표준편차가 출력된다. KURTOSIS 옵션을 지정하면 왜도와 첨도 및 다양한 다변량 첨도 계수(coefficient of kurtosis)가 출력된다. MODIFICATION 옵션을 지정하면 수정지수가 출력된다. EFFPART 옵션을 지정하면 직접효과, 간접효과, 총효과에 대한 추정치(표준화추정치)와 p-값이 출력된다(6장 참조).
- PATH: 인과관계의 내용을 지정한다.
- PATHDIAGRAM: 경로도를 출력한다. SOLUTION=STANDARD 옵션을 지정하면 경로도에 표준화추정치가 출력된다.

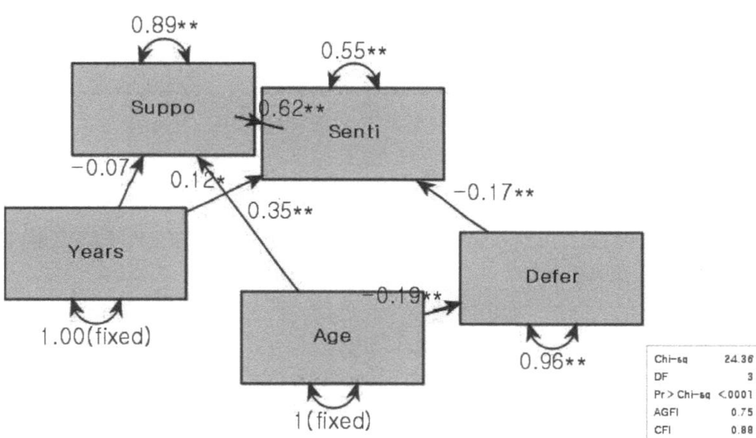

⟨그림 4.9⟩ PROC CALIS에 의한 경로도

〈SAS 프로그램 4.2〉 수정모형 1 – Union.B

```
PROC CALIS DATA=sem.Union SIMPLE KURTOSIS MODIFICATION EFFPART;
     PATH Defer <=== Age,
          Suppo <=== Years Age Defer,
          Senti <=== Years Defer Suppo;
     PATHDIAGRAM SOLUTION=STANDARD;
RUN;
```

〈SAS 프로그램 4.3〉 수정모형 2 – Union.C

```
PROC CALIS DATA=sem.Union SIMPLE KURTOSIS MODIFICATION EFFPART;
     PATH Defer <=== Age,
          Suppo <=== Age Defer,
          Senti <=== Years Defer Suppo;
     PATHDIAGRAM SOLUTION=STANDARD;
RUN;
```

〈SAS 프로그램 4.4〉 내생 오차변수들 간의 연관성 – Union.D

```
PROC CALIS DATA=sem.Union SIMPLE KURTOSIS MODIFICATION EFFPART;
     PATH Defer <=== Age,
          Suppo <=== Age,
          Senti <=== Years Defer Suppo;
     PCOV Defer Suppo;
     PATHDIAGRAM SOLUTION=STANDARD;
RUN;
```

- PCOV: 대응되는 오차변수들 간의 연관관계(공분산)를 지정한다.

〈SAS 프로그램 4.5〉 WLS(weighted least square) 방법 – Customer.A

```
PROC CALIS DATA=sem.Customer SIMPLE KURTOSIS MODIFICATION EFFPART
           METHOD=WLS;
     PATH Quality <=== Expect,
          Value <=== Expect Quality,
          Satisfact <=== Expect Quality Value,
          Loyalty <=== Expect Quality Satisfact;
     PATHDIAGRAM SOLUTION=STANDARD;
RUN;
```

- PROC CALIS: 이 명령문에 METHOD=WLS 옵션을 지정하면 WLS(weighted least square, 가중최소제곱) 방법에 의해 모수를 추정한다.

제 5 장
잠재변수가 있는 구조방정식모형

Structural Equation Model with Latent Variables

〈그림 5.1〉은 이 장의 설명을 위해 만들어진 가상의 모형이다. 이와 같이 일반적으로 구조방정식모형에는 다수의 관찰변수들과 잠재변수들이 포함된다. 이 장에서는 잠재변수가 있는 구조방정식모형을 분석하기 위해 필요한 여러 가지 개념들을 설명할 것이다.

5.1 구조방정식모형의 구성

〈그림 5.1〉에서 소득, 학력, 국어, 영어 등은 시험, 검사, 측정 등을 통해서 그 값이 직접 관찰된 변수들이다. 이와 같이 측정의 정의가 명확하게 내려져 있어 그 값들이 직접 관찰된 변수들을 **관찰변수**(observed variable) 또는 **측정변수**(measurement variable)라고 한다. 반면에 사회경제적 상태, 언어 능력, 학교 만족도와 같이 직접 측정이나 관찰이 불가능하고 관찰변수들의 저변에 잠재되어 있는 변수를 **잠재변수**(latent variable)라고 한다.

5.1.1 측정모형과 구조모형

잠재변수가 있는 구조방정식모형의 체계는 관찰변수와 잠재변수들 간의 인과관계를 나타내는 측정모형과 잠재변수들 간의 인과관계를 나타내는 구조모형으로 구분된다. **측정모형**(measurement model)은 잠재변수들이 관찰변수들을 통해 어떻게 측정되어지는가를 규정하며, 관찰된 변수들이 추상적·가설적 개념을 구축함에 있어 측정변수로서의 특성들이

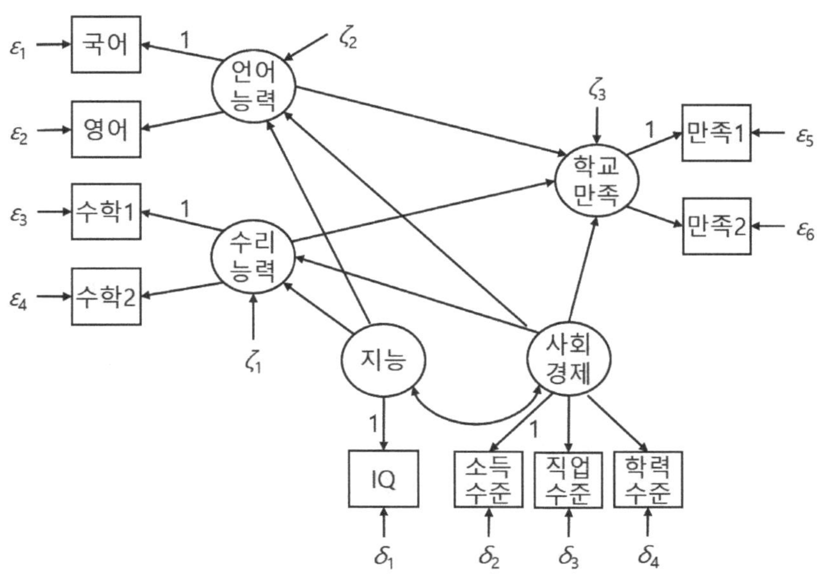

〈그림 5.1〉 잠재변수가 있는 구조방정식모형의 예

관심대상이 된다. 여기에는 측정과정에서 불가피하게 수반되는 측정오차 등이 반영된다. 한편, **구조모형**(structural model)은 잠재변수들 간의 인과관계 및 연관관계를 규정하며, 여기에는 모형을 통해 설명되어지지 않는 오차변이를 묘사하는 부분이 포함된다.

구조방정식모형을 설정함에 있어 측정모형의 타당성이 일차적으로 중요하다. 예를 들어, 잠재변수 '언어 능력'을 규정함에 있어 국어, 영어, 음악, 체육 등의 관찰변수를 선정한다면 누구도 이에 동의하지 않을 것이다. 그러므로 각 잠재변수에 대하여 타당하지 않은 관찰변수들을 선정하면, 그로부터 얻어진 구조모형의 결과는 통계적 유의성 여부와 관계없이 논리적 근거를 인정받을 수 없게 된다.

당연히 올바른 구조모형의 설정 또한 중요하다. 경로도에서 한방향 화살표는 연구자가 해당 변수들 간에 인과관계가 있다는 가설을 설정하였다는 의미이다. 화살표가 없는 경로에도 연구자의 가설이 반영된다는 점을 간과하지 않아야 한다. 예를 들어, 〈그림 6.1〉에서 '지능'과 '학교 만족도' 간에는 화살표가 없는데, 이는 연구자가 두 변수 간에 인과관계가 없다는 가설을 설정하였다는 의미이다.

5.1.2 잠재변수 규정시 주의사항

구조방정식모형에서는 관찰변수들을 통해 잠재변수를 비추어 보는 형식의 우회적 접근이 이루어지며, 이런 관점에서 관찰변수를 잠재변수에 대한 지시자(indicator)라고 부른다. 관찰변수를 통해 잠재변수를 규정할 때 주의해야 할 몇 가지 사항들이 있다.

첫째, 잠재변수는 단순히 관찰변수들의 묶음을 의미하거나 관찰변수들에 대한 설명이 아니다. 예를 들어, 성별, 나이, 직업, 학력과 같은 관찰변수들을 묶어 '일반적 특성'이라고 잠재변수를 규정하거나, 흡연 여부, 음주 여부 , 질병의 종류 등을 묶어 '배경 요인'이라는 잠재변수를 규정하는 것은 의미가 없다.

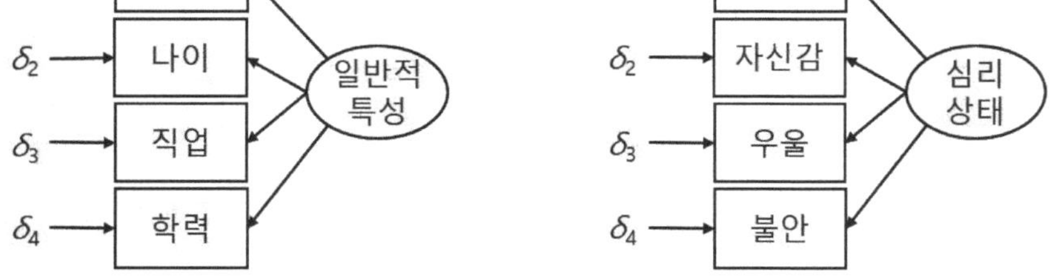

(a) 크기가 정의되지 않는 잠재변수　　(b) 복합적 의미를 가지는 잠재변수

〈그림 5.2〉 잘못된 잠재변수 규정의 예

둘째, 잠재변수는 단일한 개념(의미)을 나타내도록 규정되어야 한다. 예를 들어, 행복감, 자신감, 우울, 불안과 같은 관찰변수들을 가지고 '심리 상태'라는 잠재변수를 규정하는 것은 바람직하지 않다. 이들 변수들은 각각 서로 다른 개념들을 측정할 수 있기 때문이다.

셋째, 잠재변수들 간의 인과(연관)관계를 묘사하는 경로계수들은 방향성을 가지고 해석될 수 있어야 하므로, 잠재변수들은 크기를 말할 수 있어야 한다. 예를 들어, ⟨그림 5.2⟩에서와 같이 규정된 '일반적 특성' 또는 '심리 상태'에 대하여 크다, 작다(또는 많다, 적다)를 말하는 것은 어려운 일이다.

넷째, 특히 반영적 지표라는 개념과 관련하여(5.1.3절 참조), 하나의 잠재변수를 규정하는 관찰변수들은 동일한 개념을 측정한다고 말할 수 있어야 한다. 예를 들어, ⟨그림 5.2⟩에서 성별과 나이는 일반적으로 서로 관련성이 없기 때문에, 이러한 변수들이 동일한 잠재변수를 측정한다고 주장할 수는 없다.

위에서 말한 문제들은 서로 밀접한 관련을 가지고 있으며, 잠재변수가 잘못 규정되면 통계적으로도 모형의 적합도가 크게 나빠지는 원인이 된다. 따라서 올바른 측정모형(잠재변수)을 규정하는 것은 좋은 구조방정식모형을 구축하기 위하여 가장 기본적인 작업이다.

5.1.3 반영적 지표와 조형적 지표

⟨그림 5.3⟩의 (a)의 경우 잠재변수로부터 관찰변수 방향으로 화살표가 향하고 있는데, 이는 잠재변수에 대한 관찰변수의 의미가 반영적 지표(reflective indicator)임을 나타낸다. 반면, 그림 (b)의 경우 관찰변수로부터 잠재변수 방향으로 화살표가 향하고 있는데, 이는 잠재변수에 대한 관찰변수의 의미가 조형적 지표(formative indicator)임을 나타낸다.

(1) 반영적 지표

반영적 지표(reflective indicator)는 관찰변수의 값이 잠재변수의 영향을 받아 결정되는 구조로서, 잠재변수가 관찰변수의 원인임을 가정한다. 행동과학에서 주로 사용하는 지능이나 성격과 같이 이론적이며 추상적인 개념들이 반영적 지표에 해당한다. 반영적 지표는 관찰변수의 값이 잠재변수의 영향으로 인하여 변화될 수 있기 때문에 관찰변수들 사이에 상관관계가 높을 수 있으며, 관찰변수의 변화가 잠재변수인 개념을 변화시키지 않는다는 특징이 있다. 또한, 반영적 지표에서 관찰변수들은 해당 잠재변수의 함수이므로 동일한 잠재변수의 관찰변수 값들 간에는 내적일관성이 기대된다. 따라서 측정모형과 관련된 계수들의 통계적 유의성은 구조방정식모형의 주요 관심 대상이 된다(이학식·임지훈, 2011).

전통적인 형태의 구조방정식모형에서는 잠재변수가 모두 반영적 지표임을 가정하고 있으며, 잠재변수들이 반영적 지표만으로 구성된 모형을 **인자-기반 구조방정식모형**(factor-

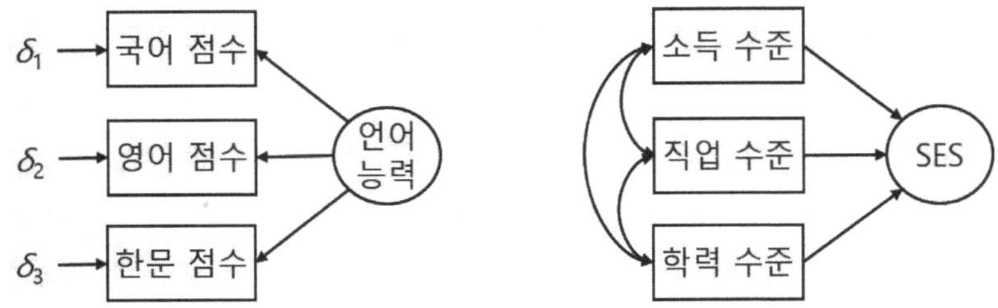

(a) 반영적 지표 (b) 조형적 지표

〈그림 5.3〉 반영적 지표와 조형적 지표의 예

based SEM)이라고 부르기도 한다. 즉, 이 경우 잠재변수는 인자(factor, 因子)의 의미를 가진다. 이 책의 대분분의 내용은 반영적 지표의 경우를 다루고 있다.

〈그림 5.3〉의 (a)와 같은 반영적 지표에 대한 모형을 수식으로 표현하면 다음과 같다.

$$\begin{cases} \text{국어 점수} = \lambda_1 \text{ 언어 능력} + \delta_1, \\ \text{영어 점수} = \lambda_2 \text{ 언어 능력} + \delta_2, \\ \text{한문 점수} = \lambda_3 \text{ 언어 능력} + \delta_3. \end{cases}$$

여기에서 λ_i는 각 관찰변수가 잠재변수와 얼마나 관련되어 있는지를 나타내며 인자적재값(factor loading) 또는 요인부하량으로 불린다. 그리고 δ_i는 관찰변수의 측정값 중 잠재변수와 구별되는 부분(주로 측정오차)을 나타내며, 해당 관찰변수의 특수성(specific factor) 또는 유일성(uniqueness)으로 부르기도 한다.

(2) 조형적 지표

조형적 지표(formative indicator, 형성적 지표)는 관찰변수가 잠재변수의 값을 결정하는 구조로 관찰변수가 잠재변수를 형성하는 원인임을 가정한다. 사회경제적 지위(SES)와 같은 지수(index)가 대표적인 조형적 지표에 해당한다. 사회경제적 지위는 수입 수준, 직업 수준, 학력 수준 등에 영향을 받으므로 이들 관찰변수의 변화에 의해 잠재변수인 사회경제적 지위가 변화되지만, 잠재변수의 변화가 관찰변수의 변화를 수반하지는 않는다. 이러한 조형적 지표는 잠재변수에 의해 공통적으로 영향을 받아 관찰변수의 값이 결정되는 것이 아니기 때문에, 관찰변수들 간의 높은 상관관계와 내적일치도를 반드시 필요로 하지는 않는다(Jarvis et al, 2003).

잠재변수가 조형적 지표로 구성되는 대표적인 모형으로는 PLS(partial least squares) 모형을 들 수 있으며, 조형적 지표가 포함된 모형을 성분-기반 구조방정식모형(component-based SEM)이라고 부르기도 한다. 즉, 이 경우 잠재변수는 **성분**(component, 成分), 지수, 점수의 의미를 가진다. 이러한 내용은 9장에서 다루고 있다.

⟨그림 5.3⟩의 (b)와 같은 조형적 지표에 대한 모형을 수식으로 표현하면 다음과 같다.

$$\text{SES} \;=\; w_1 \text{ 소득 수준 } + \; w_2 \text{ 직업 수준 } + \; w_3 \text{ 학력 수준.}$$

즉, 잠재변수는 관찰변수들의 가중합(weighted sum)으로 정의되며, 여기에서 w_i는 각 관찰변수가 붙는 **가중치**(weight)를 나타낸다. 한편, 조형적 지표의 경우 사전에 정의된 가중치를 이용하여 잠재변수의 값을 계산하고, 이후의 분석에서 하나의 점수(성분)로 취급하여 사용하기도 한다.

조형적 지표로 구성되어야 하는 측정모형이 반영적 지표로 간주되거나, 반영적 지표로 구성되어야 하는 측정모형이 조형적 지표로 간주되는 것은 편향된 모수추정과 낮은 적합도의 원인이 될 수 있다. 따라서 연구자는 측정모형이 반영적 지표나 조형적 지표로 구성될 수 있다는 것을 인지할 필요가 있으며, 변수에 대한 이론적 배경 등을 고려하여 적절한 측정모형을 정의하고 타당한 통계 방법론을 적용해야 한다.

5.1.4 측정모형과 관찰변수의 측정

모형 구축시 많은 연구자들이 종종 혼동하고 있는 것 중 하나는 측정모형(measurement model)의 평가와 측정(measure)의 평가 문제이다. 예를 들어, ⟨그림 5.1⟩에서 잠재변수 '언어 능력'과 이에 대한 관찰변수 '국어 점수', '영어 점수'와의 관계는 구조방정식모형의 일부인 측정모형으로 표현된다. 그런데 '국어 점수'와 '영어 점수'가 여러 개의 문항들에 의해 측정된 점수들의 합(또는 평균)으로 계산되었다고 하자. 이때, 개별 문항들이 각각 그들이 측정하고자 하는 '국어 점수'와 '영어 점수'를 잘 측정하고 있는가는 소위 측정 혹은 측정도구의 타당도와 신뢰도 문제이다.

또 다른 예로서 ⟨그림 5.4⟩를 보자. 키를 측정함에 있어서 한 번의 측정은 불안정하므로 3번의 측정을 해서 평균을 취하여 키를 재기로 했다고 하자. 이 경우 3번 측정한 키의 평균이 개별 개체에 대한 키의 측정값으로 정의된다. 마찬가지로 행복감의 측정을 위해 3개 문항의 평균(또는 합)으로 측정하도록 개발된 측정도구를 이용하였다고 하자. 이 경우 3개 문항의 평균(또는 합)이 개별 개체에 대한 행복감의 측정값으로 정의된다.

이러한 예에서 키에 대한 한 번의 측정값 또는 행복감의 한 문항에 대한 측정값은 그 자체로는 신뢰할 수 없기 때문에 회귀분석, 분산분석, 구조방정식모형과 같은 통계분석의 직접적인 대상이 될 수 없다. 이러한 이유로 여러 번의 측정 또는 여러 문항들에 대한 평균(또는 합)을 사용하도록 측정도구가 개발되는 것이다. 더군다나 1장에서 설명한 바와

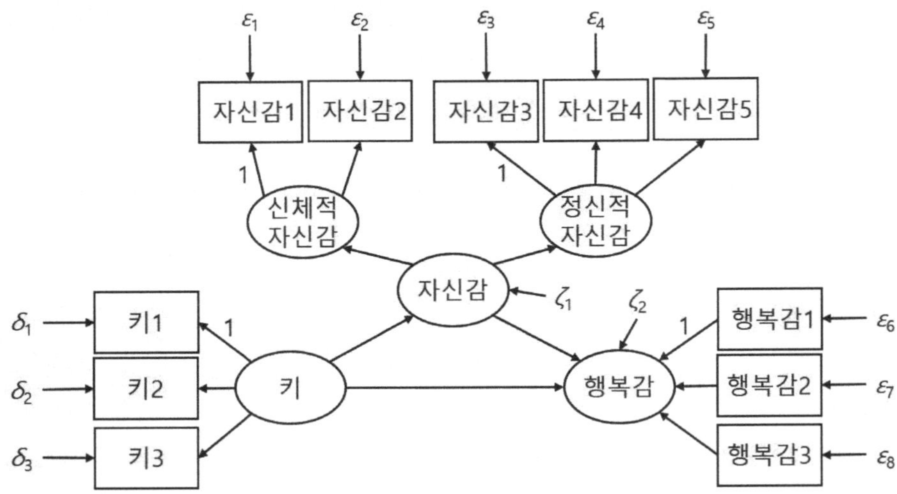

(a) 잘못된 측정모형 설정

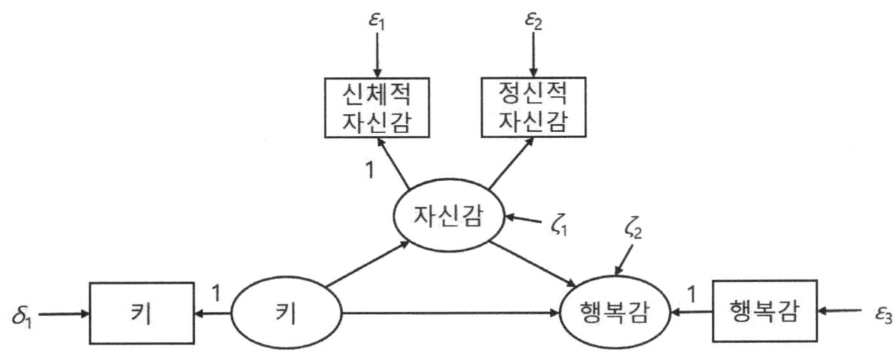

(b) 올바른 측정모형 설정

〈그림 5.4〉 측정문항을 관찰변수로 취급하는 잘못된 설정의 예

같이 구조방정식모형은 관찰변수(측정변수)로 설정된 변수들의 분산과 공분산이 직접적인 분석 대상이 되므로, 당연히 〈그림 5.4〉의 (a)와 같이 모형을 설정하면 그 결과가 매우 불안정하게 된다.

또한, 각 측정도구들에 대한 타당도와 신뢰도 평가는 측정도구별로 수행되어야 한다. 예를 들어, '3번 측정한 값들의 평균이 키를 제대로 측정하고 있는가'라는 문제(측정도구의 평가)는 '키와 자신감이 관련이 있는가'라는 문제(인과관계의 평가)와는 별개의 문제이기 때문이다. 그리고 〈그림 5.4〉의 모형 (a)는 지나치게 엄격한 가정(예를 들면, 모든 문항의 측정오차들이 모두 독립이다와 같은)을 포함하고 있기 때문에, 이와 같은 모형을 분석하더

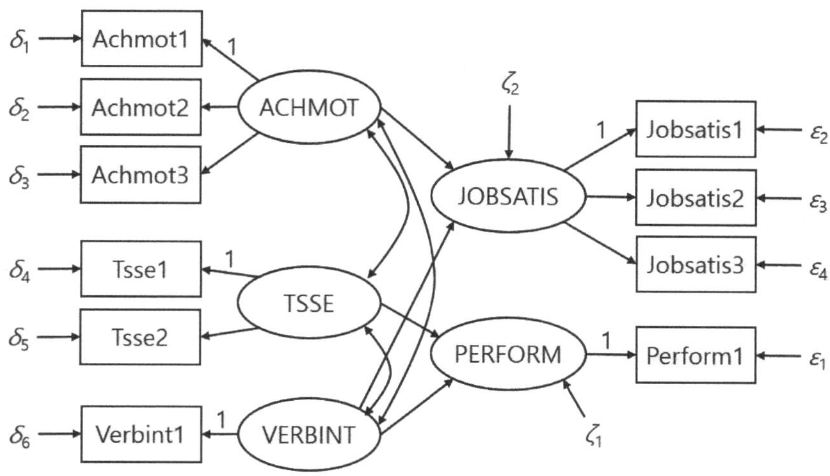

〈그림 5.5〉 '직업 만족도' 모형 – 초기모형(Jobsatis.A)

라도 적합도가 좋지 않을 가능성이 높으며, 좋은 적합도를 얻기 위하여 소위 제3종의 오류(잘못된 설정된 모형으로부터 결론을 유도하는 오류)를 범하게 된다.

사실, 측정(측정도구)의 타당도와 신뢰도는 구조방정식모형과 같은 통계모형과는 직접적으로 관련이 없으며, 어떤 통계분석을 수행하기 이전 단계에서 먼저 검토되어야 하는 사항이다. 물론 최근에는 탐색적 인자분석과 함께 확증적 인자분석이 '측정의 타당도 문제'(문항과 관찰변수의 관계)를 검토하기 위해 자주 사용되고 있으나,[1] '측정모형의 타당도 문제'(관찰변수와 잠재변수의 관계)와는 분명히 구별되어야 한다. 또한 측정도구의 개념상 개별 문항들이 관찰변수로 사용되는 것은 옳지 않은데, 대부분의 측정도구들은 통계분석에서 문항들의 평균(또는 합)을 관찰변수(측정변수)로 사용할 것을 목적으로 개발된 것이기 때문이다.

5.2 분석 사례 – 초기모형

먼저 〈그림 5.5〉와 같은 구조방정식모형을 고려하자. 이는 Bagozzi(1980)와 Jöreskog & Sörbom(1982) 등에서 다룬 바 있는 모형을 약간 수정한 것이며, 다음과 같은 변수들로 구성되어 있다.

- 외생 잠재변수(Exogenous Latent Variable)
  - ACHMOT(성취동기), TSSE(직무관련 자존감), VERBINT(대화능력)

[1]측정의 타당도와 신뢰도에 대하여는 8장에서 자세히 다룬다.

- **내생 잠재변수**(Endogenous Latent Variable)
  - PERFORM(업무능력), JOBSATIS(직무 만족도)
- **관찰변수**(Observed Variable)[2]
  - ACHMOT(성취동기): Achmot1, Achmot2, Achmot3
  - TSSE(직무관련 자존감): Tsse1, Tsse2
  - VERBINT(언어적 지능): Verbint1
  - PERFORM(업무능력): Perform1
  - JOBSATIS(직무 만족도): Jobsatis1, Jobsatis2, Jobsatis3
- **내생 오차변수**(Endogenous Error Variable)
  - ζ_1, ζ_2
- **측정 오차변수**(Measurement Error Variable)
  - $\delta_1, \delta_2, \delta_3, \cdots, \epsilon_1, \epsilon_2, \epsilon_3, \cdots$

앞에서 설명한 바와 같이 **외생 잠재변수**(exogenous latent variable)는 다른 변수의 변화에 원인이나 동기의 역할을 하는 변수로서, 외생변수의 변이는 모형의 외부에 있는 다른 원인에 의해 결정된다. 그리고 **내생 잠재변수**(endogenous latent variable)는 다른 잠재변수들에 의해서 영향을 받는 변수로서, 내생 잠재변수의 변이는 모형을 통해 적극적으로 설명하려는 부분이 된다.

잠재변수가 있는 구조방정식모형의 경우 두 가지 유형의 오차변수들이 존재한다. 먼저 **내생 오차변수**(endogenous error variable)는 모형에 포함되어 있는 인과관계로는 설명될 수 없으나, 내생 잠재변수의 변이를 발생시키는 원인으로 모형에 도입되는 일종의 외생변수이다. 반면, **측정 오차변수**(measurement error variable)는 측정값 중 잠재변수와 구별되는 부분(주로 측정오차)을 나타낸다.

한편, ⟨그림 5.5⟩의 모형에서 잠재변수들의 인과관계(구조모형) 부분을 식으로 표현하면 다음과 같은 연립방정식으로 나타낼 수 있다.

$$\begin{cases} \text{PERFORM} & = \gamma_{12}\text{TSSE} + \gamma_{13}\text{VERBINT} + \zeta_1, \\ \text{JOBSATIS} & = \gamma_{21}\text{ACHMOT} + \gamma_{23}\text{VERBINT} + \zeta_2. \end{cases}$$

여기에서 γ_{12} 등은 경로계수로서 데이터와 모형을 통해 추정되며, 앞에서 다루었던 회귀계수와 유사한 의미를 가진다.

이 장의 사례를 위해 사용되는 데이터는 'Jobsatis.csv'이며 ⟨표 5.1⟩에 상관계수와 표준편차가 요약되어 있다.

[2]이 관찰변수들은 모두 여러 문항들의 합점수로 측정되었다.

〈표 5.1〉 상관계수와 표준편차 (Jobsatis.csv) [3]

	Ach1	Ach2	Ach3	Tss1	Tss2	Ver1	Per1	Job1	Job2	Job3
Achmot1	1									
Achmot2	.428*	1								
Achmot3	-.029	-.002	1							
Tsse1	.337*	.293*	.010	1						
Tsse2	.246*	.346*	.062	.624*	1					
Verbint1	-.389*	-.408*	-.074	-.333*	-.277*	1				
Perform1	.179*	.215*	.087	.629*	.507*	-.279*	1			
Jobsatis1	.299*	.347*	.198*	.481*	.391*	-.176*	.459*	1		
Jobsatis2	.379*	.248*	.063	.509*	.402*	-.095	.479*	.658*	1	
Jobsatis3	.227*	.229*	.080	.289*	.195*	-.059	.487*	.165*	.111	1
표준편차	.989	.930	1.004	1.083	1.081	1.842	1.019	1.768	1.531	1.288

* 유의수준 5 %하에서 통계적으로 유의함을 나타냄.

〈예 5.1〉 초기모형 (Jobsatis.A)

```
> Jobsatis <- read.csv("E:/My_Work/Data/Jobsatis.csv",header=TRUE)
> library(lavaan)
> Jobsatis.A <-
+     '
+     # Measurement Model
+     ACHMOT =~ Achmot1 + Achmot2 + Achmot3
+     TSSE =~ Tsse1 + Tsse2
+     VERBINT =~ Verbint1
+     PERFORM =~ Perform1
+     JOBSATIS =~ Jobsatis1 + Jobsatis2 + Jobsatis3
+     # Structural Model
+     PERFORM ~ TSSE + VERBINT
+     JOBSATIS ~ ACHMOT + VERBINT
+     # Error Covariance
+     PERFORM ~~ 0*JOBSATIS
+     '
> Jobsatis.A.fit <- sem(Jobsatis.A,data=Jobsatis)
> library(semPlot)
> semPaths(Jobsatis.A.fit,whatLabels="std",style="lisrel",nCharNodes=0)
#-----------------------------------------------------------------------
```

[3]관찰변수들의 분산(표준편차)이 클 경우 sem 함수에서 최적화에 문제가 발생하여 수렴하지 않을 수 있다 (즉, 해가 구해지지 않는다). 이 경우 관찰변수들을 적당한 상수(예컨대 10, 100, 1000 등)로 나누어 사용함으로써 이러한 문제를 해결할 수 있다.

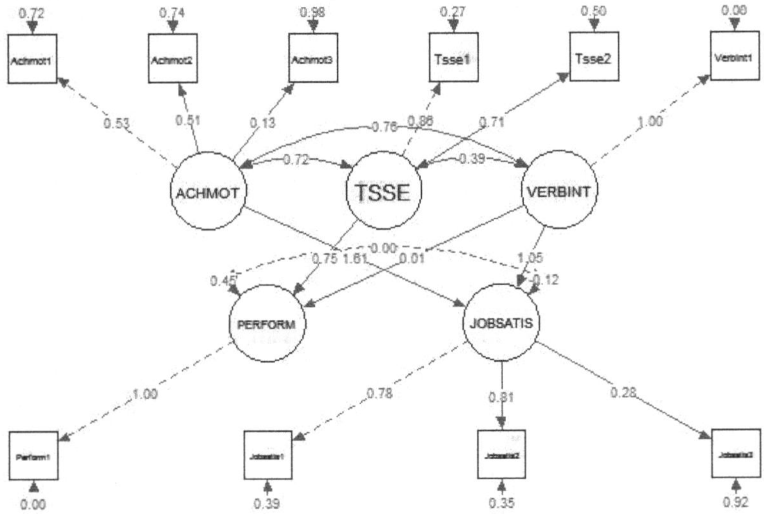

〈그림 5.6〉 semPaths 함수에 의해 출력된 경로도

```
Warning message:
In lav_object_post_check(object) :
  lavaan WARNING: some estimated lv variances are negative
```

〈예 5.1〉은 〈그림 5.5〉의 모형을 분석하기 위한 것으로서, 다음과 같은 요소들로 구성되어 있다.

- model: 모형 설정의 내용이 저장될 객체의 이름을 지정하고, 다음의 인용부호(' ') 사이에 모형의 내용을 지정한다. 이때 측정모형(잠재변수와 관찰변수의 관계) 부분은 =~ 기호를 이용하여 지정하고, 구조모형(잠재변수들 간의 인과관계) 부분은 ~ 기호를 이용하여 지정하며, 내생 오차변수들 간의 연관관계는 ~~ 기호를 이용하여 지정한다.[4]
- sem(model,data=,···): 지정된 모형과 데이터에 대하여 분석을 수행하고, 그 결과를 리스트 객체에 저장하는 함수이다.

〈예 5.1〉의 결과에서 일부 변수들의 분산이 음의 값으로 추정되었다는 경고 메시지가 출력되어 있음을 주목할 필요가 있다(예 5.2의 결과에서 분산 및 R^2 부분을 살펴보기 바란다). 이와 같이 추정치가 이론적인 범위를 넘어서는 경우를 'Heywood 상황'이라고 한다.

[4]lavaan 패키지의 sem 함수에서는 외생 잠재변수들 간의 연관관계(공분산)가 모형에 자동으로 포함된다. 또한, 인과관계가 설정되지 않은 잠재변수들 간의 편상관(내생 오차변수들 간의 연관관계)도 자동으로 모형에 포함된다. 〈그림 5.5〉의 모형에서는 PERFORM과 JOBSATIS의 편상관이 존재하지 않는 것으로 가정하고 있으므로, 모형설정 부분에서 'PERFORM ~~ 0*JOBSATIS'와 같이 편상관이 0이라는 것을 설정하였다.

⟨참조⟩ Heywood 상황

추정치가 이론적인 범위를 넘어서는 경우를 Heywood 상황이라고 한다. 예를 들어, 어떤 변수의 분산이 음수가 되는 경우, 상관계수의 절댓값이 1보다 큰 경우, SMC(R^2)가 1을 넘는 경우 등이다. Heywood 상황이 발생하는 원인은 매우 다양하지만, 가장 일반적인 상황은 모형설정의 일부에 문제가 있어서 모형이 데이터를 잘 표현하지 못하는 경우이다.

오차변수의 분산이 음수로 추정되는 경우, 오차변수의 분산을 아주 작은 수치(예를 들어, 0.001)로 고정하여 분석하기도 한다. 그러나 이 경우 적합도나 추정치가 좋지 않은 결과를 보일 수 있으며, 가급적 모형과 결과들을 충분히 검토하고 모형을 수정하여 Heywood 상황을 해결하는 것이 바람직하다.

5.3 잠재변수에 대한 측정단위 규정

⟨그림 5.5⟩의 모형에서 측정모형(잠재변수와 관찰변수의 관계)에 대한 부분을 방정식 체계로 표현하면 다음과 같다.

- 외생 잠재변수에 대한 측정모형

$$\begin{cases} \text{Achmot1} = \lambda^x_{11}\ \text{ACHMOT} + \delta_1, \\ \text{Achmot2} = \lambda^x_{21}\ \text{ACHMOT} + \delta_2, \\ \text{Achmot3} = \lambda^x_{31}\ \text{ACHMOT} + \delta_3, \\ \text{Tsse1} = \lambda^x_{42}\ \text{TSSE} + \delta_4, \\ \text{Tsse2} = \lambda^x_{52}\ \text{TSSE} + \delta_5, \\ \text{Verbint1} = \lambda^x_{63}\ \text{VERBINT} + \delta_6. \end{cases} \tag{5.1}$$

- 내생 잠재변수에 대한 측정모형

$$\begin{cases} \text{Perform1} = \lambda^y_{11}\ \text{PERFORM} + \epsilon_1, \\ \text{Jobsatis1} = \lambda^y_{22}\ \text{JOBSATIS} + \epsilon_2, \\ \text{Jobsatis2} = \lambda^y_{32}\ \text{JOBSATIS} + \epsilon_3, \\ \text{Jobsatis4} = \lambda^y_{42}\ \text{JOBSATIS} + \epsilon_4. \end{cases} \tag{5.2}$$

이와 같은 방정식 체계에서 λ^x_{ij}와 λ^y_{ij}를 인자적재값(factor loading)이라고 하며, 이는 관찰변수와 잠재변수가 가지는 연관관계의 정도를 나타낸다.

한편, 잠재변수는 관찰되지 않은 것이기 때문에 정해진 척도(scale)를 가지고 있지 않으며 그 측정단위가 임의적이라고 할 수 있다. 그러나 관련된 모수를 추정하고 경로계수의 상대적 비교나 모형의 적절한 해석을 위해서는 각 잠재변수를 특정한 단위로 규정하거나 측정단위를 없앨 필요가 있다. 잠재변수에 대한 측정단위 규정을 위해서는 일반적으로 다음과 같은 두 가지 방법 중 하나를 사용한다.

5.3.1 인자적재값을 1로 고정하기

잠재변수의 측정단위를 규정하기 위해서 일반적으로 사용하는 방법은 관찰변수 중의 어느 하나를 그 잠재변수에 대한 참조변수(reference variable)로 두어 해당하는 인자적재값을 0이 아닌 값(보통 1)으로 고정시키는 것이다. 이는 잠재변수의 측정단위가 참조관찰변수의 측정단위와 같다고 가정하는 것이다.

예를 들어, ⟨그림 5.1⟩에서는 잠재변수 '언어 능력'의 참조변수로서 '국어 점수'를 두고 있는데, 이는 잠재변수 '언어 능력'과 관찰변수 '국어 점수'의 측정단위가 동일하다고 가정하는 것이다.

⟨예 5.2⟩ 계수 추정치 출력 (Jobsatis.A)

```
> summary(Jobsatis.A.fit,fit.measures=TRUE,rsquare=TRUE,
+       standardized=TRUE)
#-----------------------------------------------------------------------
lavaan 0.6-3 ended normally after 193 iterations
...
Latent Variables:
                  Estimate  Std.Err  z-value  P(>|z|)   Std.lv  Std.all
  ACHMOT =~
    Achmot1          1.000                                5.206    0.528
    Achmot2          0.913    0.154    5.933    0.000    4.754    0.513
    Achmot3          0.255    0.141    1.804    0.071    1.328    0.133
  TSSE =~
    Tsse1            1.000                                9.235    0.855
    Tsse2            0.826    0.080   10.265    0.000    7.627    0.708
  VERBINT =~
    Verbint1         1.000                               18.374    1.000
  PERFORM =~
    Perform1         1.000                               10.168    1.000
  JOBSATIS =~
    Jobsatis1        1.000                               13.824    0.784
    Jobsatis2        0.893    0.088   10.118    0.000   12.341    0.808
    Jobsatis3        0.260    0.072    3.626    0.000    3.594    0.280
...
```

```
Variances:
                   Estimate  Std.Err  z-value  P(>|z|)   Std.lv  Std.all
   .Achmot1           0.702    0.073    9.621    0.000    0.702    0.721
   .Achmot2           0.634    0.066    9.662    0.000    0.634    0.737
   .Achmot3           0.985    0.099    9.990    0.000    0.985    0.982
   .Tsse1             0.313    0.060    5.222    0.000    0.313    0.269
   .Tsse2             0.580    0.070    8.251    0.000    0.580    0.499
   .Verbint1          0.000                               0.000    0.000
   .Perform1          0.000                               0.000    0.000
   .Jobsatis1         1.200    0.187    6.423    0.000    1.200    0.386
   .Jobsatis2         0.809    0.140    5.796    0.000    0.809    0.347
   .Jobsatis3         1.522    0.155    9.827    0.000    1.522    0.922
    ACHMOT            0.271    0.070    3.858    0.000    1.000    1.000
    TSSE              0.853    0.123    6.909    0.000    1.000    1.000
    VERBINT           3.376    0.338   10.000    0.000    1.000    1.000
   .PERFORM           0.461    0.060    7.672    0.000    0.446    0.446
   .JOBSATIS         -0.224    0.327   -0.686    0.493   -0.117   -0.117
R-Square:
                   Estimate
    Achmot1           0.279
    Achmot2           0.263
    Achmot3           0.018
    Tsse1             0.731
    Tsse2             0.501
    Verbint1          1.000
    Perform1          1.000
    Jobsatis1         0.614
    Jobsatis2         0.653
    Jobsatis3         0.078
    PERFORM           0.554
    JOBSATIS             NA
```

⟨예 5.2⟩에서 볼 수 있는 바와 같이 sem 함수에서는 기본적으로 인자적재값을 1로 고정시키는 방법을 적용한다. ⟨예 5.2⟩의 결과에서 모든 잠재변수에 대해 관찰변수 하나씩의 인자적재값이 1로 고정되어 있음을 볼 수 있다.

이 방법은 잠재변수의 측정단위를 그의 참조변수로 규정된 관찰변수와 동일하게 함으로써 잠재변수의 척도를 명시한다는 장점을 가지고 있다. 그러나 이 경우 잠재변수의 측정단위가 서로 다르게 될 수도 있기 때문에, 잠재변수들 간의 인과관계를 나타내는 회귀계수들의 크기를 상대비교하기가 어렵게 될 가능성도 있다. 따라서 이 경우 보통 표준화추정치(standardized estimate)에 의해서 추정치들을 해석한다.

5.3.2 잠재변수들의 표준화

잠재변수에 대한 측정단위의 규정문제를 해결하기 위해서 사용되는 또 다른 방법은, 잠재변수의 분산이 1이 되도록 표준화되어 있다고 가정하여 측정단위 자체를 없애버림으로써, 잠재변수가 취하는 값이 단순한 숫자가 되도록 하는 것이다.

⟨예 5.3⟩ 잠재변수들의 표준화

```
> Jobsatis.A.fit <- sem(Jobsatis.A,data=Jobsatis,std.lv=TRUE)
> summary(Jobsatis.A.fit,fit.measures=TRUE,rsquare=TRUE,
+      standardized=TRUE)
#-----------------------------------------------------------------
Warning message:
In lavaan::lavaan(model = Jobsatis.A, data = Jobsatis, std.lv = TRUE, :
lavaan WARNING: the optimizer warns that a solution has NOT been found!
lavaan 0.6-3 did NOT end normally after 1111 iterations
** WARNING ** Estimates below are most likely unreliable
```

sem 함수의 경우 ⟨예 5.3⟩에서와 같이 std.lv=TRUE 옵션을 지정함으로써, 모든 잠재변수들에 대하여 표준화를 취할 수 있다. 그러나 sem 함수에 이 방법을 적용할 때 계산상의 문제가 발생하여 해를 구하지 못하는 경우가 종종 있다.

잠재변수의 측정단위를 규정하기 위해 어느 방법을 사용하든 수리적으로는 동일한 모형을 분석하는 것이라고 할 수 있으며, 이때 실제로 추정해야 할 독립적인 자유모수의 수는 잠재변수의 수만큼 줄어들게 된다. 따라서 잠재변수에 대한 측정단위의 규정문제는 모형식별의 문제와도 직결되어 있음을 알 수 있다. 즉, 어떤 방식으로든 잠재변수의 측정단위를 규정하지 않으면, 추정치를 구할 수 없게 되는 식별불능(unidentification) 문제에 빠지게 된다.

5.4 단일 지시자 문제

측정모형이 식별되기 위해서는 한 잠재변수당 2개 이상의 관찰변수가 규정되어야 한다. 그러나 현실적으로 하나의 잠재변수를 1개의 관찰변수만으로 규정해야 하는 경우가 생길 수 있다. 이를 단일 지시자(single indicator) 문제라고 하는데, 이러한 경우에도 식별불능의 문제가 발생하여 추정치를 구할 수 없게 된다.

단일 지시자 문제가 발생한 경우, 보통 오차변수의 분산을 특정 값으로 고정하여 식별문제를 해결하는 방법이 주로 사용된다.

5.4.1 오차변수의 분산을 0으로 고정하기

일반적으로 사용되는 방법은 오차변수의 분산을 0으로 고정하는 것이다. sem 함수에서는 기본적으로 이 방법을 사용하는데, 예를 들어 〈예 5.2〉의 결과에서 관찰변수 Verbint1과 Perform1에 대응되는 오차변수에 대한 분산이 0으로 고정되어 있음을 볼 수 있다.

이는 식별문제를 해결하기 위해 불가피하게 잠재변수 VERBINT와 PERFORM에 대한 측정오차가 0이라고 가정함으로써, 이 두 잠재변수에 대해 관찰변수와 잠재변수가 실제 동일한 것으로 간주하는 것이다.

5.4.2 측정의 신뢰도를 이용하는 방법

관찰변수가 여러 항목들의 합(또는 평균)으로 측정된 경우 신뢰도(reliability) α가 주어질 수 있다. 신뢰도의 정의에 의하면 $1-\alpha$는 측정값에서 측정오차가 차지하는 비중을 의미하므로, 측정오차의 분산을 다음과 같이 추정할 수 있다.

$$\text{측정오차의 분산} = (1-\alpha) \times \text{관찰변수의 분산}.$$

예를 들어, 〈그림 5.5〉의 모형에서 잠재변수 VERBINT(대화능력)을 측정하는 관찰변수 Verbint1이 여러 문항들의 합으로 측정되었고, 이에 대한 측정의 신뢰도가 $\alpha = 0.85$라고 가정하자. 변수 Verbint1의 분산은 3.393이므로 대응되는 오차변수 δ_6의 분산을 다음과 같이 추정할 수 있다.

$$V\hat{a}r(\delta_6) = (1-\alpha) \times V\hat{a}r(\text{Verbint1}) = (1-0.85) \times 3.393 = 0.509.$$

다음 〈예 5.4〉는 관찰변수 Verbint1에 대응되는 오차변수(δ_6)에 대한 분산을 0.509로 고정하고, Perform1에 대응되는 오차변수(ϵ_1)에 대한 분산을 0으로 고정하는 예이다.[5]

〈예 5.4〉 오차변수의 분산을 고정하기

```
> Jobsatis.A <-
+     '
+     # Measurement Model
+     ACHMOT =~ Achmot1 + Achmot2 + Achmot3
+     TSSE =~ Tsse1 + Tsse2
+     VERBINT =~ Verbint1
+     PERFORM =~ Perform1
+     JOBSATIS =~ Jobsatis1 + Jobsatis2 + Jobsatis3
+     # Structural Model
```

[5] 위에서 언급한 바와 같이 단일 지시자에 대하여 오차분산을 0으로 고정하는 것은 sem 함수에서 자동으로 설정된다.

```
+     PERFORM ~ TSSE + VERBINT
+     JOBSATIS ~ ACHMOT + VERBINT
+     # Error Covariance
+     PERFORM ~~ 0*JOBSATIS
+     # Error Variance
+     Verbint1 ~~ 0.509*Verbint1
+     Perform1 ~~ 0*Perform1
+     '
> Jobsatis.A.fit <- sem(Jobsatis.A,data=Jobs)
> library(semPlot)
> semPaths(Jobsatis.A.fit,whatLabels="std",style="lisrel",nCharNodes=0)
> summary(Jobsatis.A.fit,fit.measures=TRUE,rsquare=TRUE,
+     standardized=TRUE)
#------------------------------------------------------------------------
...
Variances:
                   Estimate  Std.Err  z-value  P(>|z|)   Std.lv  Std.all
   .Verbint1          0.509                               0.509    0.151
   .Perform1          0.000                               0.000    0.000
   .Achmot1           0.686    0.072    9.460    0.000    0.686    0.705
   .Achmot2           0.620    0.065    9.511    0.000    0.620    0.721
   .Achmot3           0.986    0.099    9.985    0.000    0.986    0.983
...
    ACHMOT            0.287    0.073    3.940    0.000    1.000    1.000
    TSSE              0.848    0.123    6.895    0.000    1.000    1.000
    VERBINT           2.862    0.337    8.490    0.000    1.000    1.000
   .PERFORM           0.455    0.060    7.574    0.000    0.440    0.440
   .JOBSATIS         -0.448    0.421   -1.065    0.287   -0.235   -0.235
R-Square:
                   Estimate
    Verbint1          0.849
    Perform1          1.000
    Achmot1           0.295
    Achmot2           0.279
    Achmot3           0.017
...
    PERFORM           0.560
    JOBSATIS             NA
```

사실 오차변수의 분산을 어떤 값으로 고정하든 자유도가 같고 적합도도 거의 동일하게 되므로 통계적 관점에서는 별 차이가 없지만, 측정오차를 반영한다는 점에서, 가능하다면 오차분산을 추정하여 고정하는 방법이 더 추천된다고 하겠다.

5.5 분석 사례 – 적합도 평가

다음 ⟨예 5.5⟩는 fitMeasures 함수를 사용하여 ⟨그림 5.5⟩의 모형(Jobsatis.A)에 대한 적합도 지수들을 출력한 것이다.

⟨예 5.5⟩ 적합도 지수 출력 – 초기모형(Jobsatis.A)

```
> fitMeasures(Jobsatis.A.fit)
#-----------------------------------------------------------------------
           npar                fmin               chisq                  df
         25.000               0.312             124.951              30.000
         pvalue      baseline.chisq         baseline.df   baseline.pvalue
          0.000             689.456              45.000               0.000
            cfi                 tli                nnfi                 rfi
          0.853               0.779               0.779               0.728
            nfi                pnfi                 ifi                 rni
          0.819               0.546               0.856               0.853
           logl   unrestricted.logl                 aic                 bic
      -2941.722           -2879.247            5933.445            6015.902
         ntotal                bic2               rmsea      rmsea.ci.lower
        200.000            5936.700               0.126               0.103
 rmsea.ci.upper        rmsea.pvalue                 rmr          rmr_nomean
          0.149               0.000               0.095               0.095
           srmr        srmr_bentler srmr_bentler_nomean                crmr
          0.068               0.068               0.068               0.076
    crmr_nomean         srmr_mplus   srmr_mplus_nomean               cn_05
          0.076               0.068               0.068              71.064
          cn_01                 gfi                agfi                pgfi
         82.459               0.906               0.828               0.494
            mfi                ecvi
          0.789               0.875
```

⟨예 5.5⟩의 결과 중에서 주로 사용되는 적합도 지수들의 수치를 간단히 정리하면 다음과 같다.

χ^2	df	GFI	AGFI	CFI	TLI	RMSEA	SRMR
124.951	30	0.906	0.828	0.853	0.779	0.126	0.068

이 결과를 살펴보면 GFI를 제외한 대부분의 적합도 지수들이 기준에 미달하여 ⟨그림 5.5⟩의 모형설정에 문제가 있음을 나타내고 있다.

또한, 다음 ⟨예 5.6⟩의 결과에서 수정지수(modification indices)를 살펴보면 수정지수가 10보다도 큰 경로들이 여러 개 있음을 볼 수 있다.

⟨예 5.6⟩ 수정지수 출력 – 초기모형(Jobsatis.A)

```
> modificationIndices(Jobsatis.A.fit,sort=TRUE)
#--------------------------------------------------------------------------
          lhs op        rhs     mi     epc sepc.lv sepc.all sepc.nox
66    PERFORM =~ Jobsatis3 38.411   0.690   0.702    0.546    0.546
116 Jobsatis1 ~~ Jobsatis2 33.754   2.454   2.454    2.487    2.487
115  Perform1 ~~ Jobsatis3 33.243   0.380   0.380       NA       NA
118 Jobsatis2 ~~ Jobsatis3 14.829  -0.398  -0.398   -0.359   -0.359
63    PERFORM =~  Verbint1 13.981  -1.135  -1.154   -0.629   -0.629
48       TSSE =~ Jobsatis3 13.402   0.701   0.646    0.502    0.502
109  Verbint1 ~~  Perform1 11.479  -0.492  -0.492       NA       NA
127  JOBSATIS  ~   PERFORM  9.959   0.517   0.381    0.381    0.381
16   Verbint1 ~~  Verbint1  9.545   4.911   0.509    0.151    0.151
74    Achmot1 ~~   Achmot2  9.078   0.150   0.150    0.230    0.230
15    PERFORM ~~  JOBSATIS  8.661   0.222   0.491    0.491    0.491
95    Achmot3 ~~ Jobsatis1  8.184   0.264   0.264    0.242    0.242
79    Achmot1 ~~  Perform1  7.126  -0.122  -0.122       NA       NA
89    Achmot2 ~~ Jobsatis2  6.506  -0.183  -0.183   -0.258   -0.258
58    PERFORM =~   Achmot1  6.175  -0.198  -0.201   -0.204   -0.204
85    Achmot2 ~~     Tsse2  6.151   0.117   0.117    0.195    0.195
134   VERBINT  ~  JOBSATIS  5.302   9.935   8.108    8.108    8.108
138    ACHMOT  ~  JOBSATIS  5.300   1.335   3.438    3.438    3.438
128  JOBSATIS  ~      TSSE  5.299   3.002   2.002    2.002    2.002
124   VERBINT ~~  JOBSATIS  5.299  -4.454  -3.931   -3.931   -3.931
122      TSSE ~~  JOBSATIS  5.299   1.110   1.799    1.799    1.799
120    ACHMOT ~~  JOBSATIS  5.299  -0.598  -1.667   -1.667   -1.667
44       TSSE =~  Verbint1  5.298  -2.646  -2.437   -1.327   -1.327
130      TSSE  ~  JOBSATIS  5.297  -2.474  -3.709   -3.709   -3.709
112  Verbint1 ~~ Jobsatis3  5.273   0.308   0.308    0.351    0.351
80    Achmot1 ~~ Jobsatis1  5.061  -0.198  -0.198   -0.217   -0.217
90    Achmot2 ~~ Jobsatis3  4.943   0.158   0.158    0.162    0.162
82    Achmot1 ~~ Jobsatis3  4.143   0.152   0.152    0.149    0.149
110  Verbint1 ~~ Jobsatis1  4.007  -0.334  -0.334   -0.427   -0.427
78    Achmot1 ~~  Verbint1  3.298   0.283   0.283    0.479    0.479
133   VERBINT  ~   PERFORM  3.038   0.319   0.192    0.192    0.192
137    ACHMOT  ~   PERFORM  3.038   0.064   0.122    0.122    0.122
121      TSSE ~~   PERFORM  3.038  -0.116  -0.187   -0.187   -0.187
129      TSSE  ~   PERFORM  3.038  -0.255  -0.282   -0.282   -0.282
...
```

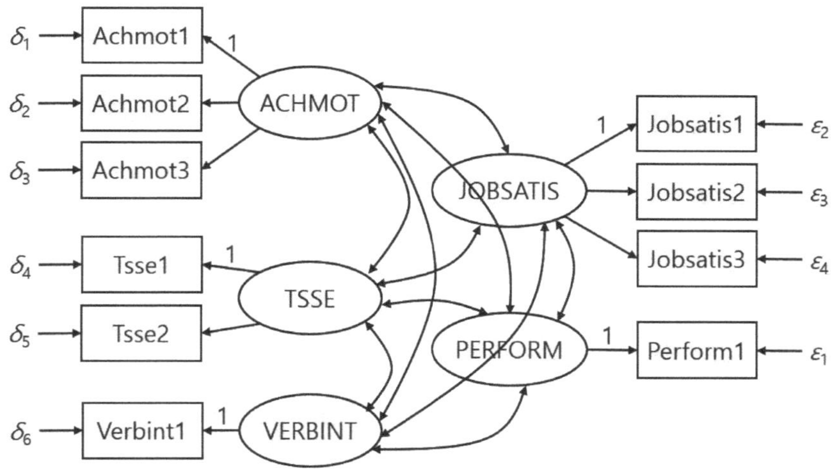

〈그림 5.7〉 확증적 인자모형 – Job_CFA.A

5.6 확증적 인자분석을 이용한 측정모형 평가

앞에서 설명하였듯이 잠재변수가 존재하는 구조방정식모형은 측정모형과 구조모형의 결합으로 구성된다. 측정모형(measurement model)은 관찰변수와 잠재변수들 간의 인과관계를 나타내는 것으로 잠재변수들이 관찰변수들을 통해 어떻게 측정되어지는가를 규정하며, 관찰된 변수들이 추상적·가설적 개념을 구축함에 있어 측정도구로서의 특성들이 관심대상이 된다. 여기에는 측정과정에서 불가피하게 수반되는 측정오차 등이 반영된다. 구조모형(structural model)은 잠재변수들 간의 인과관계를 나타내는 것으로 잠재변수들 간의 인과관계를 규정하며, 여기에는 모형을 통해 설명되어지지 않는 오차변이를 묘사하는 부분이 포함된다.

관찰변수와 잠재변수의 수가 많고 모형이 복잡한 구조를 가지는 경우, 모형의 적합도가 나쁠 때 모형수정을 위해 어떤 부분을 먼저 검토해야 하는지 판단하기 어려운 경우가 종종 있다. 이러한 경우 좋은 전략 중 하나는 측정모형과 구조모형을 구분하여 차례로 검토하는 것이다.

확증적 인자모형(confirmatory factor model)은 잠재변수들을 모두 외생변수로만 고려하는 모형이며, 따라서 모든 잠재변구들 간에 연관관계(양방향 화살표)로 설정되는 모형을 의미한다.

〈그림 5.7〉은 잠재변수들 간에 실제 이러한 관계가 있다는 것이 아니라, 다만 구조모형의 적합도가 가장 우수한 가상의 모형을 설정한 것뿐이다. 사실 적합도의 관점에서는 모형 〈그림 5.7〉에서 잠재변수들 간에 연관관계(양방향 화살표)를 설정하든 인과관계(단

방향 화살표)를 설정하든 아무 차이가 없는데, 이는 앞에서 설명한 바와 같이 동치모형의 관계가 있기 때문이다.

이와 같이 확증적 인자모형에서는 모든 잠재변수들이 서로 화살표로 연결되어 있으므로, 구조모형에서는 더 이상의 적합도 증가를 기대할 수 없게 된다. 따라서 확증적 인자모형의 적합도가 나쁘게 나타난다면, 측정모형 부분만을 살펴봄으로써 모형수정의 범위를 일단 좁힐 수 있다. 그리고 측정모형 부분에서 발생한 문제점을 충분히 수정한 후, 구조모형을 다시 원래대로 설정하고 수정지수 등을 이용하여 구조모형 부분에서의 문제점들을 검토해 나가면 될 것이다. 이와 같이 **확증적 인자분석**(CFA, confirmatory factor analysis)을 이용하면 측정모형을 평가하고 수정하는 작업을 조금 더 효율적으로 수행할 수 있다.

측정모형과 구조모형을 구분하여 검토하는 전략이 매우 유용하기는 하지만 반드시 필요한 것은 아니다. 간단한 모형에 대해서는 이러한 절차를 수행하지 않아도 모형수정을 쉽게 진행할 수 있는 경우도 있다. 또한, 어떤 이론모형은 잠재변수들 간에 모든 연관관계 또는 인과관계가 설정되어 있어서 확증적 인자모형과 동치인 경우도 있다.

sem 함수를 사용하여 확증적 인자분석을 수행할 경우 다음 ⟨예 5.7⟩에서와 같이 모형설정 부분에 측정모형만 지정하면 된다(외생 잠재변수들 간의 연관관계는 자동으로 모형에 포함된다).

⟨예 5.7⟩ 확증적 인자모형 (Job_CFA.A)

```
> library(lavaan)
> Job_CFA.A <-
+       '
+       # Measurement Model
+       ACHMOT =~ Achmot1 + Achmot2 + Achmot3
+       TSSE =~ Tsse1 + Tsse2
+       VERBINT =~ Verbint1
+       PERFORM =~ Perform1
+       JOBSATIS =~ Jobsatis1 + Jobsatis2 + Jobsatis3
+       '
> Job_CFA.A.fit <- sem(Job_CFA.A,data=Jobs)
> library(semPlot)
> semPaths(Job_CFA.A.fit,whatLabels="std",style="lisrel",nCharNodes=0)
> fitMeasures(Job_CFA.A.fit)
#------------------------------------------------------------------------
         npar              fmin             chisq                df
       28.000             0.270           107.882            27.000
       pvalue    baseline.chisq       baseline.df   baseline.pvalue
        0.000           689.456            45.000             0.000
```

```
            cfi                 tli                nnfi               rfi
          0.874               0.791               0.791             0.739
            nfi                pnfi                 ifi               rni
          0.844               0.506               0.878             0.874
           logl  unrestricted.logl                 aic               bic
      -2933.187           -2879.247            5922.375          6014.728
         ntotal                bic2               rmsea   rmsea.ci.lower
        200.000            5926.021               0.122             0.099
rmsea.ci.upper        rmsea.pvalue                 rmr       rmr_nomean
          0.147               0.000               0.094             0.094
           srmr       srmr_bentler srmr_bentler_nomean              crmr
          0.062               0.062               0.062             0.069
    crmr_nomean         srmr_mplus   srmr_mplus_nomean             cn_05
          0.069               0.062               0.062            75.365
          cn_01                 gfi                agfi              pgfi
         88.064               0.910               0.818             0.447
            mfi                ecvi
          0.817               0.819
```

〈그림 5.7〉의 확증적 인자모형에 대하여 주요 적합도 지수들의 수치를 간단히 정리하면 다음과 같다(예 5.7 참조).

χ^2	df	GFI	AGFI	CFI	TLI	RMSEA	SRMR
107.882	27	0.910	0.818	0.874	0.791	0.122	0.062

이 결과를 살펴보면 GFI를 제외한 대부분의 적합도 지수들이 기준에 미달하여 모형을 수정해야 할 필요가 있음을 나타내고 있다.

이와 같이 측정모형의 적합도가 좋지 않은 경우 우선 검토해야 할 부분은 인자적재값(요인부하량)과 수정지수이다.

〈예 5.8〉 계수 추정치 출력 (Job_CFA.A)

```
> summary(Job_CFA.A.fit,fit.measures=TRUE,rsquare=TRUE,
+     standardized=TRUE)
#--------------------------------------------------------------
Latent Variables:
                   Estimate  Std.Err  z-value  P(>|z|)   Std.lv  Std.all
  ACHMOT =~
    Achmot1           1.000                               0.658    0.667
    Achmot2           0.886    0.129    6.846    0.000    0.583    0.629
    Achmot3           0.109    0.123    0.885    0.376    0.072    0.072
```

```
  TSSE =~
    Tsse1          1.000                                  0.944    0.874
    Tsse2          0.815    0.081   10.089    0.000       0.769    0.714
  VERBINT =~
    Verbint1       1.000                                  1.837    1.000
  PERFORM =~
    Perform1       1.000                                  1.017    1.000
  JOBSATIS =~
    Jobsatis1      1.000                                  1.362    0.772
    Jobsatis2      0.899    0.089   10.100    0.000       1.225    0.802
    Jobsatis3      0.297    0.073    4.090    0.000       0.405    0.315
...
```

5.6.1 인자적재값 평가

⟨예 5.8⟩은 확증적 인자모형의 분석 결과 중 계수 추정치 등을 출력한 것이다. 여기에서 특히 인자적재값(factor loading, 요인부하량)을 면밀히 살펴볼 필요가 있다. 앞에서 설명한 바와 같이 인자적재값은 관찰변수와 잠재변수의 관련성을 나타내므로, 추정치가 통계적으로 유의하지 않거나 값이 너무 작다면 관찰변수가 잠재변수를 잘 측정하지 못한다는 의미를 가진다.

⟨예 5.8⟩의 결과를 살펴보면, 경로 'ACHMOT $\longrightarrow$ Achmot3'에 대한 추정치가 0.109이고 유의수준 5 %하에서 유의하지 않음을 볼 수 있다(p-값=0.376). 또한, 이 경로에 대한 표준화추정치가 0.072로서 매우 작음을 볼 수 있다(표준화추정치는 Std.all 부분에 제시되어 있다).

그리고 관찰변수들의 상관행렬을 살펴보면(표 5.1 참조), 변수 Achmot3가 동일한 잠재변수를 측정하는 것으로 규정되어 있는 Achmot1, Achmot2와 매우 작은 음의 상관계수(−0.029, −0.002)를 가진다는 것을 볼 수 있다.

이와 같은 결과들을 관찰변수 Achmot3가 잠재변수 ACHMOT를 제대로 측정하지 못함을 나타낸다고 하겠다.

인자적재값(요인부하량)의 표준화추정치에 대하여 여러 가지 경험적인 견해가 있으나, 일반적으로 적어도 0.3 이상은 되어야 하고, 0.5보다 크면 좋은 정도, 0.7보다 크면 상당히 좋은 정도로 해석될 수 있다.

한편, 이 사례에서는 경로 'JOBSATIS $\longrightarrow$ Jobsatis3'에 대한 표준화추정치도 0.315로서 작은 편이라는 것을 볼 수 있다(유의수준 5 %하에서 유의하기는 하지만).

⟨예 5.9⟩ 수정지수 출력 (Job_CFA.A)

```
> modificationIndices(Job_CFA.A.fit,sort=TRUE)
#-----------------------------------------------------------------------
          lhs op        rhs     mi    epc sepc.lv sepc.all sepc.nox
118 Jobsatis1 ~~ Jobsatis2 49.051  2.491   2.491    2.437    2.437
117  Perform1 ~~ Jobsatis3 44.633  0.431   0.431       NA       NA
68    PERFORM =~ Jobsatis3 36.957  0.726   0.739    0.575    0.575
120 Jobsatis2 ~~ Jobsatis3 21.532 -0.478  -0.478   -0.429   -0.429
97    Achmot3 ~~ Jobsatis1  8.916  0.275   0.275    0.246    0.246
50       TSSE =~ Jobsatis3  8.730  0.525   0.496    0.386    0.386
114  Verbint1 ~~ Jobsatis3  7.941  0.382   0.382       NA       NA
91    Achmot2 ~~ Jobsatis2  7.321 -0.189  -0.189   -0.287   -0.287
92    Achmot2 ~~ Jobsatis3  6.609  0.177   0.177    0.201    0.201
84    Achmot1 ~~ Jobsatis3  6.004  0.176   0.176    0.196    0.196
82    Achmot1 ~~ Jobsatis1  5.699 -0.204  -0.204   -0.248   -0.248
87    Achmot2 ~~     Tsse2  5.203  0.106   0.106    0.195    0.195
119 Jobsatis1 ~~ Jobsatis3  5.144 -0.271  -0.271   -0.198   -0.198
76    Achmot1 ~~   Achmot2  4.942  0.936   0.936    1.767    1.767
112  Verbint1 ~~ Jobsatis1  4.327 -0.356  -0.356       NA       NA
83    Achmot1 ~~ Jobsatis2  4.279  0.154   0.154    0.230    0.230
86    Achmot2 ~~     Tsse1  3.068 -0.078  -0.078   -0.206   -0.206
77    Achmot1 ~~   Achmot3  2.841 -0.101  -0.101   -0.137   -0.137
93    Achmot3 ~~     Tsse1  2.397 -0.078  -0.078   -0.149   -0.149
...
```

5.6.2 수정지수 검토

⟨예 5.9⟩는 확증적 인자모형의 분석 결과 중 수정지수를 출력한 것이다. 수정지수는 실제 데이터의 구조 중에서 모형이 제대로 표현하지 못하는 부분을 탐색할 수 있도록 도움을 준다. 여기에서 수정지수가 매우 큰 경로들을 살펴보면 '$\epsilon_2 \longleftrightarrow \epsilon_3$', '$\epsilon_1 \longleftrightarrow \epsilon_4$', 'PERFORM $\longrightarrow$ Jobsatis3', '$\epsilon_3 \longleftrightarrow \epsilon_4$' 등이며, 이들은 대부분 관찰변수 Jobsatis3와 관련이 있다.[6]

또한, 관찰변수들의 상관행렬을 살펴보면(표 5.1 참조), 변수 Jobsatis3이 동일한 잠재변수를 측정하는 것으로 규정되어 있는 Jobsatis1, Jobsatis2와 매우 작은 상관계수(0.165, 0.111)를 가진다는 것을 볼 수 있다. 오히려 변수 Jobsatis3은 변수 Perform1과 높은 상관계수(0.487)를 가지고 있음을 볼 수 있다.

이와 같은 결과들은 관찰변수 Jobsatis3가 잠재변수 JOBSATIS를 잘 측정한다고 주장하기 어렵다는 것을 나타낸다.

[6]예 5.9의 결과에서 대응되는 오차변수들 간의 연관관계는 ~~ 기호로 표현되어 있으며, 잠재변수와 관찰변수 간의 인과관계는 =~ 기호로 표현되어 있다.

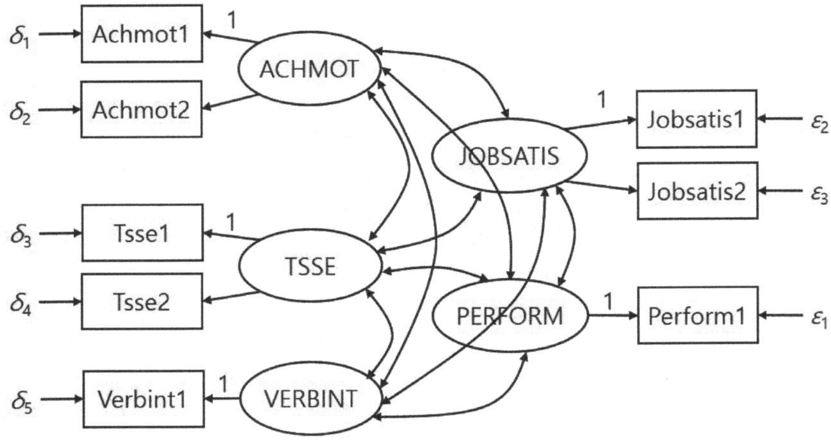

〈그림 5.8〉 확증적 인자모형 – 수정모형(Job_CFA.B)

5.6.3 측정모형 수정

이와 같이 확증적 인자분석을 통해 측정모형을 검토함으로써 문제를 발생시키는 관찰변수들을 찾아낼 수 있다. 이때 실제적으로 가능하다면 다른 관찰변수들을 도입하여 관련된 측정모형을 수정할 수도 있고, 문제가 되는 관찰변수들을 제거하여 측정모형을 수정할 수도 있다. 그러나 측정모형을 수정하면 잠재변수의 의미가 달라지므로 관련된 내용들을 충분히 검토하여 신중하게 판단해야 한다.

여기에서는 앞에서 문제가 되었던 두 개의 관찰변수 Achmot3과 Jobsatis3을 제거해 보기로 한다(그림 5.8 참조).

〈예 5.10〉 확증적 인자모형 (Job_CFA.B)

```
> library(lavaan)
> Job_CFA.B <-
+      '
+      # Measurement Model
+      ACHMOT =~ Achmot1 + Achmot2
+      TSSE =~ Tsse1 + Tsse2
+      VERBINT =~ Verbint1
+      PERFORM =~ Perform1
+      JOBSATIS =~ Jobsatis1 + Jobsatis2
+      '
> Job_CFA.B.fit <- sem(Job_CFA.B,data=Jobs)
> library(semPlot)
> semPaths(Job_CFA.B.fit,whatLabels="std",style="lisrel",nCharNodes=0)
> fitMeasures(Job_CFA.B.fit)
```

```
#-----------------------------------------------------------------------
             npar                fmin               chisq                  df
           24.000               0.045              18.190              12.000
           pvalue      baseline.chisq         baseline.df   baseline.pvalue
            0.110             584.662              28.000               0.000
              cfi                 tli                nnfi                 rfi
            0.989               0.974               0.974               0.927
              nfi                pnfi                 ifi                 rni
            0.969               0.415               0.989               0.989
             logl   unrestricted.logl                 aic                 bic
        -2322.790           -2313.695            4693.580            4772.739
           ntotal                bic2               rmsea      rmsea.ci.lower
          200.000            4696.705               0.051               0.000
   rmsea.ci.upper        rmsea.pvalue                 rmr          rmr_nomean
            0.095               0.441               0.046               0.046
             srmr        srmr_bentler srmr_bentler_nomean                crmr
            0.027               0.027               0.027               0.030
      crmr_nomean         srmr_mplus   srmr_mplus_nomean               cn_05
            0.030               0.027               0.027             232.177
            cn_01                 gfi                agfi                pgfi
          289.250               0.978               0.933               0.326
              mfi                ecvi
            0.985               0.331
```

수정된 확증적 인자모형에 대하여 주요 적합도 지수들을 살펴보면(예 5.10 참조), 대부분의 적합도 지수들이 우수함을 볼 수 있다.

χ^2	df	GFI	AGFI	CFI	TLI	RMSEA	SRMR
18.109	12	0.978	0.933	0.989	0.974	0.051	0.027

〈예 5.11〉 수정지수 출력 (Job_CFA.B)

```
> modificationIndices(Job_CFA.B.fit,sort=TRUE)
#-----------------------------------------------------------------------
           lhs op       rhs     mi    epc sepc.lv sepc.all sepc.nox
         lhs op       rhs    mi    epc sepc.lv sepc.all sepc.nox
76  Achmot2 ~~ Jobsatis2 6.590 -0.174  -0.174   -0.293   -0.293
70  Achmot1 ~~ Jobsatis2 6.569  0.186   0.186    0.310    0.310
72  Achmot2 ~~     Tsse2 5.205  0.107   0.107    0.196    0.196
69  Achmot1 ~~ Jobsatis1 3.634 -0.157  -0.157   -0.197   -0.197
...
```

⟨예 5.11⟩은 분석 결과 중 수정지수(modification indices)를 출력한 것이다. 이 결과를 살펴보면 특별히 큰 수정지수를 갖는 추가적인 경로가 없다는 것을 볼 수 있다.

다음 ⟨예 5.12⟩는 분석 결과 중 계수 추정치 등을 출력한 것이다. 이 결과를 살펴보면 측정모형의 모든 인자적재값들이 유의수준 5 %하에서 유의하며, 표준화추정치도 모두 0.5보다 큰 것을 볼 수 있다.

⟨예 5.12⟩ 계수 추정치 출력 (Job_CFA.B)

```
> summary(Job_CFA.B.fit,fit.measures=TRUE,rsquare=TRUE,
+       standardized=TRUE)
#-------------------------------------------------------------------
Latent Variables:
                   Estimate  Std.Err  z-value  P(>|z|)   Std.lv  Std.all
  ACHMOT =~
    Achmot1           1.000                               0.667    0.676
    Achmot2           0.879    0.131    6.730    0.000    0.586    0.632
  TSSE =~
    Tsse1             1.000                               0.943    0.874
    Tsse2             0.816    0.081   10.117    0.000    0.770    0.714
  VERBINT =~
    Verbint1          1.000                               1.837    1.000
  PERFORM =~
    Perform1          1.000                               1.017    1.000
  JOBSATIS =~
    Jobsatis1         1.000                               1.378    0.781
    Jobsatis2         0.933    0.092   10.099    0.000    1.285    0.842
Covariances:
                   Estimate  Std.Err  z-value  P(>|z|)   Std.lv  Std.all
  ACHMOT ~~
    TSSE              0.359    0.073    4.910    0.000    0.570    0.570
    VERBINT          -0.743    0.133   -5.594    0.000   -0.606   -0.606
    PERFORM           0.202    0.065    3.117    0.002    0.298    0.298
    JOBSATIS          0.548    0.113    4.872    0.000    0.596    0.596
  TSSE ~~
    VERBINT          -0.664    0.145   -4.582    0.000   -0.383   -0.383
    PERFORM           0.689    0.091    7.545    0.000    0.718    0.718
    JOBSATIS          0.901    0.143    6.289    0.000    0.693    0.693
  VERBINT ~~
    PERFORM          -0.521    0.137   -3.799    0.000   -0.279   -0.279
    JOBSATIS         -0.398    0.204   -1.953    0.051   -0.157   -0.157
  PERFORM ~~
    JOBSATIS          0.808    0.134    6.037    0.000    0.577    0.577
```

〈표 5.2〉 잠재변수들 간의 상관계수

	ACHMOT	TSSE	VERBINT	PERFORM	JOBSATIS
ACHMOT	1				
TSSET	0.570*	1			
VERBINT	−0.606*	−0.383*	1		
PERFORM	0.298*	0.718*	−0.279*	1	
JOBSATIS	0.596*	0.693*	−0.157	0.577*	1

* 유의수준 5 %하에서 통계적으로 유의함.

5.6.4 잠재변수들 간의 상관계수

확증적 인자모형을 분석함으로써 얻을 수 있는 이점 중 하나는 잠재변수들 간의 상관계수를 살펴볼 수 있다는 것이다(상관계수는 Covariances 영역의 Std.all 부분에 출력되어 있다).[7]

〈표 5.2〉는 수정된 확증적 인자모형(그림 5.8)의 결과 중 잠재변수들 간의 상관계수를 요약한 것이다(예 5.12 참조). 예를 들어, 잠재변수 VERBINT는 다른 잠재변수들과 음의 상관계수를 가진다는 것을 볼 수 있다. 그리고 VERBINT와 JOBSATIS의 상관계수를 제외하고는 모든 상관계수가 유의수준 5 %하에서 유의함을 볼 수 있다.

이와 같이 잠재변수들 간의 상관계수를 살펴봄으로써, 이후 구조모형을 구축하고 수정하는 데 있어서 유용한 정보들을 얻을 수 있다.

5.7 분석 사례 – 측정모형 수정

이제 초기모형(그림 5.5)에서 두 개의 관찰변수를 삭제하고 〈그림 5.9〉와 같은 수정모형을 구축해 보자.

〈예 5.13〉 수정모형 1 (Jobsatis.B)

```
> library(lavaan)
> Jobsatis.B <-
+      '
+      # Measurement Model
+      ACHMOT =~ Achmot1 + Achmot2
+      TSSE =~ Tsse1 + Tsse2
```

[7] 상관계수는 공분산의 표준화추정치라고 할 수 있으므로, 상관계수의 유의성 검정을 위하여 z-값 및 p-값은 공분산에 해당하는 것을 사용할 수 있다.

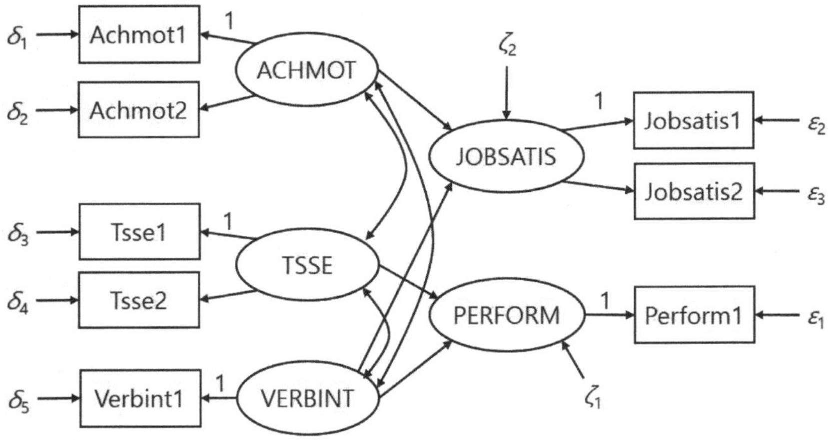

⟨그림 5.9⟩ '직업 만족도' 모형 – 수정모형 1(Jobsatis.B)

```
+      VERBINT =~ Verbint1
+      PERFORM =~ Perform1
+      JOBSATIS =~ Jobsatis1 + Jobsatis2
+      # Structural Model
+      PERFORM ~ TSSE + VERBINT
+      JOBSATIS ~ ACHMOT + VERBINT
+      # Error Covariance
+      PERFORM ~~ 0*JOBSATIS
+      # Error Variance
+      Verbint1 ~~ 0.509*Verbint1
+      Perform1 ~~ 0*Perform1
+      '
> Jobsatis.B.fit <- sem(Jobsatis.B,data=Jobs)
> library(semPlot)
> semPaths(Jobsatis.B.fit,whatLabels="std",style="lisrel",nCharNodes=0)
> fitMeasures(Jobsatis.B.fit)
#------------------------------------------------------------------------
Warning message:
In lav_object_post_check(object) :
  lavaan WARNING: some estimated lv variances are negative
          npar                fmin               chisq                  df
        21.000               0.087              34.929              15.000
        pvalue      baseline.chisq         baseline.df   baseline.pvalue
         0.003             584.662              28.000               0.000
           cfi                 tli                nnfi                 rfi
         0.964               0.933               0.933               0.888
...
```

〈그림 5.9〉의 모형에 대하여 주요 적합도 지수들을 요약하면 다음과 같다(예 5.13 참조). 이 결과를 살펴보면 대부분의 적합도 지수들이 비교적 우수한 편임을 볼 수 있다.

χ^2	df	GFI	AGFI	CFI	TLI	RMSEA	SRMR
34.929	15	0.960	0.904	0.964	0.933	0.081	0.040

다음 〈예 5.14〉는 수정모형 1(그림 5.9)에 대한 분석 결과 중 계수 추정치 등을 출력한 것이다. 여기에서 내생 잠재변수 JOBSATIS에 대응되는 오차변수(ζ_2)의 분산이 음수로 추정되었다는 것을 볼 수 있다(예 5.13에는 경고 메시지가 출력되어 있다). 따라서 이와 관련된 부분을 수정할 필요가 있다는 것을 알 수 있다.

〈예 5.14〉 계수 추정치 출력 – 수정모형 1(Jobsatis.B)

```
> summary(Jobsatis.B.fit,fit.measures=TRUE,rsquare=TRUE,
+     standardized=TRUE)
#---------------------------------------------------------------------
Regressions:
                   Estimate  Std.Err  z-value  P(>|z|)   Std.lv  Std.all
  PERFORM ~
    TSSE              0.819    0.087    9.435    0.000    0.749    0.749
    VERBINT           0.019    0.041    0.454    0.650    0.031    0.031
  JOBSATIS ~
    ACHMOT            4.486    1.107    4.052    0.000    1.768    1.768
    VERBINT           1.039    0.312    3.331    0.001    1.274    1.274
...
Variances:
                   Estimate  Std.Err  z-value  P(>|z|)   Std.lv  Std.all
   .Verbint1          0.509                               0.509    0.151
   .Perform1          0.000                               0.000    0.000
...
    TSSE              0.864    0.124    6.952    0.000    1.000    1.000
    VERBINT           2.862    0.337    8.490    0.000    1.000    1.000
   .PERFORM           0.473    0.061    7.721    0.000    0.458    0.458
   .JOBSATIS         -0.132    0.372   -0.355    0.723   -0.069   -0.069

R-Square:
                   Estimate
    Verbint1          0.849
    Perform1          1.000
...
    PERFORM           0.542
    JOBSATIS             NA
```

〈예 5.15〉 수정지수 출력 – 수정모형 1(Jobsatis.B)

```
> > modificationIndices(Jobsatis.B.fit,sort=TRUE)
#-----------------------------------------------------------------
          lhs op       rhs     mi     epc sepc.lv sepc.all sepc.nox
53    PERFORM =~  Verbint1 13.862  -1.129  -1.148   -0.625   -0.625
14   Verbint1 ~~  Verbint1 11.909   5.622   0.509    0.151    0.151
84   Verbint1 ~~  Perform1 10.605  -0.488  -0.488       NA       NA
105   VERBINT  ~  JOBSATIS  8.452  38.848  31.697   31.697   31.697
109    ACHMOT  ~  JOBSATIS  8.447   5.383  13.659   13.659   13.659
101      TSSE  ~  JOBSATIS  8.443 -10.053 -14.931  -14.931  -14.931
99   JOBSATIS  ~      TSSE  8.442   3.624   2.440    2.440    2.440
62    Achmot1 ~~   Achmot2  8.442   0.144   0.144    0.224    0.224
38       TSSE =~  Verbint1  8.442  -3.487  -3.240   -1.765   -1.765
93       TSSE ~~  JOBSATIS  8.442   1.327   3.931    3.931    3.931
91     ACHMOT ~~  JOBSATIS  8.441  -0.711  -3.595   -3.595   -3.595
95    VERBINT ~~  JOBSATIS  8.441  -5.127  -8.340   -8.340   -8.340
98   JOBSATIS  ~   PERFORM  7.729   0.436   0.321    0.321    0.321
66    Achmot1 ~~  Perform1  6.544  -0.118  -0.118       NA       NA
49    PERFORM =~   Achmot1  6.391  -0.201  -0.204   -0.207   -0.207
...
```

〈예 5.15〉는 수정모형 1(그림 5.9)에 대한 분석 결과 중 수정지수를 출력한 것이다. 여기에서 인과관계에 대한 것들을 살펴보면 'VERBINT ⟵ JOBSATIS', 'ACHMOT ⟵ JOBSATIS', ⋯, 'JOBSATIS ⟵ PERFORM' 등에 대한 수정지수들이 약간 크다는 것을 볼 수 있다. 이 사례에서는 경로 'JOBSATIS ⟵ PERFORM'에 대응하는 회귀계수를 추가해 보기로 하자.

그리고 〈예 5.14〉에서 경로 'PERFORM ⟵ VERBINT'에 대한 p-값이 0.650으로써 통계적으로 유의하지 않음을 볼 수 있다. 따라서 이 경로를 모형에서 제거하기로 하자.

5.8 분석 사례 – 구조모형 수정

이제 수정모형 1(그림 5.9)에서 경로 'JOBSATIS ⟵ PERFORM'를 추가하고, 경로 'PERFORM ⟵ VERBINT'를 제거하여 〈그림 5.10〉과 같은 수정모형을 구축해 보자.

이 사례에서는 모수를 추가하고 제거하는 작업을 한꺼번에 수행하였지만, 4장에서도 언급하였듯이 일반적으로 모형수정의 매 단계는 한 번에 하나씩 수정하여 모형을 구축하는 것이 바람직하다. 물론 어느 정도의 단계에서 모형수정을 종료하고 최종모형을 구축할 것인지는 연구자가 판단할 문제이다.

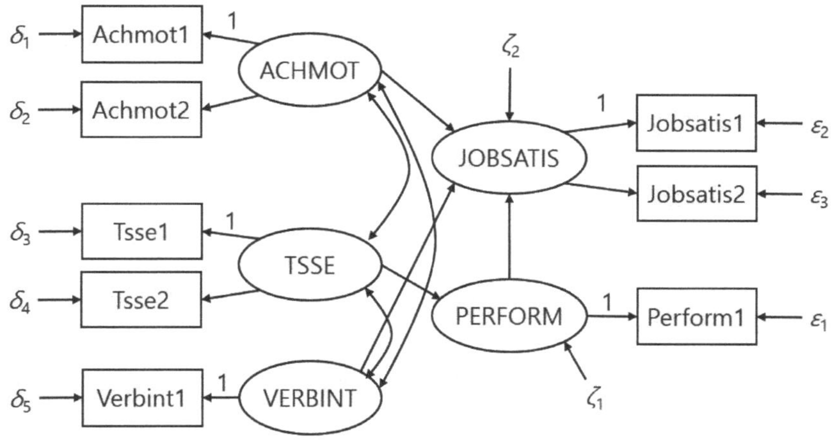

〈그림 5.10〉 '직업 만족도' 모형 – 수정모형 2(Jobsatis.C)

〈예 5.16〉 수정모형 2 (Jobsatis.C)

```
> library(lavaan)
> Jobsatis.C <-
+     '
+     # Measurement Model
+     ACHMOT =~ Achmot1 + Achmot2
+     TSSE =~ Tsse1 + Tsse2
+     VERBINT =~ Verbint1
+     PERFORM =~ Perform1
+     JOBSATIS =~ Jobsatis1 + Jobsatis2
+     # Structural Model
+     PERFORM ~ TSSE
+     JOBSATIS ~ ACHMOT + VERBINT + PERFORM
+     # Error Variance
+     Verbint1 ~~ 0.509*Verbint1
+     Perform1 ~~ 0*Perform1
+     '
> Jobsatis.C.fit <- sem(Jobsatis.C,data=Jobsatis)
> library(semPlot)
> semPaths(Jobsatis.C.fit,whatLabels="std",style="lisrel",nCharNodes=0)
> fitMeasures(Jobsatis.C.fit)
#------------------------------------------------------------------------
         npar            fmin           chisq              df
       21.000           0.066          26.315          15.000
       pvalue  baseline.chisq     baseline.df baseline.pvalue
        0.035         584.662          28.000           0.000
          cfi             tli            nnfi             rfi
        0.980           0.962           0.962           0.916
```

```
            nfi                pnfi                 ifi               rni
          0.955               0.512               0.980             0.980
           logl  unrestricted.logl                 aic               bic
      -2326.852           -2313.695            4695.704          4764.969
         ntotal                bic2               rmsea  rmsea.ci.lower
        200.000            4698.438               0.061             0.016
 rmsea.ci.upper       rmsea.pvalue                 rmr        rmr_nomean
          0.099               0.283               0.058             0.058
           srmr       srmr_bentler srmr_bentler_nomean              crmr
          0.038               0.038               0.038             0.042
    crmr_nomean         srmr_mplus   srmr_mplus_nomean             cn_05
          0.042               0.037               0.037           190.975
          cn_01                 gfi                agfi              pgfi
        233.401               0.970               0.927             0.404
            mfi                ecvi
          0.972               0.342
```

⟨그림 5.10⟩의 모형에 대하여 주요 적합도 지수들을 요약한 표가 아래에 제시되어 있다. 여기에서는 수정모형 2(그림 5.10)와 수정모형 1(그림 5.9)을 비교하기 위하여 몇 개의 간명 적합도 지수와 정보기준에 근거한 적합도 지수들을 함께 제시하였다.

	χ^2	df	GFI	TLI	RMSEA	PNFI	ECVI
수정모형 1	34.929	15	0.960	0.933	0.082	0.504	0.385
수정모형 2	26.315	15	0.970	0.962	0.061	0.512	0.342

수정모형 2(그림 5.10)의 경우 $\chi^2 = 26.315$, df = 15로서 표준카이제곱 값이 1.754(= 26.315/15)이며, GFI, TLI, RMSEA 등 거의 모든 적합도 지수들이 매우 우수한 것을 알 수 있다. 또한, PNFI 등 간명 적합도 지수들과 ECVI 등 정보기준에 근거한 적합도 지수들이 수정모형 1(그림 5.9)에 비하여 좋아졌음을 볼 수 있다.

⟨예 5.17⟩ 계수 추정치 출력 – 수정모형 2(Jobsatis.C)

```
> summary(Jobsatis.C.fit,fit.measures=TRUE,rsquare=TRUE,
+      standardized=TRUE)
#-----------------------------------------------------------------
Latent Variables:
                   Estimate  Std.Err  z-value  P(>|z|)   Std.lv  Std.all
  ACHMOT =~
    Achmot1           1.000                               0.602    0.611
    Achmot2           0.894    0.137    6.519    0.000    0.538    0.580
  TSSE =~
```

```
    Tsse1           1.000                                 0.962    0.891
    Tsse2           0.795    0.080    9.888    0.000     0.765    0.710
  VERBINT =~
    Verbint1        1.000                                 1.693    0.922
  PERFORM =~
    Perform1        1.000                                 1.017    1.000
  JOBSATIS =~
    Jobsatis1       1.000                                 1.397    0.786
    Jobsatis2       0.929    0.090   10.279    0.000     1.298    0.843
Regressions:
                 Estimate  Std.Err  z-value  P(>|z|)   Std.lv  Std.all
  PERFORM ~
    TSSE            0.739    0.076    9.667    0.000     0.699    0.699
  JOBSATIS ~
    ACHMOT          2.554    0.670    3.812    0.000     1.101    1.101
    VERBINT         0.606    0.184    3.298    0.001     0.735    0.735
    PERFORM         0.436    0.124    3.528    0.000     0.317    0.317
Covariances:
                 Estimate  Std.Err  z-value  P(>|z|)   Std.lv  Std.all
  ACHMOT ~~
    TSSE            0.375    0.071    5.277    0.000     0.647    0.647
    VERBINT        -0.747    0.131   -5.690    0.000    -0.733   -0.733
  TSSE ~~
    VERBINT        -0.662    0.144   -4.583    0.000    -0.406   -0.406
Variances:
                 Estimate  Std.Err  z-value  P(>|z|)   Std.lv  Std.all
   .Verbint1        0.509                                 0.509    0.151
   .Perform1        0.000                                 0.000    0.000
   .Achmot1         0.610    0.073    8.332    0.000     0.610    0.627
   .Achmot2         0.570    0.066    8.625    0.000     0.570    0.663
   .Tsse1           0.240    0.069    3.466    0.001     0.240    0.206
...
R-Square:
                 Estimate
    Verbint1        0.849
    Perform1        1.000
    Achmot1         0.373
    Achmot2         0.337
    Tsse1           0.794
    Tsse2           0.504
    Jobsatis1       0.618
    Jobsatis2       0.711
    PERFORM         0.489
    JOBSATIS        0.852
```

〈표 5.3〉 수정모형 2(Jobsatis_C) – 측정모형의 인자적재값

잠재변수	관찰변수	인자적재값	표준화추정치	p-값	SMC(R^2)
ACHMOT	Achmot1	1.000	0.611	–	0.373
	Achmot2	0.894	0.580	<.001	0.337
TSSE	Tsse1	1.000	0.891	–	0.794
	Tsse2	0.795	0.710	<.001	0.504
VERBINT	Verbint1	1.000	0.922	–	0.850
PERFORM	Perform1	1.000	1.000	–	1.000
JOBSATIS	Jobsatis1	1.000	0.786	–	0.618
	Jobsatis2	0.929	0.843	<.001	0.711

5.9 경로계수들에 대한 요약과 해석

최종적으로 모형이 선택되면 개별 모수(경로계수 및 공분산)들의 추정치에 대하여 통계적 유의성을 평가하고, 각 추정치들의 부호와 크기를 고려하여 그 의미를 해석할 필요가 있다.

5.9.1 측정모형에 대한 요약과 해석

〈표 5.3〉에는 수정모형 2(그림 5.10)의 측정모형에 대하여 인자적재값(요인부하량)에 대한 추정치, 표준화추정치, p-값, SMC(R^2)가 요약되어 있다(예 5.17 참조).

먼저 인자적재값의 표준화추정치는 모두 0.5보다 크며 유의수준 5 %하에서 통계적으로 유의하다.[8] 만약 인자적재값이 유의하지 않으면 측정의 신뢰도가 의심되므로 주의가 필요하다.

각 관찰변수에 대한 SMC(R^2)는 잠재변수에 대한 측정의 신뢰도 크기를 의미하는데(측정모형에서 각 관찰변수의 SMC는 표준화추정치의 제곱과 같게 된다. 즉, 측정오차가 '1−SMC'로 추정된다), 이 결과에서는 SMC가 대부분 0.3보다 크다는 것을 볼 수 있다. 그리고 관찰변수 Verbint1에 대하여 단일지사자 문제로 인하여 신뢰도 0.85를 적용하였으므로 SMC(Verbint1) = 0.85가 출력되어 있으며, 관칠변수 Perform1에 대하여는 오차변수의 분산을 0으로 고정하였기 때문에 SMC(Perform1) = 1이 출력되어 있다(5.4절 참조).

[8]잠재변수의 측정단위 규정을 위해 인자적재값이 1로 고정되어 있는 경로에 대해서는 p-값이 출력되지 않는다. 이 경우 표준화추정치의 상대적 크기로 인자적재값의 신뢰도를 평가할 수 있다.

〈표 5.4〉 수정모형 2(Jobsatis_C) – 구조모형의 경로계수 추정치

A. 회귀계수 (Regression Weight)

내생변수	설명변수	추정치	표준화추정치	p-값	SMC(R^2)
PERFORM	TSSE	0.739	0.699	<.001	0.489
JOBSATIS	ACHMOT	2.554	1.101	<.001	0.852
	VERBINT	0.606	0.735	.001	
	PERFORM	0.436	0.317	<.001	

B. 공분산 (Covariance)

외생변수		공분산	상관계수	p-값
ACHMOT	TSSE	0.375	0.647	<.001
ACHMOT	VERBINT	−0.747	−0.733	<.001
TSSE	VERBINT	−0.662	−0.406	<.001

5.9.2 구조모형에 대한 요약과 해석

〈표 5.4〉는 수정모형 2(그림 5.10)의 구조모형에 대하여 추정치, 표준화추정치, p-값, SMC(R^2) 등을 요약한 것이다(예 5.17 참조). 특히 p-값을 살펴보면 모든 추정치들이 유의수준 5 %하에서 유의함을 볼 수 있다.[9] 또한, 내생변수 PERFORM는 설명변수 TSSE에 의해 변이 중 48.9 %가 설명되며, 내생변수 JOBSATIS는 세 개의 설명변수들에 의해 변이 중 85.2 %가 설명된다는 것을 볼 수 있다.

5.10 정규분포를 따르지 않는 데이터의 경우

구조방정식모형에 대한 계수들을 추정할 때 기본이 되는 추정법은 최대우도(maximum likelihood) 방법이며, 이 추정법은 관찰변수들이 모두 정규분포를 따를 때 타당한 방법이다(자세한 내용은 부록을 참조하여라). 정규분포로부터의 작은 이탈에는 최대우도법이 잘 작동하는 것으로 알려져 있으나, 관찰변수들 중 일부가 정규분포로부터 심하게 이탈되어 있는 경우에는 최대우도법에 의한 추정치가 올바르지 않을 수 있다.

〈그림 5.11〉과 같은 구조방정식모형을 고려하자. 이 모형은 다음과 같은 외생 및 내생 잠재변수, 관찰변수, 오차변수들로 구성되어 있다. 이 사례에서 사용되는 데이터는 'Satisfact.csv'이다.

[9] 측정모형과 구조모형의 추정치에 대한 해석시 각 잠재변수에 대한 참조변수가 무엇인지를 고려해야 한다(5.3절 참조). 즉, 측정모형과 구조모형의 추정치는 참조변수에 따라 달라진다. 반면, 표준화추정치는 참조변수가 무엇인지에 의존하지 않고 동일하게 된다.

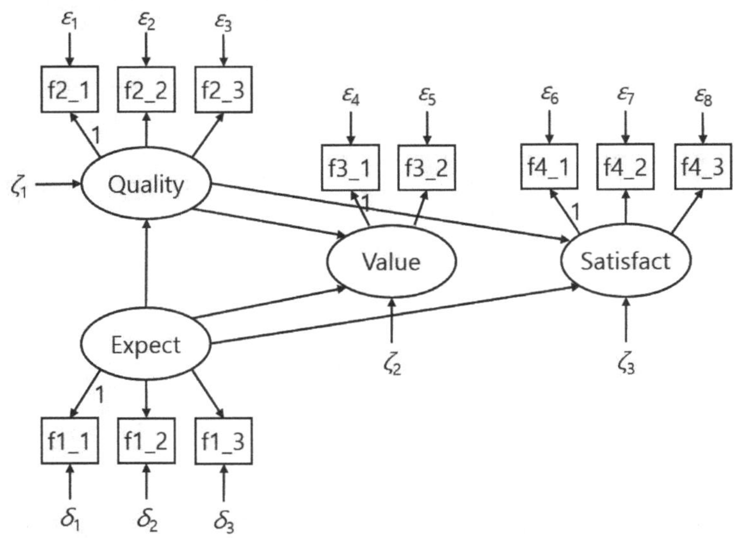

〈그림 5.11〉 '고객만족' 모형 – 초기모형(Satisfact.A)

- 외생 잠재변수(Exogenous Latent Variable)
  - Expect(기대수준)
- 내생 잠재변수(Endogenous Latent Variable)
  - Quality(인지품질), Value(인지가치), Satisfact(고객만족)
- 관찰변수(Observed Variable)
  - Expect(기대수준): f1_1(품질기대), f1_2(요구기대), f1_3(문제기대)
  - Quality(인지품질): f2_1(품질평가), f2_2(요구평가), f2_3(문제평가)
  - Value(인지가치): f3_1(가격가치), f3_2(품질가치),
  - Satisfact(고객만족): f4_1(전반적 만족), f4_2(기대 대비 만족), f4_3(이상 대비 만족)
- 내생 오차변수(Endogenous Error Variable)
  - $\zeta_1, \zeta_2, \zeta_3$
- 측정 오차변수(Measurement Error Variable)
  - $\delta_1, \delta_2, \delta_3, \epsilon_1, \epsilon_2, \epsilon_3, \cdots$

5.10.1 정규성 검토

〈예 5.18〉은 관찰변수들에 대하여 기술통계량 및 정규성 평가의 결과를 출력한 것이다(일부 생략). 여기에서 왜도와 첨도의 표준화 값을 살펴보면, 대부분의 변수에 대한 절댓값이 3보다 훨씬 커서 정규분포로부터 심하게 벗어나 있음을 알 수 있다(2.2.3절 참조).

〈예 5.18〉 기술통계량 및 왜도와 첨도의 표준화 값 출력

```
> Satisfact <- read.csv("E:/My_Work/Data/Satisfact.csv",header=TRUE)
> library(psych)
> Satis.desc <- describe(Satisfact[c("f1_1","f1_2","f1_3","f2_1",
+     "f2_2","f2_3","f3_1","f3_2","f4_1","f4_2","f4_3")])
> Satis.desc$skew.z <- Satis.desc$skew/sqrt(6/Satis.desc$n)
> Satis.desc$kurt.z <- Satis.desc$kurtosis/sqrt(24/Satis.desc$n)
> Satis.desc
#-----------------------------------------------------------------------
       n mean   sd median  min max range  skew kurtosis skew.z kurt.z
f1_1 900 0.82 0.16   0.78 0.00   1  1.00 -1.10     2.08 -13.44  12.76
f1_2 900 0.83 0.15   0.89 0.00   1  1.00 -0.98     1.55 -11.95   9.48
f1_3 900 0.86 0.16   0.89 0.00   1  1.00 -1.42     3.25 -17.43  19.92
...
f3_1 900 0.71 0.19   0.78 0.00   1  1.00 -0.57     0.11  -6.92   0.70
f3_2 900 0.72 0.16   0.78 0.11   1  0.89 -0.58     0.09  -7.08   0.58
f4_1 900 0.75 0.16   0.78 0.00   1  1.00 -0.89     1.38 -10.93   8.46
f4_2 900 0.72 0.18   0.78 0.00   1  1.00 -0.77     0.61  -9.38   3.73
f4_3 900 0.71 0.17   0.78 0.00   1  1.00 -0.84     1.32 -10.33   8.11
```

5.10.2 WLS(가중최소제곱) 방법

대부분의 소프트웨어와 마찬가지로 lavaan 패키지에서는 최대우도법 이외에도 여러 가지 추정방법들을 제공하고 있다(부록 참조). 그 중에서도 WLS(weighted least square, 가중최소제곱) 방법은 관찰변수들에 대하여 특별한 분포를 가정하지 않는 비모수적 방법이다.[10]

〈예 5.19〉 '고객만족' 모형 – 초기모형(Satisfact.A)

```
> library(lavaan)
> Satisfact.A <-
+     '
+     # Measurement Model
+     Expect =~ f1_1 + f1_2 + f1_3
+     Quality =~ f2_1 + f2_2 + f2_3
+     Value =~ f3_1 + f3_2
+     Satisfact =~ f4_1 + f4_2 + f4_3
+     # Structural Model
+     Quality ~ Expect
+     Value ~ Expect + Quality
+     Satisfact ~ Expect + Quality
```

[10] WLS 방법은 ADF(asymptotically distribution-free, 점근적분포무관) 방법으로 불리기도 한다.

```
+     # Error Covariance
+     Value ~~ 0*Satisfact
+     '
> Satisfact.A.fit <- sem(Satisfact.A,data=Satisfact,estimator="WLS")
> library(semPlot)
> semPaths(Satisfact.A.fit,whatLabels="std",style="lisrel",nCharNodes=0)
> fitMeasures(Satisfact.A.fit)
#------------------------------------------------------------------------
               npar              fmin             chisq               df
             27.000             0.127           228.199           39.000
             pvalue    baseline.chisq       baseline.df  baseline.pvalue
              0.000           808.881            55.000            0.000
                cfi               tli              nnfi              rfi
              0.749             0.646             0.646            0.602
...
                rmr        rmr_nomean              srmr     srmr_bentler
              0.002             0.002             0.078            0.078
srmr_bentler_nomean              crmr       crmr_nomean      srmr_mplus
              0.078             0.082             0.082            0.097
  srmr_mplus_nomean             cn_05             cn_01              gfi
              0.097           215.989           246.938            0.847
               agfi              pgfi               mfi             ecvi
              0.740             0.500             0.900            0.314
```

WLS 방법은 최대우도법 대신에 가장 널리 사용되는 추정법이다. lavaan 패키지에서는 최대우도법이 기본 추정법으로 사용되기 때문에, 이 방법을 사용하기 위해서는 다음 ⟨예 5.19⟩에서와 같이 sem 함수에 estimator="WLS" 옵션을 지정해야 한다.[11] [12] [13]

⟨그림 5.11⟩의 모형에 대하여 주요 적합도 지수들을 요약하면 다음과 같다. 이 결과를 살펴보면 대부분의 적합도 지수들이 상당히 좋지 않아서 모형을 수정할 필요가 있다는 것을 알 수 있다.

χ^2	df	GFI	AGFI	CFI	TLI	RMSEA	SRMR
228.199	39	0.847	0.740	0.749	0.646	0.073	0.078

[11] 최대우도법뿐만 아니라 WLS 방법에도 붓스트랩 방법을 적용할 수 있다(4.6절 참조).

[12] lavaan 패키지의 sem 함수에서는 인과관계가 설정되지 않은 잠재변수들 간의 편상관(내생 오차변수들 간의 연관관계)이 자동으로 모형에 포함된다. ⟨그림 5.11⟩의 모형에서는 잠재변수 Value와 Satisfact의 편상관이 존재하지 않는 것으로 가정하고 있으므로, 모형설정 부분에서 'Value ~~ 0*Satisfact'와 같이 편상관이 0이라는 것을 설정하였다.

[13] 관찰변수들의 분산(표준편차)이 클 경우 sem 함수에서 최적화에 문제가 발생하여 수렴하지 않을 수 있다(즉, 해가 구해지지 않는다). 이 경우 관찰변수들을 적당한 상수(예컨대 10, 100, 1000 등)로 나누어 사용함으로써 이러한 문제를 해결할 수 있다.

5.11 오차변수들 간의 연관관계

구조방정식모형에는 각 내생변수에 대응되는 **오차변수**(error variable)들이 포함된다. 오차변수에는 내생변수에 대한 측정 및 관찰오차, 내생변수 고유의 특수한 성질, 현재의 이론구조에서 누락되어 있는 가능한 설명변수들, 구축된 모형의 함수적 형태에서의 오류 등 일반적인 통계적 모형을 분석할 때 고려되는 오차들의 내용이 포괄적으로 포함된다.

잠재변수가 있는 구조방정식모형의 경우 두 가지 유형의 오차변수들이 존재한다. 먼저 **내생 오차변수**(endogenous error variable)는 모형에 포함되어 있는 인과관계로는 설명될 수 없으나, 내생 잠재변수의 변이를 발생시키는 원인으로 모형에 도입되는 일종의 외생변수이다. 반면, **측정 오차변수**(measurement error variable)는 측정값 중 잠재변수와 구별되는 부분(주로 측정오차)을 나타낸다.

⟨예 5.20⟩ 수정지수 출력 (Satisfact.A)

```
> modificationIndices(Satisfact.A.fit,sort=TRUE)
#--------------------------------------------------------------------
          lhs op        rhs     mi    epc sepc.lv sepc.all sepc.nox
87        f1_3 ~~      f2_3 73.825  0.007   0.007    0.577    0.577
93        f2_1 ~~      f2_2 48.873  0.005   0.005    0.839    0.839
17       Value ~~ Satisfact 46.847  0.004   1.576    1.576    1.576
128      Value  ~ Satisfact 46.847  4.686   5.269    5.269    5.269
129 Satisfact  ~      Value 46.847  0.530   0.471    0.471    0.471
69        f1_1 ~~      f2_2 23.184 -0.003  -0.003   -0.512   -0.512
119       f4_1 ~~      f4_3 23.079 -0.002  -0.002   -0.359   -0.359
106       f2_3 ~~      f3_1 22.653 -0.003  -0.003   -0.219   -0.219
47     Quality =~      f4_2 18.396 -1.035  -0.151   -0.900   -0.900
78        f1_2 ~~      f2_2 17.018  0.003   0.003    0.439    0.439
68        f1_1 ~~      f2_1 15.405  0.002   0.002    0.312    0.312
79        f1_2 ~~      f2_3 13.236 -0.002  -0.002   -0.220   -0.220
...
```

⟨예 5.20⟩는 ⟨그림 5.11⟩의 모형에 대한 분석을 수행하여 얻은 결과 중 일부로서 수정지수(modification indices)를 출력한 것이다. 특별히 수정지수가 큰 경로들을 살펴보면 'f1_3 ~~ f2_3($\delta_3 \longleftrightarrow \epsilon_3$)', 'f2_1 ~~ f2_2($\epsilon_1 \longleftrightarrow \epsilon_2$)', 'Value ~~ Satisfact($\zeta_2 \longleftrightarrow \zeta_3$)' 등이며, 이들은 오차변수들 간의 연관관계에 해당하는 경로들이다.

구조방정식모형에서 기본적으로는 오차변수들 간에 서로 독립임을 가정한다. 그러나 오차변수들 간에 연관관계가 존재할 수 있는데, 물론 그러한 이유에 대하여 설명될 수 있어야 한다.

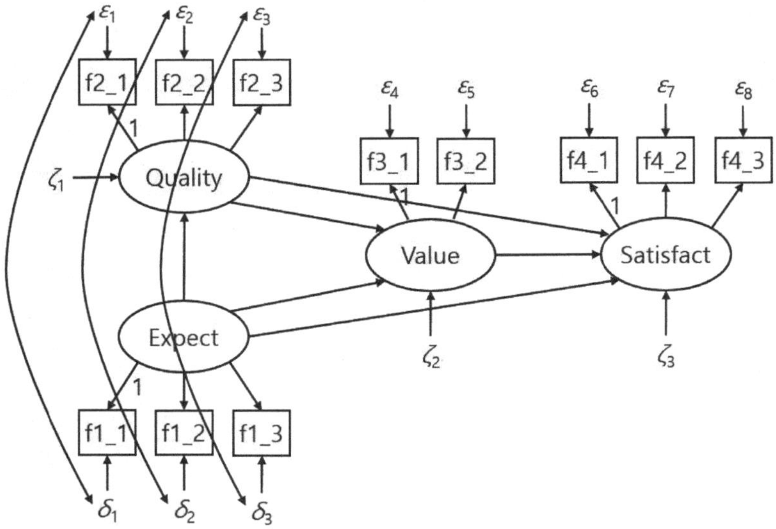

〈그림 5.12〉 '고객만족' 모형 – 수정모형(Satisfact.B)

5.11.1 측정 오차변수들 간의 연관관계

〈그림 5.12〉는 수정지수들을 기초로 경로를 하나씩 추가하여 수정된 모형이다. 여기에서 특히 측정 오차변수들 간의 연관관계가 3개 추가되어 있음을 볼 수 있다.

앞 절의 관찰변수들에 대한 설명을 보면 잠재변수 Expect(기대수준)와 Quality(인지품질)를 규정하고 있는 관찰변수들은 각각 동일한 개념에 대한 기대수준과 인지품질들로 대응되어 있다.

또한, 대응되는 관찰변수들의 상관계수를 살펴보면 Cor(f1_1, f2_1) = 0.42, Cor(f1_2, f2_2) = 0.37, Cor(f1_1, f2_1) = 0.44로써 상당히 큰 편이라는 것을 볼 수 있다(예 5.21 참조). 따라서 이들 관찰변수들의 측정오차 간에 서로 연관관계가 존재할 가능성이 충분히 있다고 판단된다.

〈예 5.21〉 상관계수 (Satisfact.csv) [14]

```
> library(Hmisc)
> Satisfact.matrix <- as.matrix(Satisfact[c("f1_1","f1_2","f1_3",
+     "f2_1","f2_2","f2_3","f3_1","f3_2","f4_1","f4_2","f4_3")])
> rcorr(Satisfact.matrix)
#----------------------------------------------------------------------
```

[14] rcorr 함수에 대하여는 2.3.2절을 참조하여라.

```
     f1_1 f1_2 f1_3 f2_1 f2_2 f2_3 f3_1 f3_2 f4_1 f4_2 f4_3
f1_1 1.00 0.62 0.48 0.42 0.30 0.32 0.21 0.30 0.37 0.28 0.29
f1_2 0.62 1.00 0.47 0.29 0.37 0.22 0.23 0.28 0.33 0.25 0.25
f1_3 0.48 0.47 1.00 0.25 0.23 0.44 0.22 0.25 0.27 0.20 0.24
f2_1 0.42 0.29 0.25 1.00 0.76 0.55 0.40 0.58 0.69 0.66 0.67
f2_2 0.30 0.37 0.23 0.76 1.00 0.52 0.40 0.57 0.66 0.66 0.66
f2_3 0.32 0.22 0.44 0.55 0.52 1.00 0.28 0.45 0.54 0.52 0.55
f3_1 0.21 0.23 0.22 0.40 0.40 0.28 1.00 0.70 0.49 0.45 0.47
f3_2 0.30 0.28 0.25 0.58 0.57 0.45 0.70 1.00 0.67 0.63 0.65
f4_1 0.37 0.33 0.27 0.69 0.66 0.54 0.49 0.67 1.00 0.77 0.73
f4_2 0.28 0.25 0.20 0.66 0.66 0.52 0.45 0.63 0.77 1.00 0.76
f4_3 0.29 0.25 0.24 0.67 0.66 0.55 0.47 0.65 0.73 0.76 1.00
```

한편, ⟨예 5.20⟩의 결과에서 'Value $\sim\sim$ Satisfact($\zeta_2 \longleftrightarrow \zeta_3$)', 'Value $\sim$ Satisfact(Value $\longleftarrow$ Satisfact)', 'Satisfact $\sim$ Value(Satisfact $\longleftarrow$ Value)'에 해당하는 수정지수들도 꽤 큰 편인데, 이 경로들은 서로 동치 관계를 가진다는 것을 주목할 필요가 있다. 이 사례에서는 경로 'Satisfact $\longleftarrow$ Value'를 추가하여 최종적인 모형을 구축하였다(그림 5.12 참조).

⟨예 5.22⟩ '고객만족' 모형 – 수정모형(Satisfact.B)

```
> library(lavaan)
> Satisfact.B <-
+     '
+     # Measurement Model
+     Expect =~ f1_1 + f1_2 + f1_3
+     Quality =~ f2_1 + f2_2 + f2_3
+     Value =~ f3_1 + f3_2
+     Satisfact =~ f4_1 + f4_2 + f4_3
+     # Structural Model
+     Quality ~ Expect
+     Value ~ Expect + Quality
+     Satisfact ~ Expect + Quality + Value
+     # Error Covariance
+     f1_1 ~~ f2_1
+     f1_2 ~~ f2_2
+     f1_3 ~~ f2_3
+     '
> Satisfact.B.fit <- sem(Satisfact.B,data=Satisfact,estimator="WLS")
> library(semPlot)
> semPaths(Satisfact.B.fit,whatLabels="std",style="lisrel",nCharNodes=0)
> fitMeasures(Satisfact.B.fit)
#-----------------------------------------------------------------------
```

```
               npar                fmin               chisq                  df
             31.000               0.040              71.940              35.000
             pvalue      baseline.chisq         baseline.df   baseline.pvalue
              0.000             808.881              55.000               0.000
                cfi                 tli                nnfi                 rfi
              0.951               0.923               0.923               0.860
                nfi                pnfi                 ifi                 rni
              0.911               0.580               0.952               0.951
             rmsea      rmsea.ci.lower      rmsea.ci.upper        rmsea.pvalue
              0.034               0.023               0.046               0.991
                rmr          rmr_nomean                srmr       srmr_bentler
              0.002               0.002               0.057               0.057
srmr_bentler_nomean                crmr         crmr_nomean         srmr_mplus
              0.057               0.032               0.032               0.047
  srmr_mplus_nomean               cn_05               cn_01                 gfi
              0.047             623.348             717.574               0.952
               agfi                pgfi                 mfi                ecvi
              0.909               0.505               0.980               0.149
```

⟨그림 5.12⟩의 모형에 대하여 주요 적합도 지수들을 요약한 표가 아래에 제시되어 있다 (예 5.22 참조). 여기에서는 초기모형(그림 5.11)과의 비교를 위해 몇 개의 간명 적합도 지수와 정보기준에 근거한 적합도 지수들이 함께 제시되어 있다.

	χ^2	df	GFI	TLI	RMSEA	PNFI	ECVI
초기모형	228.199	39	0.847	0.646	0.073	0.509	0.314
수정모형	71.940	35	0.952	0.923	0.034	0.580	0.149

수정모형(그림 5.12)의 경우 $\chi^2 = 71.940$, df $= 35$로서 표준카이제곱 값이 2.055(= 71.780/35)이며, GFI, TLI, RMSEA 등 거의 모든 적합도 지수들이 매우 우수한 것을 알 수 있다. 또한, PNFI 등 간명 적합도 지수들과 ECVI 등 정보기준에 근거한 적합도 지수들이 초기모형(그림 5.11)에 비하여 좋아졌음을 볼 수 있다.

⟨예 5.23⟩ 계수 추정치 출력 (Satisfact.B)

```
> summary(Satisfact.B.fit,fit.measures=TRUE,rsquare=TRUE,
+    standardized=TRUE)
#----------------------------------------------------------------------
Latent Variables:
                  Estimate  Std.Err  z-value  P(>|z|)   Std.lv  Std.all
  Expect =~
    f1_1             1.000                               0.122    0.804
```

```
    f1_2              0.931    0.059   15.781    0.000    0.114    0.773
    f1_3              0.788    0.062   12.705    0.000    0.096    0.622
  Quality =~
    f2_1              1.000                               0.154    0.883
    f2_2              0.997    0.038   25.974    0.000    0.154    0.860
    f2_3              0.737    0.048   15.263    0.000    0.114    0.633
  Value =~
    f3_1              1.000                               0.134    0.739
    f3_2              1.141    0.059   19.483    0.000    0.153    0.977
  Satisfact =~
    f4_1              1.000                               0.142    0.897
    f4_2              1.013    0.030   33.682    0.000    0.144    0.862
    f4_3              0.996    0.030   33.036    0.000    0.141    0.858
Regressions:
                   Estimate  Std.Err  z-value  P(>|z|)   Std.lv  Std.all
  Quality ~
    Expect            0.615    0.057   10.881    0.000    0.487    0.487
  Value ~
    Expect            0.057    0.041    1.392    0.164    0.052    0.052
    Quality           0.582    0.048   12.071    0.000    0.670    0.670
  Satisfact ~
    Expect            0.004    0.039    0.107    0.915    0.004    0.004
    Quality           0.624    0.053   11.702    0.000    0.678    0.678
    Value             0.323    0.043    7.456    0.000    0.306    0.306
Covariances:
                   Estimate  Std.Err  z-value  P(>|z|)   Std.lv  Std.all
 .f1_1 ~~
   .f2_1              0.002    0.001    3.568    0.000    0.002    0.245
 .f1_2 ~~
   .f2_2              0.003    0.001    5.112    0.000    0.003    0.380
 .f1_3 ~~
   .f2_3              0.008    0.001    9.023    0.000    0.008    0.450
R-Square:
                   Estimate
    f1_1              0.647
    f1_2              0.598
    f1_3              0.387
    f2_1              0.780
    f2_2              0.740
    f2_3              0.400
...
    Quality           0.237
    Value             0.485
    Satisfact         0.845
```

〈표 5.5〉 수정모형(Satisfact.B) – 측정모형의 경로계수

A. 인자적재값 (Regression Weight)

잠재변수	관찰변수	인자적재값	표준화추정치	p-값	SMC(R^2)
Expect	f1_1	1.000	0.804	–	0.647
	f1_2	0.931	0.773	<.001	0.598
	f1_3	0.788	0.622	<.001	0.387
Quality	f2_1	1.000	0.883	–	0.780
	f2_2	0.997	0.860	<.001	0.740
	f2_3	0.737	0.633	<.001	0.400
Value	f3_1	1.000	0.739	–	0.547
	f3_2	1.141	0.977	<.001	0.954
Satisfact	f4_1	1.000	0.897	–	0.804
	f4_2	1.013	0.862	<.001	0.743
	f4_3	0.996	0.858	<.001	0.736

B. 공분산 (Covariance)

오차변수		공분산	상관계수	p-값
e1_1	e2_1	0.002	0.245	<.001
e1_2	e2_2	0.003	0.380	<.001
e1_3	e2_3	0.008	0.450	<.001

〈표 5.5〉에는 수정모형(그림 5.12)의 측정모형에 대하여 인자적재값(요인부하량)에 대한 추정치, 표준화추정치, p-값, SMC(R^2)가 요약되어 있다(예 5.23 참조). 먼저 인자적재값의 표준화추정치는 모두 0.5보다 크며 유의수준 5 %하에서 통계적으로 유의하다.[15] 만약 인자적재값이 유의하지 않으면 측정의 신뢰도가 의심되므로 주의가 필요하다.

또한, 각 관찰변수에 대한 SMC(R^2)는 잠재변수에 대한 측정의 신뢰도 크기를 의미하는데,[16] 여기에서 SMC가 대부분 0.3보다 크다는 것을 볼 수 있다.

그리고 오차변수들 간의 연관관계를 살펴보면 3개의 경로에 대하여 공분산(상관계수) 추정치가 모두 유의수준 5 %하에서 통계적으로 유의하며, 상관계수가 0.2 이상의 값을 가진다는 것을 볼 수 있다.

[15] 잠재변수의 측정단위 규정을 위해 인자적재값이 1로 고정되어 있는 경로에 대해서는 p-값이 출력되지 않는다. 이 경우 표준화추정치의 상대적 크기로 인자적재값의 신뢰도를 평가할 수 있다.

[16] 측정모형에서 각 관찰변수의 SMC는 표준화추정치의 제곱과 같게 된다. 즉, 측정오차가 '1−SMC'로 추정된다.

〈표 5.6〉 수정모형(Satisfact.B) – 구조모형의 회귀계수 추정치

내생변수	설명변수	추정치	표준화추정치	p-값	SMC(R^2)
Quality	Expect	0.615	0.487	<.001	0.237
Value	Expect	0.057	0.052	0.164	0.485
	Quality	0.582	0.670	<.001	
Satisfact	Expect	0.004	0.004	0.915	0.845
	Quality	0.624	0.678	<.001	
	Value	0.323	0.306	<.001	

〈표 5.6〉에는 구조모형의 회귀계수 추정치가 요약되어 있다. 여기에서 2개의 경로 'Value ⟵ Expect', 'Satisfact ⟵ Expect'에 대한 회귀계수 추정치가 유의수준 5 %하에서 통계적으로 유의하지 않음을 볼 수 있는데, 따라서 해당하는 경로들을 하나씩 제거하면서 모형을 수정하는 것도 고려할 수 있다.

5.11.2 내생 오차변수들간의 연관관계

모형구축의 과정에서 이러한 내생 오차변수들 간에 연관관계가 상정될 수 있는데, 이는 오차들 간의 연관성이라는 단순한 의미를 갖는다기보다는 관련된 설명변수들이 통제된

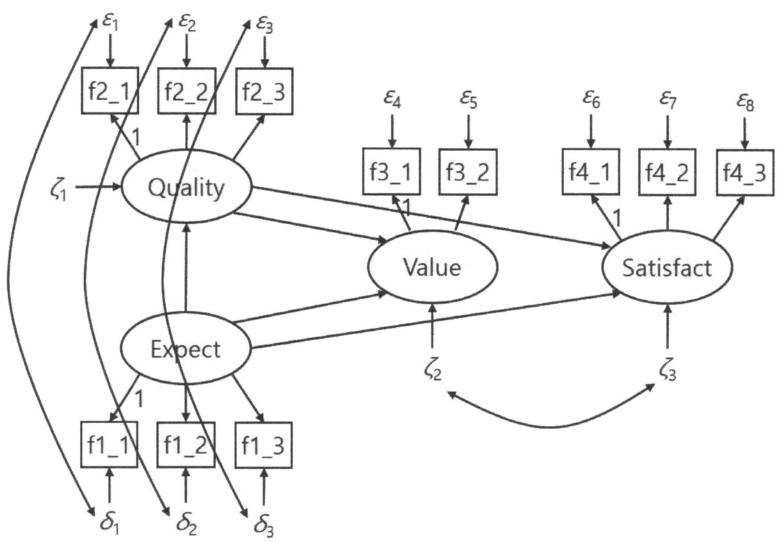

〈그림 5.13〉 '고객만족' 모형 – 편상관모형(Satisfact.C)

상황에서 내생변수들 간의 편상관(partial correlation)으로 해석되어야 한다.

예를 들어, ⟨그림 5.13⟩과 같은 모형을 고려하자. 이 모형은 ⟨그림 5.12⟩의 경로 'Satisfact ⟵ Value' 대신 '$\zeta_2 \longleftrightarrow \zeta_3$'가 설정되어 있으며, 이 두 모형은 동치 관계에 있다는 점을 주목할 필요가 있다. 따라서 ⟨그림 5.13⟩의 모형에 대한 분석을 수행하여 얻은 적합도 지수들은 ⟨그림 5.12⟩의 모형으로부터 산출된 적합도 지수들과 완전히 동일하다. 또한, ⟨그림 5.13⟩의 경로 '$\zeta_2 \longleftrightarrow \zeta_3$'에 대응하는 z-값과 p-값은 ⟨그림 5.12⟩의 경로 'Satisfact ⟵ Value'의 것들과 거의 같게 된다(사실상 동일하다).

다음 ⟨예 5.24⟩는 ⟨그림 5.13⟩의 모형에 대한 분석을 수행한 것이며, 모형설정 부분에서 'Value ~~ Satisfact'에 의해 두 내생 오차변수 간의 연관관계가 지정되었다.

⟨예 5.24⟩ '고객만족' 모형 – 편상관모형(Satisfact.C)

```
> library(lavaan)
Satisfact.C <-
    '
    # Measurement Model
    Expect =~ f1_1 + f1_2 + f1_3
    Quality =~ f2_1 + f2_2 + f2_3
    Value =~ f3_1 + f3_2
    Satisfact =~ f4_1 + f4_2 + f4_3
    # Structural Model
    Quality ~ Expect
    Value ~ Expect + Quality
    Satisfact ~ Expect + Quality
    # Error Covariance
    Value ~~ Satisfact
    f1_1 ~~ f2_1
    f1_2 ~~ f2_2
    f1_3 ~~ f2_3
    '
> Satisfact.C.fit <- sem(Satisfact.C,data=Satisfact,estimator="WLS")
> library(semPlot)
> semPaths(Satisfact.C.fit,whatLabels="std",style="lisrel",nCharNodes=0)
> summary(Satisfact.C.fit,fit.measures=TRUE,rsquare=TRUE,
+     standardized=TRUE)
#-----------------------------------------------------------------
Regressions:
                   Estimate  Std.Err  z-value  P(>|z|)   Std.lv  Std.all
  Quality ~
    Expect            0.615    0.057   10.881    0.000    0.487    0.487
  Value ~
    Expect            0.057    0.041    1.392    0.164    0.052    0.052
```

```
    Quality          0.582    0.048   12.071    0.000    0.670    0.670
  Satisfact ~
    Expect           0.022    0.043    0.522    0.602    0.019    0.019
    Quality          0.812    0.043   18.892    0.000    0.883    0.883
Covariances:
                  Estimate  Std.Err  z-value  P(>|z|)   Std.lv  Std.all
 .Value ~~
   .Satisfact        0.003    0.000    6.384    0.000    0.487    0.487
 .f1_1 ~~
   .f2_1             0.002    0.001    3.568    0.000    0.002    0.245
 .f1_2 ~~
   .f2_2             0.003    0.001    5.112    0.000    0.003    0.380
 .f1_3 ~~
   .f2_3             0.008    0.001    9.023    0.000    0.008    0.450
Variances:
                  Estimate  Std.Err  z-value  P(>|z|)   Std.lv  Std.all
   .f1_1             0.008    0.001    7.820    0.000    0.008    0.353
   .f1_2             0.009    0.001    8.107    0.000    0.009    0.402
   .f1_3             0.015    0.001   11.113    0.000    0.015    0.613
   .f2_1             0.007    0.001    9.264    0.000    0.007    0.220
   .f2_2             0.008    0.001    6.829    0.000    0.008    0.260
   .f2_3             0.019    0.001   16.240    0.000    0.019    0.600
   .f3_1             0.015    0.001   12.906    0.000    0.015    0.453
...
    Expect           0.015    0.001   10.383    0.000    1.000    1.000
   .Quality          0.018    0.002    9.521    0.000    0.763    0.763
   .Value            0.009    0.001    9.489    0.000    0.515    0.515
   .Satisfact        0.004    0.001    7.215    0.000    0.203    0.203
R-Square:
                  Estimate
    f1_1             0.647
    f1_2             0.598
    f1_3             0.387
    f2_1             0.780
    f2_2             0.740
    f2_3             0.400
    f3_1             0.547
    f3_2             0.954
    f4_1             0.804
    f4_2             0.743
    f4_3             0.736
    Quality          0.237
    Value            0.485
    Satisfact        0.797
```

〈표 5.7〉 편상관 모형(Satisfact.C) – 경로계수 추정치

A. 회귀계수 (Regression Weight)

내생변수	설명변수	추정치	표준화추정치	p-값	SMC(R^2)
Quality	Expect	0.615	0.487	<.001	0.237
Value	Expect	0.057	0.052	0.164	0.485
	Quality	0.582	0.670	<.001	
Satisfact	Expect	0.022	0.019	0.602	0.797
	Quality	0.812	0.883	<.001	

B. 편상관 (Partial Correlation)

내생변수		공분산	상관계수	p-값
Value	Satisfact	0.003	0.487	<.001

〈표 5.7〉은 〈그림 5.13〉의 모형에 대한 경로계수 추정치들을 요약한 것이다(예 5.24 참조). 여기에서 'B. 편상관(partial correlation)'에 제시된 공분산과 상관계수는 〈예 5.24〉의 결과에서 경로 'Value ∼∼ Satisfact'에 대응되는 것을 기입한 것이다. 즉, 두 오차변수(ζ_2, ζ_3) 간의 상관계수 0.487은 대응되는 내생변수(Value, Satisfact) 간의 편상관(연관관계)으로 해석될 수 있다.

또한 회귀계수 추정치들을 〈표 5.6〉의 결과와 비교하여 살펴보면, 경로 'Satisfact ⟵ Expect'와 'Satisfact ⟵ Quality'에 대한 추정치가 조금 달라졌으며(내생변수 Satisfact에 대한 SMC도 조금 변화하였다), 나머지 회귀계수들에 대한 추정치들은 동일함을 볼 수 있다.

앞에서 언급한 바와 같이 동치모형은 동일한 적합도와 자유도를 가지므로, 적합도만으로는 동치관계에 있는 모형들 중 어느 것이 더 우수한지를 결정할 수 없다. 따라서 연구자의 가설이 모형을 선택하는 데 있어서 중요하게 고려되어야 한다.

이 사례에서는 만약 두 내생변수 Value와 Satisfact 사이에 인과관계가 존재하는 것이 이론적으로 타당하다면 〈그림 5.12〉의 모형이, 반면에 두 변수 사에에 연관관계가 존재하는 것이 타당하다면 〈그림 5.13〉의 모형이 선택될 수 있다.

5.A 부록: SAS 프로그램의 예

이 절에서는 앞에서 다루었던 사례들에 대하여 SAS/STAT 소프트웨어를 이용한 프로그램의 예를 제시한다.

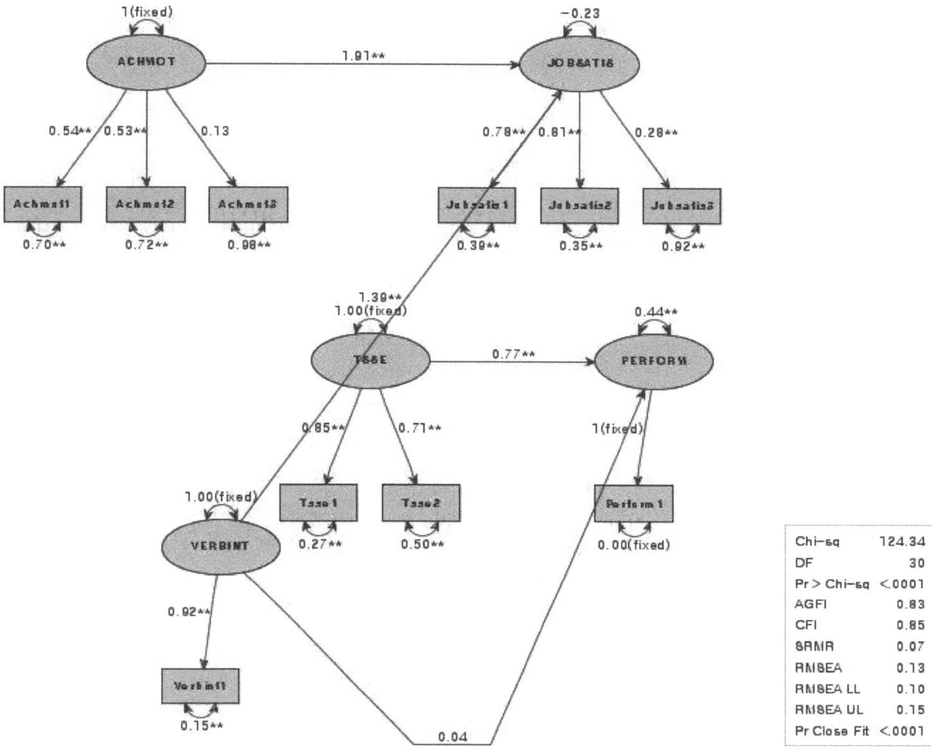

〈그림 5.14〉 PROC CALIS에 의한 경로도

〈SAS 프로그램 5.1〉 초기모형 – Jobsatis.A

```
PROC CALIS DATA=sem.Jobsatis SIMPLE KURTOSIS MODIFICATION EFFPART;
     PATH /* Measurement Model */
          Achmot1 Achmot2 Achmot3 <=== ACHMOT = 1,
          Tsse1 Tsse2 <=== TSSE = 1,
          Verbint1 <=== VERBINT = 1,
          Perform1 <=== PERFORM = 1,
          Jobsatis1 Jobsatis2 Jobsatis3 <=== JOBSATIS = 1,
          /* Structural Model */
          PERFORM <=== TSSE VERBINT,
          JOBSATIS <=== ACHMOT VERBINT;
     PVAR Verbint1 = 0.509,
          Perform1 = 0;
     PATHDIAGRAM SOLUTION=STANDARD;
RUN;
--------------------------------------------------------------------------
```

- PROC CALIS: 이 명령문에 SIMPLE 옵션을 지정하면 관찰변수들의 평균과 표준편차가 출력된다. KURTOSIS 옵션을 지정하면 왜도와 첨도 및 다변량 첨도 계수가 출력된다.

MODIFICATION 옵션을 지정하면 수정지수가 출력된다. EFFPART 옵션을 지정하면 직접효과, 간접효과, 총효과에 대한 추정치(표준화추정치)와 p-값이 출력된다(6장 참조).

- PATH: 인과관계의 내용을 지정한다. 측정모형의 경우 각 잠재변수에 대하여 첫 번째 인자적재값을 1로 고정하였다(잠재변수의 측정단위 규정, 5.3절 참조).
- PVAR: 오차변수의 분산을 특정한 값으로 지정한다(단일 지시자 문제, 5.4절 참조).
- PATHDIAGRAM: 경로도를 출력한다. SOLUTION=STANDARD 옵션을 지정하면 경로도에 표준화추정치가 출력된다.

⟨SAS 프로그램 5.2⟩ 확증적 인자모형 – 초기모형(Job_CFA.A)

```
PROC CALIS DATA=sem.Jobsatis SIMPLE KURTOSIS MODIFICATION EFFPART;
    PATH /* Measurement Model */
        Achmot1 Achmot2 Achmot3 <=== ACHMOT = 1,
        Tsse1 Tsse2 <=== TSSE = 1,
        Verbint1 <=== VERBINT = 1,
        Perform1 <=== PERFORM = 1,
        Jobsatis1 Jobsatis2 Jobsatis3 <=== JOBSATIS = 1;
    PVAR Verbint1 = 0.509,
        Perform1 = 0;
    PATHDIAGRAM SOLUTION=STANDARD;
RUN;
```

⟨SAS 프로그램 5.3⟩ 확증적 인자모형 – 수정모형(Job_CFA.B)

```
PROC CALIS DATA=sem.Jobsatis SIMPLE KURTOSIS MODIFICATION EFFPART;
    PATH /* Measurement Model */
        Achmot1 Achmot2 <=== ACHMOT = 1,
        Tsse1 Tsse2 <=== TSSE = 1,
        Verbint1 <=== VERBINT = 1,
        Perform1 <=== PERFORM = 1,
        Jobsatis1 Jobsatis2 <=== JOBSATIS = 1;
    PVAR Verbint1 = 0.509,
        Perform1 = 0;
    PATHDIAGRAM SOLUTION=STANDARD;
RUN;
```

⟨SAS 프로그램 5.4⟩ 수정모형 1 – Jobsatis.B

```
PROC CALIS DATA=sem.Jobsatis SIMPLE KURTOSIS MODIFICATION EFFPART;
    PATH /* Measurement Model */
```

```
        Achmot1 Achmot2 <=== ACHMOT = 1,
        Tsse1 Tsse2 <=== TSSE = 1,
        Verbint1 <=== VERBINT = 1,
        Perform1 <=== PERFORM = 1,
        Jobsatis1 Jobsatis2 <=== JOBSATIS = 1,
        /* Structural Model */
        PERFORM <=== TSSE VERBINT,
        JOBSATIS <=== ACHMOT VERBINT;
    PVAR Verbint1 = 0.509,
        Perform1 = 0;
    PATHDIAGRAM SOLUTION=STANDARD;
RUN;
```

⟨SAS 프로그램 5.5⟩ 수정모형 2 – Jobsatis.C

```
PROC CALIS DATA=sem.Jobsatis SIMPLE KURTOSIS MODIFICATION EFFPART;
    PATH /* Measurement Model */
        Achmot1 Achmot2 <=== ACHMOT = 1,
        Tsse1 Tsse2 <=== TSSE = 1,
        Verbint1 <=== VERBINT = 1,
        Perform1 <=== PERFORM = 1,
        Jobsatis1 Jobsatis2 <=== JOBSATIS = 1,
        /* Structural Model */
        PERFORM <=== TSSE,
        JOBSATIS <=== ACHMOT VERBINT PERFORM;
    PVAR Verbint1 = 0.509,
        Perform1 = 0;
    PATHDIAGRAM SOLUTION=STANDARD;
RUN;
```

⟨SAS 프로그램 5.6⟩ WLS(weighted least square) 방법 – Satisfact.A

```
PROC CALIS DATA=sem.Satisfact SIMPLE KURTOSIS MODIFICATION EFFPART
         METHOD=WLS;
    PATH /* Measurement Model */
        f1_1 f1_2 f1_3 <=== Expect = 1,
        f2_1 f2_2 f2_3 <=== Quality = 1,
        f3_1 f3_2 <=== Value = 1,
        f4_1 f4_2 f4_3 <=== Satisfact = 1,
        /* Structural Model */
        Quality <=== Expect,
        Value <=== Expect Quality,
        Satisfact <=== Expect Quality;
```

```
    PATHDIAGRAM SOLUTION=STANDARD;
RUN;
------------------------------------------------------------------------
```

- PROC CALIS: 이 명령문에 METHOD=WLS 옵션을 지정하면 WLS(weighted least square, 가중최소제곱) 방법에 의해 모수를 추정한다.

⟨SAS 프로그램 5.7⟩ 측정 오차변수들 간의 연관관계 – Satisfact.B

```
PROC CALIS DATA=sem.Satisfact SIMPLE KURTOSIS MODIFICATION EFFPART
           METHOD=WLS;
    PATH /* Measurement Model */
         f1_1 f1_2 f1_3 <=== Expect = 1,
         f2_1 f2_2 f2_3 <=== Quality = 1,
         f3_1 f3_2 <=== Value = 1,
         f4_1 f4_2 f4_3 <=== Satisfact = 1,
         /* Structural Model */
         Quality <=== Expect,
         Value <=== Expect Quality,
         Satisfact <=== Expect Quality Value;
    PCOV f1_1 f2_1,
         f1_2 f2_2,
         f1_3 f2_3;
    PATHDIAGRAM SOLUTION=STANDARD;
RUN;
------------------------------------------------------------------------
```

- PCOV: 대응되는 오차변수들 간의 연관관계(공분산)를 지정한다.

⟨SAS 프로그램 5.8⟩ 내생 오차변수들 간의 연관관계 – Satisfact.C

```
PROC CALIS DATA=sem.Satisfact SIMPLE KURTOSIS MODIFICATION EFFPART
           METHOD=WLS;
    PATH /* Measurement Model */
         f1_1 f1_2 f1_3 <=== Expect = 1,
         f2_1 f2_2 f2_3 <=== Quality = 1,
         f3_1 f3_2 <=== Value = 1,
         f4_1 f4_2 f4_3 <=== Satisfact = 1,
         /* Structural Model */
         Quality <=== Expect,
         Value <=== Expect Quality,
         Satisfact <=== Expect Quality;
    PCOV Value Satisfact,
         f1_1 f2_1,
         f1_2 f2_2,
```

```
        f1_3 f2_3;
    PATHDIAGRAM SOLUTION=STANDARD;
RUN;
```

제 6 장
매개효과 분석

Analysis of Mediating Effect

구조방정식모형에서 다른 변수들의 인과관계 사이에 존재하는 변수를 **매개변수**(mediator variable)라고 한다. 예를 들어, ⟨그림 6.1⟩은 4.7절에서 구축된 '노조 호감도' 모형(Union_C)인데, 여기에서 변수 Suppo(지지도)는 'Age(나이) ⟶ Senti(호감도)' 사이에서 그들의 인과관계를 매개하는(mediating) 역할을 한다. 일반적인 통계모형과 비교하여 경로분석 모형 또는 구조방정식모형이 가지는 가장 큰 특징 중 하나는 이러한 매개변수를 모형에 도입할 수 있다는 것이다. 이 장에서는 매개효과(mediating effect)를 계산하고 평가하는 데 필요한 여러 가지 개념들을 설명할 것이다.

6.1 직접효과, 간접효과, 총효과

인과관계(한방향 화살표)에 해당하는 수치들을 **회귀계수**(regression weight)라고 하며, 이는 두 변수 사이의 인과관계에 대한 강도를 나타낸다. 예를 들어, ⟨그림 6.1⟩에서 'Suppo ⟵ Age'에 해당하는 회귀계수가 0.057로 추정되었는데, 이는 설명변수 Age(나이)가 1단위 증가하면 내생변수 Suppo(노조활동 지지도)가 0.057단위 증가한다는 것을 의미한다(4.7절의 표 4.5 참조). 이와 같이 두 변수 사이의 직접적인 인과관계를 나타낸다는 점에서 회귀계수를 **직접효과**(direct effect)라고 부른다. 즉, 직접효과는 구조방정식모형에서 회귀계수를 지칭하는 다른 측면의 용어이다.

한편, 이 모형에서 변수 Age는 매개변수 Defer를 거쳐서 Suppo에 영향을 미친다고 할 수 있다. 즉, 'Age(원인변수) ⟶ Defer(매개변수) ⟶ Suppo(결과변수)'의 관계가 있다. 이와 같이 어떤 원인변수가 매개변수를 통해 결과변수(내생변수)에 영향을 미치는 정도를 **매개효과**(mediating effect)라고 한다. 그리고 매개효과는 관련된 경로들에 대한 회귀계수들의 곱으로 계산된다.

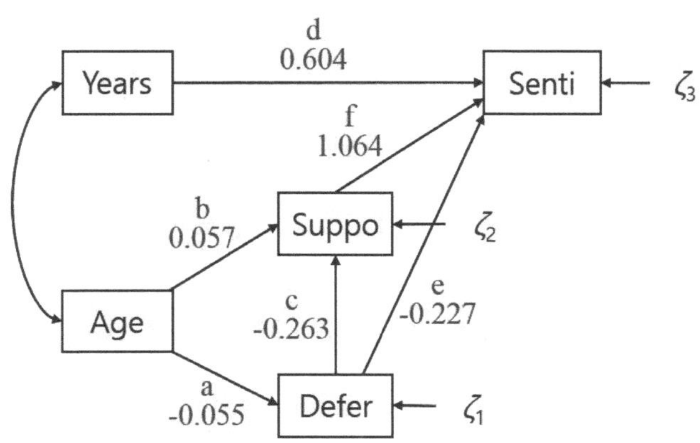

⟨그림 6.1⟩ '노조 호감도' 모형(Union.C) – 직접효과

예를 들어, ⟨그림 6.1⟩에서 가능한 매개효과들을 계산하면 다음과 같다.

○ 'Age $\longrightarrow$ Suppo'의 경우

- Age $\xrightarrow{a}$ Defer $\xrightarrow{c}$ Suppo : $-0.057 \times -0.263 = 0.015$

○ 'Defer $\longrightarrow$ Senti'의 경우

- Defer $\xrightarrow{c}$ Suppo $\xrightarrow{f}$ Senti : $-0.263 \times 1.064 = -0.280$

○ 'Age $\longrightarrow$ Senti'의 경우

- Age $\xrightarrow{a}$ Defer $\xrightarrow{e}$ Senti : $-0.055 \times -0.227 = 0.012$
- Age $\xrightarrow{b}$ Suppo $\xrightarrow{f}$ Senti : $0.057 \times 1.064 = 0.061$
- Age $\xrightarrow{a}$ Defer $\xrightarrow{c}$ Suppo $\xrightarrow{f}$ Senti : $-0.055 \times -0.263 \times 1.064 = 0.015$

이때 관련된 매개효과들의 합을 직접효과와 구별하여 **간접효과**(indirect effect)라고 한다. 예를 들어, 인과관계 'Age $\longrightarrow$ Suppo'에 대한 간접효과는 0.015이고, 'Defer $\longrightarrow$ Senti'에 대한 간접효과는 -0.280이며, 'Age $\longrightarrow$ Senti'에 대한 간접효과는 $0.089(= 0.012 + 0.061 + 0.015)$로 계산된다.

그리고 직접효과와 간접효과를 더하여 **총효과**(total effect)라고 한다. 예를 들어, ⟨그림 6.1⟩의 모형에서 인과관계 'Age $\longrightarrow$ Suppo'에 대한 총효과는 $0.072(= 0.057 + 0.015)$로 계산된다.

6.2 회귀분석을 이용한 매개효과 검정

이 절에서는 ⟨그림 6.2⟩와 같은 간단한 모형을 예로 하여 매개효과 분석의 기본적인 개념을 설명한다. Kenny(2013), Baron & Kenny(1986), Judd & Kenny(1981), James & Brett(1984) 등은 회귀분석을 이용하여 다음과 같은 네 단계의 검정 방법을 제시하고 있으며, 이 방법은 여러 분야에서 매개효과 검증을 위해 전통적으로 사용되어 온 방법이다.

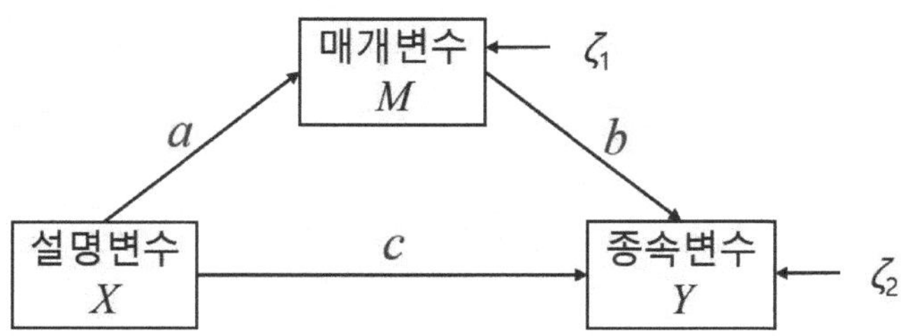

⟨그림 6.2⟩ 간단한 매개효과 모형의 예

〈단계 0: 설명변수와 종속변수의 인과관계 검토〉 설명변수가 종속변수와 연관되어 있는지를 검정하기 위해 다음과 같은 회귀식을 고려한다.

$$Y = \alpha + eX + \epsilon \tag{6.1}$$

여기에서 가설 '$H_0 : e = 0$'이 기각되면 설명변수 X가 종속변수 Y와 연관되어 있는 것으로 결론지을 수 있다.

〈단계 1: 설명변수와 매개변수의 인과관계 검토〉 설명변수가 매개변수와 연관되어 있는지를 검정하기 위해 다음과 같은 회귀식을 고려한다.

$$M = \alpha_1 + aX + \zeta_1 \tag{6.2}$$

여기서 가설 '$H_0 : a = 0$'이 기각되면 설명변수 X가 매개변수 M과 연관되어 있는 것으로 결론지을 수 있다.

〈단계 2: 간접효과에 대한 검정〉 설명변수를 통제한 상태에서 매개변수가 반응변수에 영향을 주는지를 검정하기 위해 다음과 같은 회귀식을 고려한다.

$$Y = \alpha_2 + bM + cX + \zeta_2 \tag{6.3}$$

여기서 가설 '$H_0 : b = 0$'이 기각되면 설명변수 X를 통제한 상태에서 매개변수 M이 반응변수 Y에 영향을 미치는 것으로 결론지을 수 있다. 또한, '$d = ab$'라고 할 때, 가설 '$H_0 : d = 0$'이 기각되면 매개효과가 있는 것으로 결론지을 수 있다.[1]

〈단계 3: 직접효과에 대한 검정〉 매개변수가 설명변수와 반응변수의 관계를 완전매개하는지를 검정한다. 단계 2의 결과로부터 가설 '$H_0 : c = 0$'이 기각되면 **부분매개**(partial mediation) 효과가 있다고 결론지을 수 있으며, '$H_0 : c = 0$'이 채택되면 **완전매개**(complete mediation) 효과가 있다고 결론지을 수 있다.[2]

Kenny et al.(1998)은 '단계 0'이 모든 분석에서 반드시 필요하지 않을 수 있다고 하였는데, 한 예로서 **불일치매개**(inconsistent mediation)의 경우를 들 수 있다. Mackinnon et al.(2007)은 직접효과 c와 간접효과 d의 부호가 다를 경우를 불일치매개라고 하였는데, 이 때 c와 d의 크기가 상쇄되어 총효과 $e(= c + d)$가 매우 작을 수 있다. 이런 경우 매개변수는 **억제변수**(suppressor variable)의 역할을 수행하게 된다.

[1]경로분석에서 매개효과와 간접효과는 종종 동일한 의미로 사용된다.

[2]즉, 직접효과와 간접효과가 모두 존재하는 경우 부분매개 효과가 있다고 하며, 직접효과는 존재하지 않고 간접효과만 존재하는 경우 완전매개 효과가 있다고 한다.

6.2.1 분석 사례 – 회귀분석을 이용한 매개효과 검정

다음 ⟨예 6.1⟩은 앞에서 설명한 단계들을 수행하기 위하여 회귀분석을 실시한 예이다. 여기에서 사용된 데이터는 'Mediator.csv'이다.

⟨예 6.1⟩ 회귀분석을 이용한 매개효과 검정

```
> Mediator <- read.csv("E:/My_Work/Data/Mediator.csv",header=TRUE)
> Mediator.0.fit <- lm(Y~X,data=Mediator)      # 단계 0
> library(lm.beta)
> Mediator.0.beta <- lm.beta(Mediator.0.fit)
> summary(Mediator0.beta)
#-----------------------------------------------------------------------
Coefficients:
            Estimate Standardized Std. Error t value Pr(>|t|)
(Intercept) 77.11585      0.00000    4.85065  15.898  < 2e-16 ***
X           -0.54391     -0.39569    0.09654  -5.634 7.11e-08 ***
---
Multiple R-squared:  0.1566,Adjusted R-squared:  0.1516
#-----------------------------------------------------------------------
> Mediator.1.fit <- lm(M~X,data=Mediator)      # 단계 1
> Mediator.1.beta <- lm.beta(Mediator.1.fit)
> summary(Mediator.1.beta)
#-----------------------------------------------------------------------
Coefficients:
            Estimate Standardized Std. Error t value Pr(>|t|)
(Intercept) 65.24903      0.00000    2.72926  23.907  < 2e-16 ***
X           -0.30150     -0.39073    0.05432  -5.551 1.07e-07 ***
---
Multiple R-squared:  0.1527,Adjusted R-squared:  0.1477
#-----------------------------------------------------------------------
> Mediator.2.fit <- lm(Y~M+X,data=Mediator)    # 단계 2 & 3
> Mediator.2.beta <- lm.beta(Mediator.2.fit)
> summary(Mediator.2.beta)
#-----------------------------------------------------------------------
Coefficients:
            Estimate Standardized Std. Error t value Pr(>|t|)
(Intercept)  6.60806      0.00000    8.04865   0.821  0.41279
M            1.08060      0.60660    0.10822   9.985  < 2e-16 ***
X           -0.21811     -0.15867    0.08351  -2.612  0.00981 **
---
Multiple R-squared:  0.4684,Adjusted R-squared:  0.4621
```

〈표 6.1〉 회귀분석을 이용한 매개효과 검정

	종속변수	설명변수	회귀계수	표준화추정치	p-값	SMC(R^2)
단계 0	Y	Intercept	77.116	–	<.001	0.157
		X	−0.544	−0.396	<.001	
단계 1	M	Intercept	65.249	–	<.001	0.153
		X	−0.302	−0.391	<.001	
단계 2	Y	Intercept	6.608	–	0.413	0.468
		M	1.081	0.607	<.001	
		X	−0.218	−0.159	0.010	

〈표 6.1〉은 〈예 6.1〉의 결과 중 회귀계수, 표준화추정치, 유의확률(p-값), SMC(R^2) 등을 요약한 것이다.

〈단계 0〉 설명변수와 종속변수의 인과관계 검토

식 (6.1)의 모형에서 가설 '$H_0 : e = 0$'에 대하여 'p-값 $< .001$'이므로($\hat{e} = -0.544$), 설명변수 X와 종속변수 Y 사이에 인과관계가 있는 것으로 결론지을 수 있다.

〈단계 1〉 설명변수와 매개변수의 인과관계 검토

식 (6.2)의 모형에서 가설 '$H_0 : a = 0$'에 대하여 'p-값 $< .001$'이므로($\hat{a} = -0.302$), 설명변수 X와 매개변수 M 사이에 인과관계가 있는 것으로 결론지을 수 있다.

〈단계 2〉 간접효과에 대한 검정

식 (6.3)의 모형에서 매개변수 M에 대한 회귀계수는 유의수준 5 %하에서 통계적으로 유의하며 추정치는 $\hat{b} = 1.081$이다(p-값 $< .001$). 따라서 간접효과의 추정치는 $\hat{d} = \hat{a} \times \hat{b} = -0.302 \times 1.081 = -0.326$이다(간접효과의 표준화추정치는 $-0.391 \times 0.607 = -0.237$).

한편, 가설 '$H_0 : d = 0$'에 대한 검정은 다음과 같은 z-통계량을 이용하여 수행할 수 있다.

$$z_{\hat{d}} = \frac{\hat{a} \times \hat{b}}{\mathrm{SE}_{\hat{a} \times \hat{b}}} = \frac{\hat{a} \times \hat{b}}{\sqrt{\hat{b}^2 \times \mathrm{SE}_{\hat{a}}^2 + \hat{a}^2 \times \mathrm{SE}_{\hat{b}}^2}} \tag{6.4}$$

여기에서 SE는 각 통계량들에 대한 표준오차(standard error)를 나타낸다.[3]

[3]이와 같은 형식의 검정법을 흔히 Soble-검정(Soble's test)이라고 한다. Soble-검정을 위한 계산기를 제공하는 여러 웹사이트들이 있다(예: www.danielsoper.com/statcalc, www.quantpsy.org).

〈예 6.2〉 Soble-검정

```
> a <- -0.301
> b <- 1.081
> SE_a <- 0.054
> SE_b <- 0.108
> z_value <- a*b/sqrt(b^2*SE_a^2+a^2*SE_b^2)
> z_value
#-----------------------------------------------------------------
[1] -4.869852
#-----------------------------------------------------------------
> p_value <- 2*(1-pnorm(abs(z_value)))
> p_value
#-----------------------------------------------------------------
[1] 1.116816e-06
```

〈예 6.1〉의 결과에서 $\text{SE}_{\hat{a}} = 0.054$, $\text{SE}_{\hat{b}} = 0.108$이므로, 이 예에서는 검정통계량이 다음과 같이 계산된다(예 6.2 참조).

$$z_{\hat{d}} = \frac{-0.301 \times 1.081}{\sqrt{(1.081)^2 \times (0.054)^2 + (-0.301)^2 \times (0.108)^2}} = -4.870$$

따라서 z-통계량의 절댓값이 임계치 1.96보다 크므로 유의수준 5 %하에서 간접효과가 통계적으로 유의하다고 결론지을 수 있다(p-값 $< .001$).[4]

〈단계 3〉 직접효과에 대한 검정

식 (6.3)의 모형에서 가설 '$H_0 : c = 0$'에 대하여 'p-값 $= 0.01$'이므로($\hat{c} = -0.218$), 직접효과는 유의수준 5 %하에서 통계적으로 유의하다. 따라서 부분매개(partial mediation) 효과가 있다고 결론지을 수 있다.

한편, 이 예에서 총효과의 추정치는 $\hat{e} = \hat{c} + \hat{d} = (-0.218) + (-0.326) = -0.544$이며, 이는 단계 0에서 얻은 단순 회귀분석의 계수와 동일하다는 것을 주목하기 바란다.

6.2.2 분석 사례 – 경로분석을 이용한 매개효과 검정

〈그림 6.2〉의 모형을 연립방정식으로 표현하면 다음과 같다.[5]

$$\begin{cases} M &= aX + \zeta_1, \\ Y &= bM + cX + \zeta_2. \end{cases} \tag{6.5}$$

[4]표준정규분포(standard normal distribution)하에서 유의수준 10 %, 5 %, 1 %에 대응되는 기각역은 각각 $|z| \geq 1.64$, $|z| \geq 1.96$, $|z| \geq 2.58$이다.

[5]여기에서는 절편항을 고려하지 않는다. 절편항 추정치의 출력에 대하여는 3.5.2절을 참조하기 바란다.

식 (6.4)의 위의 식을 아래 식에 대입하면 다음과 같은 모형을 얻게 된다.

$$Y = (c + ab)X + \epsilon = (c + d)X + \epsilon. \tag{6.6}$$

식 (6.1)과 (6.6)으로부터 '$e = c + ab = c + d$'의 관계가 성립하는 것을 볼 수 있으며, 식 (6.5)의 경로분석모형을 이용함으로써 매개효과 검정에 있어서 모수 a, b, c, d, e에 대한 추정과 검정을 한 번에 처리할 수 있다.

이와 같이 구조방정식모형을 이용하면 매개효과 검정과 관련된 모수의 추정뿐 아니라 간접효과와 총효과에 대한 추정 및 검정을 손쉽게 처리할 수 있는 장점이 있다(대부분의 구조방정식모형 분석을 위한 소프트웨어에서는 이러한 절차를 위한 결과들을 제시한다). 또한, 잠재변수(latent variable)를 고려하는 경우에도 매개효과 분석을 수행할 수 있고, 여러 개의 설명변수, 매개변수, 종속변수들을 포함하여 분석을 수행할 수도 있다. 따라서 여러 분야에서 일반적으로 회귀분석보다는 구조방정식모형(경로분석모형)을 이용하는 것이 더 선호되고 있다(Frazier et al., 2004).

다음 ⟨예 6.3⟩은 ⟨그림 6.2⟩의 모형에 대하여 경로분석을 수행한 예이다. 간접효과와 총효과에 대한 추정과 검정을 위해서는 모형설정 부분에서 먼저 경로계수의 이름을 지정해야 한다. 그리고 간접효과와 총효과의 내용을 := 기호를 이용하여 지정하면 된다. 이때 각 효과의 이름은 임의의 문자열을 입력하면 된다(공백이나 특수문자는 허용되지 않는다). 또한, 경로계수의 이름은 데이터 파일에 존재하는 어떤 변수의 이름과도 겹치지 않아야 된다는 것을 주의해야 한다.

⟨예 6.3⟩ 경로분석을 이용한 매개효과 검정

```
> library(lavaan)
> Mediator.A <-
+     '
+     # Structural Model
+     M ~ a*X
+     Y ~ b*M + c*X
+     # Indirect Effect
+     d := a*b
+     # Total Effect
+     e := c + a*b
+     '
> Mediator.A.fit <- sem(Mediator.A,data=Mediator)
> library(semPlot)
> semPaths(Mediator.A.fit,whatLabels="std",style="lisrel",nCharNodes=0)
> summary(Mediator.A.fit,fit.measures=TRUE,rsquare=TRUE,
+     standardized=TRUE)
```

```
#--------------------------------------------------------------------
Regressions:
                   Estimate  Std.Err  z-value  P(>|z|)   Std.lv  Std.all
  M ~
    X        (a)     -0.301    0.054   -5.583    0.000   -0.301   -0.391
  Y ~
    M        (b)      1.081    0.107   10.073    0.000    1.081    0.607
    X        (c)     -0.218    0.083   -2.635    0.008   -0.218   -0.159
Variances:
                   Estimate  Std.Err  z-value  P(>|z|)   Std.lv  Std.all
   .M                 7.510    0.808    9.301    0.000    7.510    0.847
   .Y                14.953    1.608    9.301    0.000   14.953    0.532
R-Square:
                   Estimate
    M                 0.153
    Y                 0.468
Defined Parameters:
                   Estimate  Std.Err  z-value  P(>|z|)   Std.lv  Std.all
    d                -0.326    0.067   -4.883    0.000   -0.326   -0.237
    e                -0.544    0.096   -5.667    0.000   -0.544   -0.396
```

⟨표 6.2⟩는 ⟨예 6.3⟩의 결과 중 회귀계수에 대한 것과 직접효과, 간접효과, 총효과를 요약한 것이다. 6.1절에서 언급한 바와 같이 직접효과는 대응되는 회귀계수와 동일하다.

이 예에서와 같이 간단한 모형의 경우에는 회귀분석을 반복하여 얻은 회귀계수와 경로분석을 통해 얻은 경로계수가 동일하지만, 일반적으로는 회귀분석의 회귀계수와 경로

⟨표 6.2⟩ 경로분석을 이용한 매개효과 검정

A. 경로계수 (Path coefficient)

내생변수	설명변수	추정치	표준화추정치	p-값	SMC(R^2)
M	X	−0.301	−0.391	<.001	0.153
Y	M	1.081	0.607	<.001	0.468
	X	−0.218	−0.159	0.008	

B. 매개효과 ($X \longrightarrow Y$)

효과	추정치	표준화추정치	p-값
직접효과	−0.218	−0.159	0.008
간접효과	−0.326	−0.237	<.001
총효과	−0.544	−0.396	<.001

분석의 경로계수가 동일하지 않다는 것을 주목하기 바란다(설정된 모형하에서는 당연히 경로분석의 결과를 사용해야 한다).

6.3 분석 사례 – 잠재변수가 없는 모형

다음 ⟨예 6.4⟩는 '노조 호감도' 모형(Union.C)에 대하여 간접효과와 총효과를 계산하는 예이다(4.7절 및 6.1절 참조).

⟨예 6.4⟩ 간접효과와 총효과 출력

```
> Union <- read.csv("E:/My_Work/Data/Union.csv",header=TRUE)
> library(lavaan)
> Union.C <-
+      '
+      # Structural Model
+      Defer ~ a*Age
+      Suppo ~ b*Age + c*Defer
+      Senti ~ d*Years + e*Defer + f*Suppo
+      # Indirect Effect
+      Ind_Suppo_Age := a*c
+      Ind_Senti_Age := a*e + b*f + a*c*f
+      Ind_Senti_Defer := c*f
+      # Total Effect
+      Tot_Suppo_Age := b + a*c
+      Tot_Senti_Defer := e + c*f
+      '
> Union.C.fit <- sem(Union.C,data=Union,fixed.x=FALSE)
> library(semPlot)
> semPaths(Union.C.fit,whatLabels="std",style="lisrel",nCharNodes=0)
> fitMeasures(Union.C.fit)
> summary(Union.C.fit,fit.measures=TRUE,rsquare=TRUE,standardized=TRUE)
#-------------------------------------------------------------------
Regressions:
                    Estimate  Std.Err  z-value  P(>|z|)   Std.lv  Std.all
  Defer ~
    Age        (a)    -0.055    0.021   -2.577    0.010   -0.055   -0.192
  Suppo ~
    Age        (b)     0.057    0.015    3.787    0.000    0.057    0.260
    Defer      (c)    -0.263    0.053   -4.973    0.000   -0.263   -0.341
  Senti ~
    Years      (d)     0.604    0.289    2.089    0.037    0.604    0.115
    Defer      (e)    -0.227    0.082   -2.773    0.006   -0.227   -0.164
    Suppo      (f)     1.064    0.106    9.991    0.000    1.064    0.594
```

〈표 6.3〉 '노조 호감도' 모형(Union.C) – 매개효과

내생변수	설명변수	직접효과	간접효과	총효과
Defer	Age	−0.055(−0.192)*	–	−0.055(−0.192)*
Suppo	Age	0.057(0.260)*	0.015(0.066)*	0.072(0.325)*
	Defer	−0.263(−0.341)*	–	−0.263(−0.341)*
Senti	Years	0.604(0.115)*	–	0.604(0.115)*
	Age	–	0.089(0.225)*	0.089(0.225)*
	Defer	−0.227(−0.164)*	−0.280(−0.202)*	−0.507(−0.366)*
	Suppo	1.064(0.594)*	–	1.064(0.594)*

* 유의수준 5 %하에서 통계적으로 유의함. 괄호 안의 값은 표준화추정치를 나타냄.

```
R-Square:
                   Estimate
    Defer             0.037
    Suppo             0.218
    Senti             0.488
Defined Parameters:
                   Estimate  Std.Err  z-value  P(>|z|)   Std.lv  Std.all
    Ind_Suppo_Age     0.015    0.006    2.288    0.022    0.015    0.066
    Ind_Senti_Age     0.089    0.021    4.341    0.000    0.089    0.225
    Ind_Senti_Defr   -0.280    0.063   -4.452    0.000   -0.280   -0.202
    Tot_Suppo_Age     0.072    0.016    4.521    0.000    0.072    0.325
    Tot_Senti_Defr   -0.507    0.094   -5.379    0.000   -0.507   -0.366
```

〈예 6.4〉의 결과에서 직접효과, 간접효과, 총효과에 대한 추정치들을 살펴볼 수 있으며, 이들 각각에 대한 표준화추정치도 살펴볼 수 있다.[6] 〈표 6.3〉은 〈예 6.4〉의 결과 중 일부를 요약하여 제시한 것이다. 이제 독자들은 4.7절의 〈표 4.5〉와 〈표 6.3〉을 기초로 하여 인과관계 및 연관관계의 구조를 전체적으로 해석하여 보기 바란다.

6.4 다중 매개효과의 계산과 검정

6.1절에서 살펴보았듯이 〈그림 7.3〉의 모형에서 인과관계 'Age ⟶ Senti'의 경우 3개의 매개효과 경로가 존재한다. 앞에서와 유사하게 sem 함수를 이용하면 이들 각각에 대하여도 추정치와 p-값을 손쉽게 구할 수 있다.

[6]간접효과에 대한 표준화추정치는 6.1절에서와 유사하게 표준화 경로계수들의 곱으로 계산될 수 있다.

예를 들어, ⟨그림 6.1⟩의 모형에서 인과관계 'Age ⟶ Senti'에 대한 매개효과 추정치들을 계산하여 보자. 계산에 필요한 추정치 및 표준화추정치들은 4.7절의 ⟨표 4.5⟩를 참조하기 바란다.

○ 'Age $\xrightarrow{a}$ Defer $\xrightarrow{e}$ Senti'의 경우
- 추정치: $-0.055 \times -0.227 = 0.013$
- 표준화추정치: $-0.192 \times -0.164 = 0.031$

○ 'Age $\xrightarrow{b}$ Suppo $\xrightarrow{f}$ Senti'의 경우
- 추정치: $0.057 \times 1.064 = 0.061$
- 표준화추정치: $0.260 \times 0.594 = 0.154$

○ 'Age $\xrightarrow{a}$ Defer $\xrightarrow{c}$ Suppo $\xrightarrow{f}$ Senti'의 경우
- 추정치: $-0.055 \times -0.263 \times 1.064 = 0.015$
- 표준화추정치: $-0.192 \times -0.341 \times 0.594 = 0.039$

⟨예 6.5⟩ 다중 매개효과의 계산과 검정

```
> Union.C <-
+      '
+      # Structural Model
+      Defer ~ a*Age
+      Suppo ~ b*Age + c*Defer
+      Senti ~ d*Years + e*Defer + f*Suppo
+      # Multiple Mediating Effect
+      ae  := a*e
+      bf  := b*f
+      acf := a*c*f
+      '
> Union.C.fit <- sem(Union.C,data=Union,fixed.x=FALSE)
> summary(Union.C.fit,fit.measures=TRUE,rsquare=TRUE,standardized=TRUE)
#------------------------------------------------------------------------
Regressions:
                  Estimate  Std.Err  z-value  P(>|z|)   Std.lv  Std.all
  Defer ~
    Age      (a)    -0.055    0.021   -2.577    0.010   -0.055   -0.192
  Suppo ~
    Age      (b)     0.057    0.015    3.787    0.000    0.057    0.260
    Defer    (c)    -0.263    0.053   -4.973    0.000   -0.263   -0.341
  Senti ~
    Years    (d)     0.604    0.289    2.089    0.037    0.604    0.115
    Defer    (e)    -0.227    0.082   -2.773    0.006   -0.227   -0.164
    Suppo    (f)     1.064    0.106    9.991    0.000    1.064    0.594
```

〈표 6.4〉 인과관계 'Age ⟶ Senti'에 대한 효과 분해

효과	추정치	표준화추정치	p-값
직접효과	0	–	–
간접효과	0.089	0.025	<.001
Age ⟶ Defer ⟶ Senti	0.013	0.032	0.059
Age ⟶ Suppo ⟶ Senti	0.061	0.154	<.001
Age ⟶ Defer ⟶ Suppo ⟶ Senti	0.015	0.039	0.026
총효과	0.089	0.025	<.001

```
R-Square:
                  Estimate
    Defer            0.037
    Suppo            0.218
    Senti            0.488
Defined Parameters:
                  Estimate  Std.Err  z-value  P(>|z|)   Std.lv  Std.all
    ae               0.013    0.007    1.888    0.059    0.013    0.032
    bf               0.061    0.017    3.541    0.000    0.061    0.154
    acf              0.015    0.007    2.230    0.026    0.015    0.039
```

〈표 6.4〉는 〈예 6.5〉의 결과를 이용하여 직접효과 및 총효과와 함께 요약하여 제시한 예이다. 이 예에서는 설정된 모형에 의해 설명변수 Age(나이)가 내생변수 Senti(노조에 대한 호감도)에 미치는 직접효과는 존재하지 않으며, 경로 'Age ⟶ Suppo ⟶ Senti'에 대한 매개효과가 다른 경로의 매개효과에 비하여 상당히 크다는 것을 알 수 있다.

6.5 분석 사례 – 잠재변수가 있는 모형

〈그림 6.3〉은 5.8절에서 구축된 '직업 만족도' 모형(Jobsatis.C)의 구조모형 부분만을 도시한 것이다. 여기에서 변수 PERFORM(업무능력)은 'TSSE(자존감) ⟶ JOBSATIS(직무만족)' 사이에서 그들의 인과관계를 매개하고 있다.

이 모형에서 매개효과 'TSSE $\xrightarrow{a}$ PERFORM $\xrightarrow{d}$ JOBSATIS'에 대한 추정치를 계산하여 보자. 계산에 필요한 추정치들은 5.9절의 〈표 5.4〉를 참조하기 바란다.

- 추정치: $0.739 \times 0.436 = 0.322$
- 표준화추정치: $0.699 \times 0.317 = 0.222$

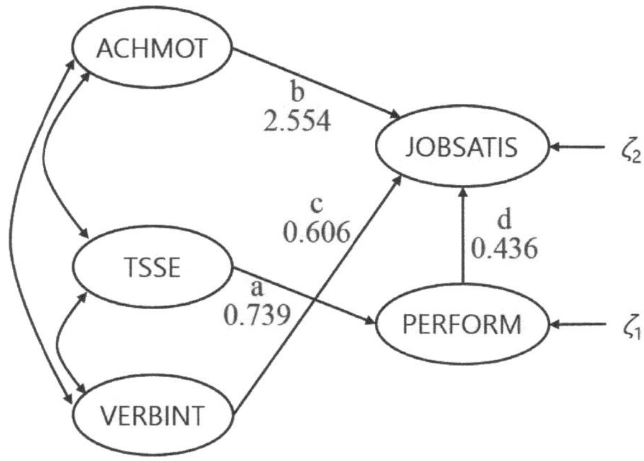

〈그림 6.3〉 '직업 만족도' 모형(Jobsatis.C) – 구조모형

다음 〈예 6.6〉은 '직업 만족도' 모형(Jobsatis.C)에 대한 분석을 수행하고 간접효과를 계산하는 예이다(5.9절 참조).

〈예 6.6〉 간접효과 출력

```
> Jobsatis = read.csv("E:/My_Work/Data/Jobsatis.csv",header=TRUE)
> library(lavaan)
> Jobsatis.C <-
+     '
+     # Measurement Model
+     ACHMOT =~ Achmot1 + Achmot2
+     TSSE =~ Tsse1 + Tsse2
+     VERBINT =~ Verbint1
+     PERFORM =~ Perform1
+     JOBSATIS =~ Jobsatis1 + Jobsatis2
+     # Structural Model
+     PERFORM ~ a*TSSE
+     JOBSATIS ~ b*ACHMOT + c*VERBINT + d*PERFORM
+     # Error Variance
+     Verbint1 ~~ 0.509*Verbint1
+     Perform1 ~~ 0*Perform1
+     # Indirect Effect
+     Ind_JOBSATIS_TSSE := a*d
+     '
> Jobsatis.C.fit <- sem(Jobsatis.C,data=Jobsatis)
> library(semPlot)
> semPaths(Jobsatis.C.fit,whatLabels="std",style="lisrel",nCharNodes=0)
> fitMeasures(Jobsatis.C.fit)
#-----------------------------------------------------------------------
```

〈표 6.5〉 '직업 만족도' 모형(Jobsatis.C) – 매개효과

내생변수	설명변수	직접효과	간접효과	총효과
PERFORM	TSSE	0.739(0.699)*	–	0.739(0.699)*
JOBSATIS	ACHMOT	2.554(1.101)*	–	2.554(1.101)*
	TSSE	–	0.322(0.222)*	0.322(0.222)*
	VERBINT	0.606(0.735)*	–	0.606(0.735)*
	PERFORM	0.436(0.317)*	–	0.436(0.317)*

* 유의수준 5 %하에서 통계적으로 유의함. 괄호 안의 값은 표준화추정치를 나타냄.

```
Regressions:
                       Estimate  Std.Err  z-value  P(>|z|)   Std.lv  Std.all
  PERFORM ~
    TSSE        (a)       0.739    0.076    9.667    0.000    0.699    0.699
  JOBSATIS ~
    ACHMOT      (b)       2.554    0.670    3.812    0.000    1.101    1.101
    VERBINT     (c)       0.606    0.184    3.298    0.001    0.735    0.735
    PERFORM     (d)       0.436    0.124    3.528    0.000    0.317    0.317
Defined Parameters:
                       Estimate  Std.Err  z-value  P(>|z|)   Std.lv  Std.all
    I_JOBSATIS_TSS        0.322    0.092    3.494    0.000    0.222    0.222
```

앞에서 설명한 바와 같이 간접효과 및 총효과에 대한 추정과 검정을 위해서는 모형설정 부분에서 먼저 경로계수의 이름을 지정해야 한다. 그리고 간접효과 및 총효과의 내용을 := 기호를 이용하여 지정하면 된다. 이때 각 효과의 이름은 임의의 문자열을 입력하면 된다(공백이나 특수문자는 허용되지 않는다). 또한, 경로계수의 이름은 데이터 파일에 존재하는 어떤 변수의 이름과도 겹치지 않아야 된다는 것을 주의해야 한다.

〈표 6.5〉는 〈예 6.6〉의 결과들을 전체적으로 요약하여 제시한 것이다. 이제 독자들은 5.9절의 〈표 5.4〉와 〈표 6.5〉를 기초로 하여 인과관계 및 연관관계의 구조를 전체적으로 해석하여 보기 바란다. 특히 잠재변수는 측정단위가 존재하지 않기 때문에 추정치보다는 표준화추정치가 더 의미가 있음을 주의하기 바란다. 즉, 구조모형의 추정치에 대한 해석을 할 경우, 측정단위 규정을 위해 각 잠재변수에 대한 참조변수로 어떤 관찰변수가 설정되어 있는지를 염두에 두어야 한다(5.3절 참조). 잠재변수가 있는 모형의 경우 측정모형과 구조모형의 추정치는 참조변수의 설정에 따라 달라진다. 반면, 표준화추정치는 참조변수가 무엇인지에 의존하지 않고 동일하게 된다.

6.A 부록: SAS 프로그램의 예

이 절에서는 앞에서 다루었던 사례들에 대하여 SAS/STAT 소프트웨어를 이용한 프로그램의 예를 제시한다.

⟨SAS 프로그램 6.1⟩ 회귀분석을 이용한 매개효과 검정

```
/* Step 0 */
PROC REG DATA=sem.Mediator SIMPLE CORR;
     MODEL Y = X / STB;
RUN;

/* Step 1 */
PROC REG DATA=sem.Mediator SIMPLE CORR;
     MODEL M = X / STB;
RUN;

/* Step 2 & 3 */
PROC REG DATA=sem.Mediator SIMPLE CORR;
     MODEL Y = M X / STB;
RUN;
```

- PROC REG: 회귀분석을 수행한다. SIMPLE 옵션을 지정하면 평균, 표준편차 등이 출력된다. CORR 옵션을 지정하면 상관계수가 출력된다.
- MODEL: 등호의 왼쪽에 종속변수를, 오른쪽에 설명변수들을 지정한다. STB 옵션을 지정하면 표준화추정치가 출력된다.

⟨SAS 프로그램 6.2⟩ 경로분석을 이용한 매개효과 검정

```
PROC CALIS DATA=sem.Mediator SIMPLE KURTOSIS MODIFICATION EFFPART;
     PATH M <=== X,
          Y <=== M X;
     PATHDIAGRAM SOLUTION=STANDARD;
RUN;
```

- PROC CALIS: 구조방정식모형에 대한 분석을 수행한다. SIMPLE 옵션을 지정하면 관찰변수들의 평균과 표준편차가 출력된다. KURTOSIS 옵션을 지정하면 왜도와 첨도 및 다양한 다변량 첨도 계수(coefficient of kurtosis)가 출력된다. MODIFICATION 옵션을 지정하면 수정지수가 출력된다. EFFPART 옵션을 지정하면 직접효과, 간접효과, 총효과에 대한 추정치(표준화추정치)와 p-값이 출력된다.

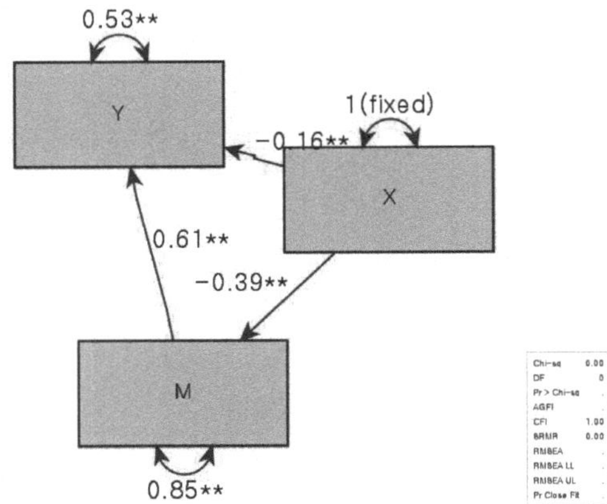

〈그림 6.4〉 PROC CALIS에 의한 경로도

- PATH: 인과관계의 내용을 지정한다.
- PATHDIAGRAM: 경로도를 출력한다. SOLUTION=STANDARD 옵션을 지정하면 경로도에 표준화추정치가 출력된다.

〈SAS 프로그램 6.3〉 잠재변수가 없는 모형 – Union.C

```
PROC CALIS DATA=sem.Union SIMPLE KURTOSIS MODIFICATION EFFPART;
     PATH Defer <=== Age,
          Suppo <=== Age Defer,
          Senti <=== Years Defer Suppo;
     PATHDIAGRAM SOLUTION=STANDARD;
RUN;
```

〈SAS 프로그램 6.4〉 다중 매개효과의 계산과 검정

```
PROC CALIS DATA=sem.Union SIMPLE KURTOSIS MODIFICATION EFFPART;
     PATH Defer <=== Age = a,
          Suppo <=== Age Defer = b c,
          Senti <=== Years Defer Suppo = d e f;
     PARAMETERS ae bf acf;
          ae = a*e;
          bf = b*f;
          acf = a*c*f;
     PATHDIAGRAM SOLUTION=STANDARD;
RUN;
```

- PATH: 인과관계의 내용을 지정한다. 이때 등호(=)의 오른쪽에 관련된 경로계수들의 이름을 지정할 수 있다. 경로계수의 이름은 데이터 파일에 존재하는 어떤 변수의 이름과도 겹치지 않아야 된다는 것을 주의해야 한다.
- PARAMETERS: 이 명령문에 추정될 매개효과들의 이름을 임의의 문자열로 입력한다(공백이나 특수문자는 허용되지 않는다). 그 다음에 매개효과들의 내용을 차례로 지정하면 된다. 이렇게 지정된 효과들에 대하여는 추정치, 표준오차, t-값(z-값)이 출력된다.

⟨SAS 프로그램 6.5⟩ 잠재변수가 있는 모형 – Jobsatis.C

```
PROC CALIS DATA=sem.Jobsatis SIMPLE KURTOSIS MODIFICATION EFFPART;
     PATH /* Measurement Model */
          Achmot1 Achmot2 <=== ACHMOT = 1,
          Tsse1 Tsse2 <=== TSSE = 1,
          Verbint1 <=== VERBINT = 1,
          Perform1 <=== PERFORM = 1,
          Jobsatis1 Jobsatis2 <=== JOBSATIS = 1,
          /* Structural Model */
          PERFORM <=== TSSE,
          JOBSATIS <=== ACHMOT VERBINT PERFORM;
     PVAR Verbint1 = 0.509,
          Perform1 = 0;
     PATHDIAGRAM SOLUTION=STANDARD;
RUN;
```

- PATH: 인과관계의 내용을 지정한다. 측정모형의 경우 각 잠재변수에 대하여 첫 번째 인자적재값을 1로 고정하였다(잠재변수의 측정단위 규정, 5.3절 참조).
- PVAR: 오차변수의 분산을 특정한 값으로 지정한다(단일 지시자 문제, 5.4절 참조).

제 7 장
조절효과(다중집단) 분석

Analysis of Moderating Effect(Multiple-Group)

여러 집단(multiple-group)에 대해서 변수들 간의 구조적 관계를 분석하고 비교하고자 하는 경우가 종종 있게 된다. 예를 들어, '부모의 사회경제적 수준'이 '자식의 학업능력'에 영향을 준다고 가정할 때, 남학생 집단에서의 영향력의 정도(γ_M)와 여학생 집단에서의 영향력의 정도(γ_F)가 동일한지(즉, $\gamma_M = \gamma_F$)가 연구자의 주요 관심대상이 될 수 있을 것이다. 이 장에서는 여러 집단으로부터 얻어진 자료를 통해 모집단의 경로계수 및 인자 구조의 동일성 여부를 검정하는 문제를 다룰 것이다.

7.1 조절효과

변수들 사이의 인과(연관)관계에서 상황적으로 유의한 영향을 미치는 변수를 **조절변수**(moderator variable)라고 한다. 또한, 조절변수의 수준에 따라서 경로계수의 크기가 다를 때 **조절효과**(moderating effect)가 있다고 한다.

예를 들어, 〈그림 7.1〉과 같은 상황에서 데이터가 두 개의 업종(A, B)으로 구분되어 있다고 가정하자. 변수 'Expect(기대수준) $\longrightarrow$ Quality(인지품질)'에 대한 인과관계의 계수가 각각 γ_A, γ_B라고 할 때, 만약 $\gamma_A > \gamma_B$ 또는 $\gamma_A < \gamma_B$(즉, $\gamma_A \neq \gamma_B$)일 경우 이는 두 집단에서 인관관계의 강도(strenth)가 다르다는 의미이며, 이때 조절변수 '업종'에 의한 조절효과가 있다고 한다.

조절변수는 이산형일 수도 있고 연속형일 수도 있다. 조절변수가 성별, 학년, 지역 등과 같이 이산적인 값을 가질 경우에는 각 집단별로 계수를 추정하고 이를 비교할 수 있는데, 이와 같은 형식의 분석을 **다중집단분석**(multiple-group analysis)이라고 한다. 이 장에서는 주로 다중집단분석에 의한 조절효과의 추정과 검정을 다룰 것이다.

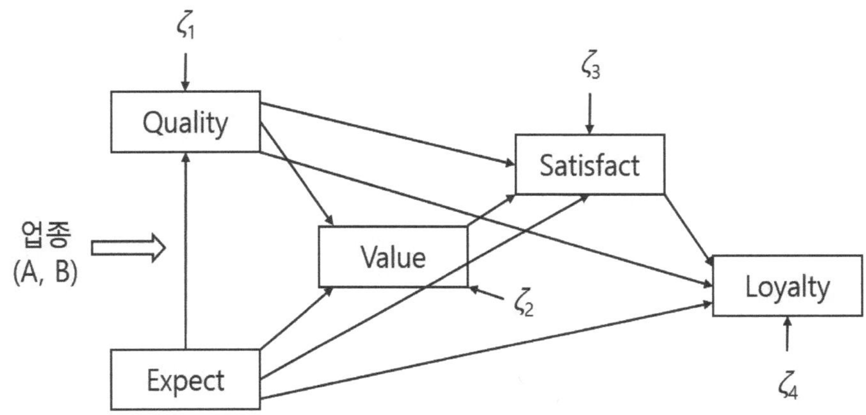

〈그림 7.1〉 '고객 충성도' 모형 (Customer.A)

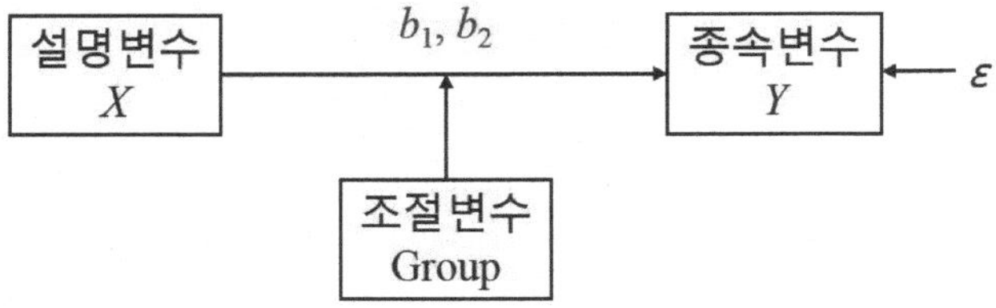

〈그림 7.2〉 간단한 조절효과 모형의 예

한편, 조절변수가 지능, 우울감, 자신감 등과 같이 연속적인 수치값을 가질 경우에는 소위 상호작용 효과(interaction effect)를 고려하여 분석하는 방법이 일반적으로 사용된다. 그러나 변수의 수가 많고 모형이 복잡한 경우에는 상호작용 효과를 분석하는 것이 쉽지 않을 수 있으므로, 조절변수를 상, 하(혹은 상, 중, 하)로 구분하여 다중집단분석을 수행하는 방법도 자주 사용된다. 이 장의 후반부에서는 상호작용 효과를 이용한 조절효과 분석의 사례를 간단히 다룰 것이다.

7.2 회귀분석을 이용한 조절효과 검정

이 절에서는 〈그림 7.2〉와 같은 간단한 모형을 예로 하여 매개효과 분석의 기본적인 개념을 설명한다.

7.2.1 분석 사례 – 집단별(다중집단) 분석

먼저 〈그림 7.2〉의 모형을 회귀식으로 표현하면 다음과 같다.

$$\begin{cases} Y = a_1 + b_1 X + \epsilon, & \text{if Group=1,} \\ Y = a_2 + b_2 X + \epsilon, & \text{if Group=2.} \end{cases} \qquad (7.1)$$

즉, 회귀계수 b_1과 b_2에 대한 추정치는 두 집단에 각각 회귀분석을 실시하여 얻을 수 있다.

다음 〈예 7.1〉은 두 집단(Group)에 각각 회귀분석을 실시한 예이다. 여기에서 사용된 데이터는 'Moderator.csv'이며, which 함수를 사용하여 집단 1과 2를 분리하여 분석을 수행하였다.

〈예 7.1〉 회귀분석을 이용한 조절효과 검정

```
> Moderator <- read.csv("M:/My_Work/Data/Moderator.csv",header=TRUE)
> Moderator.1.fit <- lm(Y~X,data=Moderator[which(Moderator$Group==1),])
> library(lm.beta)
```

```
> Moderator.1.beta <- lm.beta(Moderator.1.fit)
> summary(Moderator.1.beta)      # 집단 1에 대한 결과
#-----------------------------------------------------------------------
Coefficients:
            Estimate Standardized Std. Error t value Pr(>|t|)
(Intercept) 35.35912      0.00000    2.55918   13.82   <2e-16 ***
X            0.49904      0.52385    0.03318   15.04   <2e-16 ***
#-----------------------------------------------------------------------
> Moderator.2.fit <- lm(Y~X,data=Moderator[which(Moderator$Group==2),])
> Moderator.2.beta <- lm.beta(Moderator.2.fit)
> summary(Moderator.2.beta)      # 집단 2에 대한 결과
#-----------------------------------------------------------------------
Coefficients:
            Estimate Standardized Std. Error t value Pr(>|t|)
(Intercept) 16.06212      0.00000    3.73191   4.304 2.28e-05 ***
X            0.69524      0.64393    0.04785  14.529  < 2e-16 ***
```

⟨예 7.1⟩의 결과에서 집단 1에서의 회귀계수는 $\hat{b}_1 = 0.499$이고 집단 2에서의 회귀계수는 $\hat{b}_2 = 0.695$로서, 집단 2에서의 회귀계수가 집단 2에서의 회귀계수보다 크다는 것을 볼 수 있다. 여기에서 가설 '$H_0 : b_1 = b_2$'가 기각되면 조정효과가 존재한다(즉, 두 집단에서 인과관계의 크기가 다르다)고 결론지을 수 있는데, 이에 대한 검정은 다음과 같은 z-통계량을 이용하여 수행할 수 있다.

$$z_b = \frac{\hat{b}_1 - \hat{b}_2}{\sqrt{\mathrm{SE}^2_{\hat{b}_1} + \mathrm{SE}^2_{\hat{b}_2}}}. \tag{7.2}$$

여기에서 SE는 각 통계량들에 대한 표준오차(standard error)를 나타낸다.

⟨예 7.2⟩ 두 집단 회귀계수의 차이에 대한 검정

```
> b1 <- 0.499
> b2 <- 0.695
> SE_b1 <- 0.033
> SE_b2 <- 0.049
> z_value <- (b1-b2)/sqrt(SE_b1^2+SE_b2^2)
> z_value
#-----------------------------------------------------------------------
[1] -3.317748
#-----------------------------------------------------------------------
> p_value <- 2*(1-pnorm(abs(z_value)))
> p_value
#-----------------------------------------------------------------------
[1] 0.0009074641
```

⟨예 7.1⟩의 결과에서 $SE_{\hat{b}_1} = 0.033$, $SE_{\hat{b}_2} = 0.049$이므로, 이 예에서는 검정통계량이 다음과 같이 계산된다(예 7.2 참조).

$$z_b = \frac{0.499 - 0.699}{\sqrt{(0.033)^2 + (0.049^2}} = -23.394.$$

따라서 z-통계량의 절댓값이 임계치 1.96보다 크므로 유의수준 5 %하에서 조절효과가 통계적으로 유의하다고 결론지을 수 있다(p-값 $< .001$).[1] 즉, X와 Y 사이의 인과관계에 있어서 집단 2에서 강도(strenth)가 집단 1에서의 강도보다 크다고 할 수 있다.

7.2.2 분석 사례 – 가변수를 이용하는 방법

3.9절에서 회귀모형이나 구조방정식모형을 분석할 때 질적 설명변수를 가변수(dummy variable)로 처리하여 사용할 수 있다는 것을 설명한 바 있다. 이 예에서는 집단(Group) 변수에 대하여 다음과 같은 가변수를 고려하자.

$$Z = \begin{cases} 1, & \text{if Group=1,} \\ 0, & \text{if Group=2.} \end{cases}$$

위의 가변수를 이용하여 식 (7.1)의 모형을 하나의 회귀모형으로 표현하면 다음과 같다.

$$Y = a + b\,X + c\,Z + d\,XZ + \epsilon. \tag{7.3}$$

식 (7.1)과 (7.3)에서 $a = a_2$, $b = b_2$, $c = a_1 - a_2$, $d = b_1 - b_2$의 관계가 성립한다. 따라서 가설 '$H_0 : b_1 = b_2$'에 대한 검정은 상호작용 효과에 대한 가설 '$H_0 : d = 0$'를 검정하는 것과 동일하게 된다.[2]

[1]표준정규분포(standard normal distribution)하에서 유의수준 10 %, 5 %, 1 %에 대응되는 기각역은 각각 $|z| \geq 1.64$, $|z| \geq 1.96$, $|z| \geq 2.58$이다.

[2]일반적으로 회귀모형에서 두 변수의 교적항(cross-product term)을 상호작용이라고 부른다.

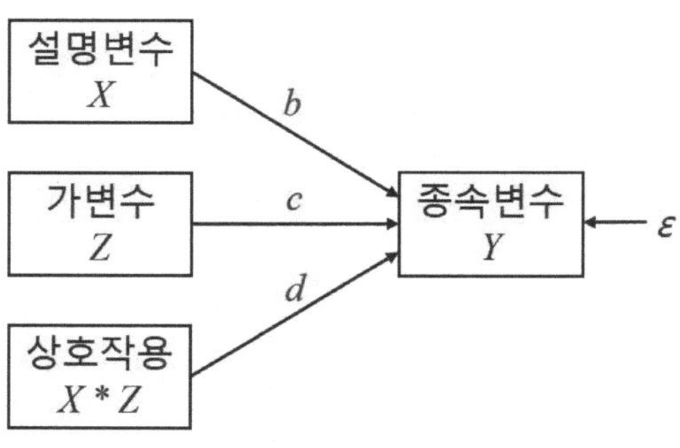

⟨그림 7.3⟩ 상호작용을 이용한 조절효과 모형

식 (7.3)의 모형을 경로도로 도시하면 〈그림 7.3〉과 같다. 즉, 〈그림 7.3〉은 〈그림 7.2〉와 동일한 내용을 표현하고 있다는 것을 주목하기 바란다.

〈예 7.3〉 가변수를 이용한 조절효과 분석

```
> # Dummy Variable
> Moderator$Z <- 0
> Moderator$Z[Moderator$Group==1] = 1
> Moderator$Z[is.na(Moderator$Group)] = NA
> # Interaction Variable
> Moderator$X_Z <- Moderator$X*Moderator$Z
> # Regression with Interaction Variable
> Moderator.fit <- lm(Y~X+Z+X_Z,data=Moderator)
> library(lm.beta)
> Moderator.beta <- lm.beta(Moderator.fit)
> summary(Moderator.beta)
#-----------------------------------------------------------------
Coefficients:
            Estimate Standardized Std. Error t value Pr(>|t|)
(Intercept) 16.06212      0.00000    3.95643   4.060 5.34e-05 ***
X            0.69524      0.69792    0.05073  13.704  < 2e-16 ***
Z           19.29700      0.56813    4.67564   4.127 4.02e-05 ***
X_Z         -0.19619     -0.46564    0.06015  -3.262  0.00115 **
```

〈예 7.3〉은 〈그림 7.3〉의 모형을 분석한 것이다. 이 예에서는 먼저 가변수 Z를 생성하였고(3.9.1절 참조), 그 다음 설명변수 X와 가변수 Z를 곱하여 상호작용 변수 X_Z를 생성하였다. 그리고 다중 회귀분석을 수행하여 계수 a, b, c, d에 대한 추정치를 구하였다.

〈예 7.3〉의 결과에서 상호작용 효과의 추정치는 $\hat{d}(=\hat{b}_1-\hat{b}_2) = -0.196$이며, 이에 대응되는 p-값은 0.001로서 유의수준 5 %하에서 가설 '$H_0 : d = 0$'이 기각됨을 볼 수 있다. 따라서 X와 Y 사이의 인과관계에 있어서 집단(Group) 변수에 의한 조절효과가 존재한다고 결론지을 수 있다.

7.3 분석 사례 – 잠재변수가 없는 모형

이 절에서는 〈그림 7.1〉의 '고객 충성도' 모형을 이용하여 다중집단분석을 수행하는 사례를 다루도록 하자. 'Customer.sav' 데이터에는 Group이라는 집단변수에 의해 두 개의 집단(1, 2)으로 구분되어 있음을 살펴보기 바란다. 또한, 이 모형은 4.9절에서도 다룬 바 있으니 참조하기 바란다.

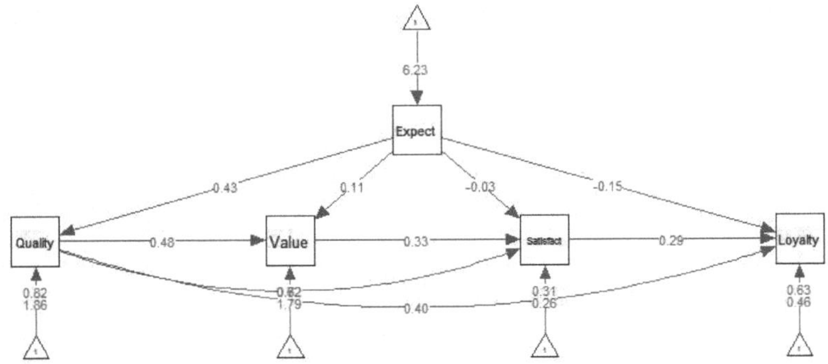

⟨그림 7.4⟩ semPaths 함수에 의해 출력된 경로도 (Group=1)

7.3.1 기본모형에 대한 적합도 평가

다중집단분석을 수행하기 위해서는 먼저 연구자가 설정한 모형이 모든 집단에 대하여 잘 적합되는지를 평가해야 한다. 만약 어느 한 집단에서 기본모형이 잘 적합되지 않는다면 모형을 수정하여 적절한 모형을 구축할 필요가 있다.

다음 ⟨예 7.4⟩는 ⟨그림 7.1⟩의 모형에 대하여 다중집단분석을 수행한 예이다. 다중집단분석을 수행하기 위해서는 이 예에서와 같이 sem 함수에 group= 인수를 사용하여 집단 변수를 지정하면 된다. 또한, 이 예에서는 4.9절에서와 동일하게 WLS(weighted least square, 가중최소제곱) 방법을 적용하였다.

⟨예 7.4⟩ 기본모형에 대한 적합도 평가 (Cus_Multi.A)

```
> Customer <- read.csv("E:/My_Work/Data/Customer.csv",header=TRUE)
> library(lavaan)
> Customer.A <-
+     '
+     Quality ~ Expect
+     Value ~ Expect + Quality
+     Satisfact ~ Expect + Quality + Value
+     Loyalty ~ Expect + Quality + Satisfact
+     '
> Cus_Multi.A.fit <- sem(Customer.A,data=Customer,group="Group",
+     estimator="WLS")
> library(semPlot)
> semPaths(Cus_Multi.A.fit,whatLabels="std",style="lisrel",
+     nCharNodes=0)
fitMeasures(Cus_Multi.A.fit)
#---------------------------------------------------------------------
```

```
              npar              fmin             chisq                df
            38.000             0.002             3.533             2.000
            pvalue    baseline.chisq       baseline.df baseline.pvalue
             0.171           341.658            20.000             0.000
               cfi               tli              nnfi               rfi
             0.995             0.952             0.952             0.897
               nfi              pnfi               ifi               rni
             0.990             0.099             0.995             0.995
             rmsea    rmsea.ci.lower    rmsea.ci.upper     rmsea.pvalue
             0.041             0.000             0.111             0.475
               rmr        rmr_nomean              srmr      srmr_bentler
             3.407             3.934             0.010             0.010
srmr_bentler_nomean             crmr       crmr_nomean       srmr_mplus
             0.011             0.013             0.013             0.011
 srmr_mplus_nomean             cn_05             cn_01               gfi
             0.011          1523.818          2341.942             1.000
              agfi              pgfi               mfi
             0.999             0.050             0.999
```

⟨예 7.4⟩의 결과 중에서 기본모형에 대한 적합도 지수들의 수치를 간단히 정리하면 다음과 같다.

χ^2	df	GFI	AGFI	CFI	TLI	RMSEA	SRMR
3.533	2	1.000	0.999	0.995	0.952	0.041	0.010

이 결과를 살펴보면 대부분의 적합도 지수들이 매우 우수한 수준임을 알 수 있다. 앞에서 언급한 바와 같이 만약 기본모형의 적합도가 나쁘다면 수정지수 등을 참조하여 모형을 수정함으로써 적절한 모형을 구축해야 한다.

한편, 다음 ⟨예 7.5⟩는 기본모형의 계수 추정치를 출력한 것이다. 이 결과에서 집단별로 각각 계수 추정치들이 출력되어 있음을 볼 수 있다.

⟨예 7.5⟩ 계수 추정치 출력 – 기본모형 (Cus_Multi.A)

```
> summary(Cus_Multi.A.fit,fit.measures=TRUE,rsquare=TRUE,
+     standardized=TRUE)
#------------------------------------------------------------------
Group 1 [1]:
Regressions:
                   Estimate  Std.Err  z-value  P(>|z|)   Std.lv  Std.all
  Quality ~
    Expect            0.534    0.057    9.394    0.000    0.534    0.429
```

```
  Value ~
    Expect          0.125    0.046    2.748    0.006    0.125    0.106
    Quality         0.454    0.043   10.574    0.000    0.454    0.479
  Satisfact ~
    Expect         -0.037    0.041   -0.895    0.371   -0.037   -0.030
    Quality         0.606    0.043   14.105    0.000    0.606    0.620
    Value           0.341    0.034   10.045    0.000    0.341    0.331
  Loyalty ~
    Expect         -0.272    0.073   -3.727    0.000   -0.272   -0.153
    Quality         0.571    0.078    7.312    0.000    0.571    0.399
    Satisfact       0.426    0.078    5.489    0.000    0.426    0.291
...
R-Square:
                  Estimate
    Quality          0.184
    Value            0.284
    Satisfact        0.689
    Loyalty          0.366
...

Group 2 [2]:
Regressions:
                 Estimate  Std.Err  z-value  P(>|z|)   Std.lv  Std.all
  Quality ~
    Expect          0.580    0.070    8.264    0.000    0.580    0.486
  Value ~
    Expect          0.072    0.070    1.022    0.307    0.072    0.056
    Quality         0.665    0.074    8.988    0.000    0.665    0.619
  Satisfact ~
    Expect          0.021    0.044    0.482    0.630    0.021    0.018
    Quality         0.566    0.054   10.516    0.000    0.566    0.577
    Value           0.310    0.046    6.767    0.000    0.310    0.339
  Loyalty ~
    Expect         -0.183    0.079   -2.306    0.021   -0.183   -0.112
    Quality         0.827    0.103    8.018    0.000    0.827    0.600
    Satisfact       0.054    0.100    0.541    0.588    0.054    0.039
...
R-Square:
                  Estimate
    Quality          0.237
    Value            0.420
    Satisfact        0.716
    Loyalty          0.343
...
```

7.3.2 구조계수 제약모형에 대한 적합도 평가

다중집단분석에서 각 집단별 경로계수 및 공분산에 대하여 어떤 동일성 가정도 하지 않은 모형을 **비제약모형**(unconstrained model)이라고 한다. 반면에 일부 경로계수 또는 공분산에 대하여 동일성 가정을 하는 모형을 **제약모형**(constrained model)이라고 한다. 다중집단분석에서는 연구자가 적절한 동일성 가정을 세우고, 비제약모형과 제약모형을 비교하여 평가하는 형식을 취하게 된다.

예를 들어, ⟨그림 7.1⟩의 모형에는 모두 9개의 인과관계(한방향 화살표)가 설정되어 있다. 이때 두 집단에 대하여 9개의 계수들이 모두 동일하다는 가정을 하는 모형을 **구조계수 제약모형**(structural weights constrained model)이라고 하는데, 여기에서는 이러한 가설을 검정하는 절차를 다루어 보도록 하자.

다음 ⟨예 7.6⟩은 구조계수 제약모형을 적합하고 적합도를 출력한 것이다. 집단 간 회귀계수들이 모두 동일하다는 제약모형(구조계수 제약모형)을 적합하기 위해서는 이 예에서와 같이 group.equal=c("regressions") 옵션을 사용하면 된다. 또한, anova 함수를 사용하여 두 모형의 적합도 차이에 대한 카이제곱검정을 쉽게 수행할 수 있다.

⟨예 7.6⟩ 구조계수 제약모형에 대한 적합도 평가 (Cus_Multi.B)

```
> Cus_Multi.B.fit <- sem(Customer.A,data=Customer,group="Group",
+     group.equal=c("regressions"),estimator="WLS")
> fitMeasures(Cus_Multi.B.fit)
#-----------------------------------------------------------------------
               npar                fmin               chisq                  df
             29.000               0.013              22.736              11.000
             pvalue      baseline.chisq         baseline.df     baseline.pvalue
              0.019             341.658              20.000               0.000
                cfi                 tli                nnfi                 rfi
              0.964               0.934               0.934               0.879
                nfi                pnfi                 ifi                 rni
              0.933               0.513               0.965               0.964
              rmsea      rmsea.ci.lower      rmsea.ci.upper       rmsea.pvalue
              0.049               0.019               0.077               0.486
                rmr          rmr_nomean                srmr        srmr_bentler
             13.247              15.295               0.044               0.044
srmr_bentler_nomean                crmr         crmr_nomean          srmr_mplus
              0.050               0.087               0.036               0.080
  srmr_mplus_nomean               cn_05               cn_01                 gfi
              0.043             778.107             977.560               1.000
               agfi                pgfi                 mfi
              0.999               0.275               0.993
```

```
#-----------------------------------------------------------------------
> anova(Cus_Multi.A.fit,Cus_Multi.B.fit)
#-----------------------------------------------------------------------
Chi Square Difference Test

                Df AIC BIC   Chisq Chisq diff Df diff Pr(>Chisq)
Cus_Multi.A.fit  2          3.5331
Cus_Multi.B.fit 11         22.7360     19.203       9    0.02352 *
---
Signif. codes:  0 '***' 0.001 '**' 0.01 '*' 0.05 '.' 0.1 ' ' 1
```

⟨예 7.4⟩와 ⟨예 7.6⟩의 결과들 중 비제약모형(기본모형)과 구조계수 제약모형에 대한 적합도 평가를 비교하여 요약하면 다음과 같다. 여기에는 모형비교를 위해 주로 사용되는 증분 적합도 지수들을 함께 제시하였다.

	χ^2	df	p-값	NFI	IFI	RFI	TLI
구조계수 제약모형	22.736	11	–	0.933	0.965	0.879	0.934
비제약모형(기본모형)	3.533	2	–	0.990	0.995	0.995	0.952
차이(Δ)	19.203	9	0.024	−0.057	−0.030	−0.116	−0.018

먼저 비제약모형(기본모형)의 적합도는 우수해야 한다. 이는 앞에서 언급하였듯이 연구자가 설정한 기본모형이 모든 집단의 데이터에 대하여 잘 적합된다는 것을 의미하기 때문이다.

그리고 인과관계를 나타내는 구조계수들이 두 집단 간에 서로 다르다면 조절효과가 존재한다는 의미이며, 이 경우 구조계수 제약모형의 적합도는 비제약모형의 적합도와 큰 차이를 가져야 한다. 구조계수 제약모형은 모든 구조계수(회귀계수)들이 집단 간에 동일하다고 가정하는 모형이기 때문이다.

위의 결과를 살펴보면, 두 모형의 χ^2-값에 대한 차이는 19.203이며 자유도(df)의 차이는 9이다. 그리고 이에 대응하는 p-값은 0.024로서 유의수준 5 %하에서 통계적으로 유의하다. 따라서 조절효과가 존재한다고 할 수 있으며(즉, 구조계수 제약모형과 비제약모형의 적합도가 다르다고 할 수 있다), 적어도 몇 개의 구조계수들은 두 집단 간에 서로 다르다고 결론지을 수 있다.

한편, 다음 ⟨예 7.7⟩에서와 같이 구조계수 제약모형에 대한 계수 추정치들을 살펴보면, 회귀계수 추정치들이 모두 두 집단에서 동일하게 출력되어 있음을 볼 수 있다.

⟨예 7.7⟩ 계수 추정치 출력 – 구조계수 제약모형 (Cus_Multi.B)

```
> summary(Cus_Multi.B.fit,fit.measures=TRUE,rsquare=TRUE,
+       standardized=TRUE)
#-----------------------------------------------------------------
Group 1 [1]:
Regressions:
Regressions:
                    Estimate  Std.Err  z-value  P(>|z|)   Std.lv  Std.all
  Quality ~
    Expect   (.p1.)    0.535    0.045   11.983    0.000    0.535    0.436
  Value ~
    Expect   (.p2.)    0.104    0.038    2.696    0.007    0.104    0.085
    Quality  (.p3.)    0.534    0.038   13.937    0.000    0.534    0.536
  Satisfact ~
    Expect   (.p4.)    0.011    0.030    0.363    0.717    0.011    0.009
...

Group 2 [2]:
Regressions:
                    Estimate  Std.Err  z-value  P(>|z|)   Std.lv  Std.all
  Quality ~
    Expect   (.p1.)    0.535    0.045   11.983    0.000    0.535    0.444
  Value ~
    Expect   (.p2.)    0.104    0.038    2.696    0.007    0.104    0.086
    Quality  (.p3.)    0.534    0.038   13.937    0.000    0.534    0.533
  Satisfact ~
    Expect   (.p4.)    0.011    0.030    0.363    0.717    0.011    0.009
...
```

7.3.3 개별 계수들에 대한 평가

앞의 결과에서 조절효과가 있는 것으로 나타났으므로, 이제 어떤 구조계수(회귀계수)들이 차이를 보이는지를 살펴볼 필요가 있다.

두 집단 회귀계수의 차이(즉, 가설 $H_0 : b_1 = b_2$)에 대한 검정은 식 (7.2)의 z-통계량을 사용하여 수행할 수 있다. 예를 들어, ⟨예 7.5⟩의 결과에서 인과관계 'Quality ⟵ Expect'에 대하여 $\hat{b}_1 = 0.534$, $\hat{b}_2 = 0.580$, $\mathrm{SE}_{\hat{b}_1} = 0.057$, $\mathrm{SE}_{\hat{b}_2} = 0.070$이므로, 다음 ⟨예 7.8⟩의 계산 결과에서 볼 수 있듯이 'z-값 $= -0.510$, p-값 $= -0.610$'을 얻게 된다. 따라서 회귀계수의 차이가 유의수준 5 %하에서 통계적으로 유의하지 않다. 즉, 인과관계 'Quality ⟵ Expect'의 강도(strenth)에 대하여 두 집단별 차이가 존재하지 않는다고 결론지을 수 있다.

〈예 7.8〉 두 집단 회귀계수의 차이에 대한 검정 (Quality ⟵ Expect)

```
> b1 <- 0.534
> b2 <- 0.580
> SE_b1 <- 0.057
> SE_b2 <- 0.070
> z_value <- (b1-b2)/sqrt(SE_b1^2+SE_b2^2)
> z_value
#-----------------------------------------------------------------------
[1] -0.5095721
#-----------------------------------------------------------------------
> p_value <- 2*(1-pnorm(abs(z_value)))
> p_value
#-----------------------------------------------------------------------
[1] 0.6103512
```

〈표 7.1〉 '고객 충성도' 모형 – 회귀계수 추정치 (일부)

(1) 업종 A

내생변수	설명변수	추정치	표준화추정치	p-값	SMC(R^2)
Quality	Expect	0.534	0.429	<.001	0.184
Value	Expect	0.125	0.106	0.006	0.284
	Quality	0.454	0.479	<.001	
. . .					

(2) 업종 B

내생변수	설명변수	추정치	표준화추정치	p-값	SMC(R^2)
Quality	Expect	0.580	0.486	<.001	0.237
Value	Expect	0.072	0.056	0.307	0.420
	Quality	0.665	0.619	<.001	
. . .					

(3) 두 집단 회귀계수의 차이

내생변수	설명변수	추정치	표준화추정치	p-값
Quality	Expect	−0.046	−0.057	0.610
Value	Expect	0.050	0.043	0.529
	Quality	−0.211	−0.140	0.014
. . .				

이 절의 결과들을 전체적으로 요약한 결과가 〈표 7.1〉에 제시되어 있다. 여기에서는 편의상 3개의 회귀계수들에 대해서만 제시하였다.

예를 들어, 인과관계 'Value ⟵ Expect'의 경우 업종 A에서의 추정치는 0.125이고 업종 B에서의 추정치는 0.072이며, 업종 A에서만 이에 대한 회귀계수가 유의수준 5 % 하에서 통계적으로 유의하다. 그리고 추정치의 차이는 0.050으로 크지 않으며(표준화추정치의 차이는 0.043), 두 집단 회귀계수의 차이는 유의수준 5 %하에서 통계적으로 유의하지 않다(p-값 = 0.529).

인과관계 'Value ⟵ Quality'의 경우 업종 A에서의 추정치는 0.454이고 업종 B에서의 추정치는 0.665이며, 두 집단 모두에서 회귀계수가 통계적으로 유의하다. 그리고 추정치의 차이는 −0.211로서 상대적으로 크며(표준화추정치의 차이는 −0.140), 두 집단 회귀계수의 차이는 유의수준 5 %하에서 통계적으로 유의하다(p-값 = 0.014).

7.4 분석 사례 – 잠재변수가 있는 모형

여기에서는 〈그림 7.5〉의 '고객만족' 모형을 이용하여 다중집단분석을 수행하는 사례를 다루도록 하자. Satisfact.sav 데이터에는 Group이라는 변수에 의해 두 개의 집단(1, 2)으로 구분되어 있음을 살펴보기 바란다. 또한, 이 모형은 5.11절에서도 다룬 바 있으니 참조하기 바란다.

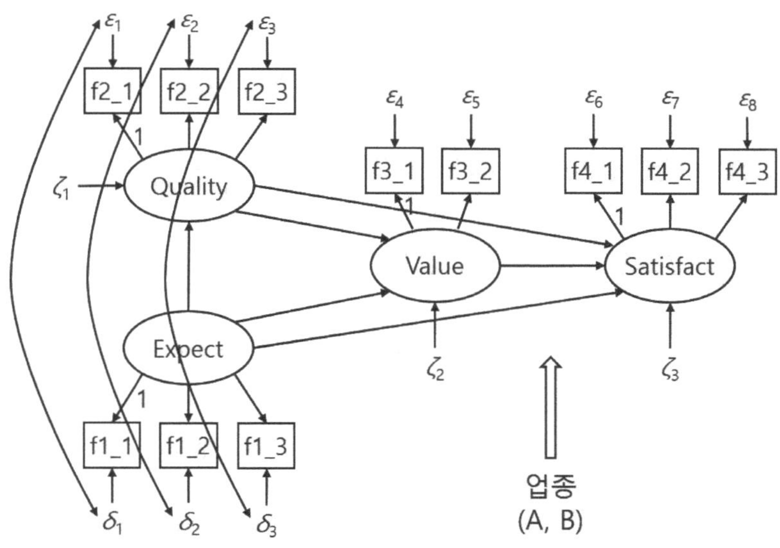

〈그림 7.5〉 '고객만족' 모형 (Satisfact.B)

7.4.1 기본모형에 대한 적합도 평가

앞에서도 언급하였듯이 다중집단분석을 수행하기 위해서는 먼저 연구자가 설정한 모형이 모든 집단에 대하여 잘 적합되는지를 평가해야 한다. 만약 어느 한 집단에서 기본모형이 잘 적합되지 않는다면 모형을 수정하여 적절한 모형을 구축할 필요가 있다.

다음 〈예 7.9〉는 〈그림 7.5〉의 모형에 대하여 다중집단분석을 수행한 예이다. 다중집단분석을 수행하기 위해서는 이 예에서와 같이 sem 함수에 group= 인수를 사용하여 집단 변수를 지정하면 된다. 또한, 이 예에서는 5.11절에서와 동일하게 WLS(weighted least square, 가중최소제곱) 방법을 적용하였다.

〈예 7.9〉 기본모형에 대한 적합도 평가 (Sat_multi.A)

```
> Satisfact <- read.csv("M:/My_Work/Data/Satisfact.csv",header=TRUE)
> library(lavaan)
> Satisfact.B <-
+     '
+     # Measurement Model
+     Expect =~ f1_1 + f1_2 + f1_3
+     Quality =~ f2_1 + f2_2 + f2_3
+     Value =~ f3_1 + f3_2
+     Satisfact =~ f4_1 + f4_2 + f4_3
+     # Structural Model
+     Quality ~ Expect
+     Value ~ Expect + Quality
+     Satisfact ~ Expect + Quality + Value
+     # Error Covariance
+     f1_1 ~~ f2_1
+     f1_2 ~~ f2_2
+     f1_3 ~~ f2_3
+     '
> Sat_Multi.A.fit <- sem(Satisfact.B,data=Satisfact,group="Group",
+     estimator="WLS")
> library(semPlot)
> semPaths(Sat_Multi.A.fit,whatLabels="std",style="lisrel",nCharNodes=0)
> fitMeasures(Sat_Multi.A.fit)
#----------------------------------------------------------------------
           npar            fmin           chisq               df
         84.000           0.078         140.890           70.000
         pvalue  baseline.chisq     baseline.df  baseline.pvalue
          0.000         957.209         110.000            0.000
            cfi             tli            nnfi              rfi
          0.916           0.869           0.869            0.769
```

```
                 nfi                pnfi                 ifi                 rni
               0.853               0.543               0.920               0.916
               rmsea      rmsea.ci.lower      rmsea.ci.upper       rmsea.pvalue
               0.047               0.036               0.059               0.627
                 rmr          rmr_nomean                srmr        srmr_bentler
               0.006               0.002               0.075               0.075
srmr_bentler_nomean                crmr         crmr_nomean          srmr_mplus
               0.075               0.179               0.059               0.173
  srmr_mplus_nomean               cn_05               cn_01                 gfi
               0.076             578.025             641.087               0.999
                agfi                pgfi                 mfi
               0.997               0.454               0.961
```

⟨예 7.9⟩의 결과 중에서 기본모형에 대한 적합도 지수들의 수치를 간단히 정리하면 다음과 같다.

χ^2	df	GFI	AGFI	CFI	TLI	RMSEA	SRMR
140.890	70	0.999	0.997	0.916	0.869	0.047	0.075

이 결과를 살펴보면 대부분의 적합도 지수들이 대체로 받아들일 만한 수준임을 알 수 있다. 앞에서 언급한 바와 같이 만약 기본모형의 적합도가 나쁘다면 수정지수 등을 참조하여 모형을 수정함으로써 적절한 모형을 구축해야 한다.

한편, 다음 ⟨예 7.10⟩은 기본모형의 계수 추정치를 출력한 것이다. 이 결과에서 집단별로 각각 계수 추정치들이 출력되어 있음을 볼 수 있다.

⟨예 7.10⟩ 계수 추정치 출력 – 기본모형 (Sat_Multi.A)

```
> summary(Cus_Multi.A.fit,fit.measures=TRUE,rsquare=TRUE,
+     standardized=TRUE)
#---------------------------------------------------------------
Group 1 [1]:
Latent Variables:
                   Estimate  Std.Err  z-value  P(>|z|)   Std.lv  Std.all
  Expect =~
    f1_1              1.000                               0.122    0.780
    f1_2              0.951    0.066   14.342    0.000    0.116    0.793
    f1_3              0.781    0.078    9.967    0.000    0.095    0.611
  Quality =~
    f2_1              1.000                               0.161    0.892
    f2_2              0.991    0.043   22.818    0.000    0.160    0.876
    f2_3              0.759    0.060   12.611    0.000    0.122    0.645
```

```
Regressions:
                   Estimate  Std.Err  z-value  P(>|z|)   Std.lv  Std.all
  Quality ~
    Expect            0.646    0.073    8.836    0.000    0.489    0.489
  Value ~
    Expect            0.062    0.050    1.236    0.216    0.058    0.058
    Quality           0.527    0.050   10.570    0.000    0.648    0.648
  Satisfact ~
    Expect            0.013    0.051    0.263    0.792    0.011    0.011
    Quality           0.640    0.062   10.239    0.000    0.694    0.694
    Value             0.326    0.051    6.361    0.000    0.287    0.287
R-Square:
                   Estimate
    Quality           0.239
    Value             0.460
    Satisfact         0.844
    f1_1              0.609
    f1_2              0.629
...
Group 2 [2]:
Latent Variables:
                   Estimate  Std.Err  z-value  P(>|z|)   Std.lv  Std.all
  Expect =~
    f1_1              1.000                               0.119    0.869
    f1_2              0.889    0.078   11.391    0.000    0.106    0.807
    f1_3              0.844    0.071   11.887    0.000    0.101    0.708
...
Regressions:
                   Estimate  Std.Err  z-value  P(>|z|)   Std.lv  Std.all
  Quality ~
    Expect            0.741    0.073   10.208    0.000    0.655    0.655
  Value ~
    Expect           -0.027    0.092   -0.297    0.766   -0.025   -0.025
    Quality           0.823    0.122    6.733    0.000    0.834    0.834
  Satisfact ~
    Expect            0.072    0.063    1.141    0.254    0.067    0.067
    Quality           0.547    0.126    4.352    0.000    0.575    0.575
    Value             0.348    0.106    3.285    0.001    0.360    0.360
R-Square:
    Quality           0.429
    Value             0.670
    Satisfact         0.880
    f1_1              0.756
...
```

잠재변수가 있는 경우 두 가지 제약모형에 관심을 두게 된다. 첫 번째는 두 집단에 대하여 관찰변수와 잠재변수의 관계를 나타내는 인자적재값(factor loading, 요인부하량)이 모두 동일하다는 가정을 하는 **측정계수 제약모형**(measurement weights constrained model)이다. 두 번째는 두 집단에 대하여 잠재변수들의 인과관계를 나타내는 회귀계수들이 모두 동일하다는 가정을 하는 **구조계수 제약모형**(structural weights constrained model)이다. 다음과 같은 과정을 수행하여 두 제약모형에 대한 검정을 수행하여 보도록 하자.

7.4.2 측정계수 제약모형에 대한 적합도 평가

잠재변수가 있는 경우에도 연구자의 주 관심은 구조계수에 대한 조절효과일 것이다. 그러나 먼저 측정계수 제약모형의 적합도가 우수해야 한다(즉, 측정계수 제약모형을 채택할 수 있어야 한다). 만약 측정계수 제약모형을 채택할 수 없게 되면 각 집단에서 잠재변수를 규정하는 내용이 달라지게 되므로, 잠재변수들 간의 인과(연관)관계를 해석하는 것이 매우 어렵거나 불가능하게 된다.

다음 ⟨예 7.11⟩은 측정계수 제약모형을 적합하고 적합도를 출력한 것이다. 집단 간 인자적재값들이 모두 동일하다는 제약모형(측정계수 제약모형)을 적합하기 위해서는 이 예에서와 같이 group.equal=c("loadings") 옵션을 사용하면 된다. 또한, anova 함수를 사용하여 두 모형의 적합도 차이에 대한 카이제곱검정을 쉽게 수행할 수 있다.

⟨예 7.11⟩ 측정계수 제약모형에 대한 적합도 평가 (Sat_Multi.B)

```
> Sat_Multi.B.fit <- sem(Satisfact.B,data=Satisfact,group="Group",
+     group.equal=c("loadings"),estimator="WLS")
> fitMeasures(Sat_Multi.B.fit)
#-----------------------------------------------------------------------
               npar               fmin              chisq                 df
             77.000              0.080            144.426             77.000
             pvalue     baseline.chisq        baseline.df    baseline.pvalue
              0.000            957.209            110.000              0.000
                cfi                tli               nnfi                rfi
              0.920              0.886              0.886              0.784
                nfi               pnfi                ifi                rni
              0.849              0.594              0.923              0.920
              rmsea     rmsea.ci.lower     rmsea.ci.upper      rmsea.pvalue
              0.044              0.033              0.055              0.800
                rmr         rmr_nomean               srmr       srmr_bentler
              0.006              0.003              0.083              0.083
srmr_bentler_nomean               crmr        crmr_nomean        srmr_mplus
              0.084              0.193              0.063              0.187
```

```
  srmr_mplus_nomean            cn_05            cn_01                gfi
           0.082            613.347          677.306              0.999
            agfi               pgfi              mfi
           0.997              0.499            0.963
#------------------------------------------------------------------------
> anova(Sat_Multi.A.fit,Sat_Multi.B.fit)
#------------------------------------------------------------------------
Chi Square Difference Test
                Df AIC BIC  Chisq Chisq diff Df diff Pr(>Chisq)
Sat_Multi.A.fit 70         140.89
Sat_Multi.B.fit 77         144.43     3.5362       7     0.8314
```

⟨예 7.9⟩와 ⟨예 7.11⟩의 결과들 중 비제약모형(기본모형)과 측정계수 제약모형에 대한 적합도 평가를 비교하여 요약하면 다음과 같다. 여기에는 모형비교를 위해 주로 사용되는 증분 적합도 지수들을 함께 제시하였다.

	χ^2	df	p-값	NFI	IFI	RFI	TLI
측정계수 제약모형	144.426	77	–	0.849	0.923	0.784	0.886
비제약모형(기본모형)	140.890	70	–	0.853	0.920	0.769	0.869
차이(Δ)	3.536	7	0.831	−0.004	0.003	0.015	0.017

먼저 비제약모형의 적합도는 우수해야 한다. 이는 앞에서 언급하였듯이 연구자의 기본모형이 모든 집단의 데이터에 대하여 잘 적합된다는 것을 의미하기 때문이다.

또한, 측정계수 제약모형의 적합도도 우수해야 한다. 즉, 측정계수 제약모형의 적합도는 비제약모형의 적합도와 큰 차이가 없어야 한다. 이는 각 집단에서 관찰변수를 통해 잠재변수를 규정하는 내용이 동일하다는 것을 의미하기 때문이다.

위의 결과를 살펴보면, 두 모형의 χ^2-값에 대한 차이는 3.536이며 자유도(df)의 차이는 7이다. 그리고 이에 대응하는 p-값은 0.831로서 유의수준 5 %하에서 통계적으로 유의하지 않다. 또한, 주요 증분 적합도 지수들의 차이도 매우 작다는 것을 볼 수 있다. 따라서 측정계수 제약모형을 채택할 수 있으며, 이는 각 집단에서 잠재변수의 의미가 동일하다는 것을 의미한다.

⟨예 7.12⟩ 계수 추정치 출력 – 측정계수 제약모형 (Sat_Multi.B)

```
> summary(Cus_Multi.B.fit,fit.measures=TRUE,rsquare=TRUE,
+       standardized=TRUE)
#------------------------------------------------------------------------
Group 1 [1]:
```

```
Latent Variables:
                   Estimate  Std.Err  z-value  P(>|z|)   Std.lv  Std.all
  Expect =~
    f1_1              1.000                               0.120    0.778
    f1_2     (.p2.)   0.948    0.049   19.158    0.000    0.113    0.785
    f1_3     (.p3.)   0.830    0.050   16.614    0.000    0.099    0.632
  Quality =~
    f2_1              1.000                               0.160    0.891
    f2_2     (.p5.)   0.990    0.034   29.134    0.000    0.158    0.874
    f2_3     (.p6.)   0.730    0.041   17.705    0.000    0.116    0.627
...
Regressions:
                   Estimate  Std.Err  z-value  P(>|z|)   Std.lv  Std.all
  Quality ~
    Expect            0.658    0.070    9.362    0.000    0.493    0.493
  Value ~
    Expect            0.066    0.055    1.204    0.229    0.057    0.057
    Quality           0.557    0.048   11.512    0.000    0.649    0.649
  Satisfact ~
    Expect            0.023    0.050    0.451    0.652    0.018    0.018
    Quality           0.621    0.060   10.391    0.000    0.674    0.674
    Value             0.327    0.049    6.641    0.000    0.305    0.305
R-Square:
                   Estimate
    Quality           0.243
    Value             0.461
    Satisfact         0.843
...

Group 2 [2]:
Latent Variables:
                   Estimate  Std.Err  z-value  P(>|z|)   Std.lv  Std.all
  Expect =~
    f1_1              1.000                               0.117    0.864
    f1_2     (.p2.)   0.948    0.049   19.158    0.000    0.111    0.836
    f1_3     (.p3.)   0.830    0.050   16.614    0.000    0.098    0.705
  Quality =~
    f2_1              1.000                               0.135    0.883
    f2_2     (.p5.)   0.990    0.034   29.134    0.000    0.134    0.874
    f2_3     (.p6.)   0.730    0.041   17.705    0.000    0.099    0.662
...
Regressions:
                   Estimate  Std.Err  z-value  P(>|z|)   Std.lv  Std.all
  Quality ~
    Expect            0.748    0.066   11.305    0.000    0.652    0.652
```

```
  Value ~
    Expect            -0.008    0.083   -0.099    0.921   -0.008   -0.008
    Quality            0.750    0.101    7.397    0.000    0.813    0.813
  Satisfact ~
    Expect             0.089    0.062    1.440    0.150    0.082    0.082
    Quality            0.538    0.115    4.685    0.000    0.570    0.570
    Value              0.363    0.107    3.395    0.001    0.354    0.354
R-Square:
                    Estimate
    Quality            0.425
    Value              0.653
    Satisfact          0.875
...
```

한편, 다음 ⟨예 7.12⟩는 측정계수 제약모형의 계수 추정치를 출력한 것이다. 이 결과에서 측정모형의 계수들은 두 집단에서 같게 추정되어 있으며, 구조모형의 계수들에 대하여는 집단별로 추정치들이 다르다는 것을 볼 수 있다.

7.4.3 구조계수 제약모형에 대한 적합도 평가

이제 구조계수 제약모형에 대한 적합도 평가를 수행하여 잠재변수들의 인과관계에 조절효과가 존재하는지를 검정하여 보자.

다음 ⟨예 7.13⟩은 구조계수 제약모형을 적합하고 적합도를 출력한 것이다. 집단 간 회귀계수들이 모두 동일하다는 제약모형(구조계수 제약모형)을 적합하기 위해서는 이 예에서와 같이 group.equal=c("loadings","regressions") 옵션을 사용하면 된다. 여기에서 구조계수 제약모형은 측정계수 제약모형을 포함한다. 즉, 구조계수 제약모형은 집단 간 인자적재값과 회귀계수들이 모두 동일하다는 가정을 하고 있다.

또한, 앞에서와 마찬가지로 anova 함수를 사용하여 두 모형의 적합도 차이에 대한 카이제곱검정을 쉽게 수행할 수 있다.

⟨예 7.13⟩ 구조계수 제약모형에 대한 적합도 평가 (Sat_Multi.C)

```
> Sat_Multi.C.fit <- sem(Satisfact.B,data=Satisfact,group="Group",
+     group.equal=c("loadings","regressions"),estimator="WLS")
> fitMeasures(Sat_Multi.C.fit)
#----------------------------------------------------------------------
              npar              fmin             chisq                df
            71.000             0.084           151.940            83.000
```

```
              pvalue   baseline.chisq        baseline.df   baseline.pvalue
               0.000          957.209            110.000             0.000
                 cfi              tli               nnfi               rfi
               0.919            0.892              0.892             0.790
                 nfi             pnfi                ifi               rni
               0.841            0.635              0.921             0.919
               rmsea  rmsea.ci.lower    rmsea.ci.upper      rmsea.pvalue
               0.043            0.032              0.054             0.853
                 rmr       rmr_nomean               srmr      srmr_bentler
               0.006            0.003              0.089             0.089
srmr_bentler_nomean             crmr        crmr_nomean       srmr_mplus
               0.090            0.202              0.070             0.195
  srmr_mplus_nomean            cn_05              cn_01               gfi
               0.089          623.154            685.856             0.998
                agfi             pgfi                mfi
               0.997            0.538              0.962
#-----------------------------------------------------------------------
> anova(Sat_Multi.A.fit,Sat_Multi.B.fit)
#-----------------------------------------------------------------------
Chi Square Difference Test

                Df AIC BIC  Chisq Chisq diff Df diff Pr(>Chisq)
Sat_Multi.B.fit 77         144.43
Sat_Multi.C.fit 83         151.94     7.5136       6     0.2759
```

⟨예 7.11⟩과 ⟨예 7.13⟩의 결과들 중 측정계수 제약모형과 구조계수 제약모형에 대한 적합도 평가를 비교하여 요약하면 다음과 같다. 여기에는 모형비교를 위해 주로 사용되는 증분 적합도 지수들을 함께 제시하였다.

	χ^2	df	p-값	NFI	IFI	RFI	TLI
구조계수 제약모형	151.940	83	–	0.841	0.921	0.790	0.891
측정계수 제약모형	144.426	77	–	0.849	0.923	0.784	0.886
차이(Δ)	7.514	6	0.276	−0.008	−0.002	0.006	0.005

만약 잠재변수들 간의 인과관계를 나타내는 구조계수들이 두 집단 간에 서로 다르다면 조절효과가 존재한다는 의미이며, 이 경우 구조계수 제약모형의 적합도는 좋지 않을 것이다. 또한, 측정계수 제약모형과 구조계수 제약모형의 적합도 차이도 크게 나타날 것이다. 구조계수 제약모형은 모든 구조계수(회귀계수)들이 집단 간에 동일하다고 가정하는 모형이기 때문이다.

모형 비교에 대한 결과를 살펴보면, 두 모형의 χ^2-값에 대한 차이는 7.514이며 자유도(df)의 차이는 6이다. 그리고 이에 대응하는 p-값은 0.276으로서 유의수준 5 %하에서 통계적으로 유의하지 않다. 즉, 두 모형의 적합도는 서로 다르지 않다고 할 수 있으며, 이는 어떤 회귀계수에 대해서도 조절효과가 존재한다고 할 수 없다. 따라서 모든 회귀계수들은 두 집단 간에 서로 다르지 않다고 결론지을 수 있다.

7.4.4 개별 계수들에 대한 평가

앞의 결과에서 조절효과가 없는 것으로 나타났으므로, 이 사례에서는 개별 구조계수들에 대한 평가는 큰 의미가 없게 된다. 다만, 독자들은 학습을 위해 7.3.3절의 내용을 참조하여 작업을 수행하고 그 결과들을 살펴보기 바란다.

⟨표 7.2⟩에는 각 집단별 구조계수(회귀계수) 추정치들을 요약한 예가 제시되어 있다. 사실, 이 사례에서는 조절변수 '업종'에 의한 조절효과가 없는 것으로 나타났기 때문에 두 집단의 차이를 비교하는 것은 의미가 없으나, 학습을 위한 예시로 제시하였다.

개별 회귀계수들의 차이를 검정하기 위하여 z-값과 p-값을 얻는 방법에 대하여는 다음 ⟨예 7.14⟩을 참조하기 바란다. 여기에서는 측정계수 제약모형하에서의 결과(예 7.12 참조)를 사용하여 계산을 수행하였다.

또한, 잠재변수는 본질적으로는 측정단위가 없기 때문에 표준화추정치에 더 의미를 둘 수 있으며, 추정치를 해석할 때는 측정모형을 고려하여 해석할 필요가 있다(즉, 어떤 관찰변수가 참조변수를 지정되어 있는지를 고려해야 한다).

⟨예 7.14⟩ 두 집단 회귀계수의 차이에 대한 검정 (Quality ⟵ Expect)

```
> b1 <- 0.658
> b2 <- 0.748
> SE_b1 <- 0.070
> SE_b2 <- 0.066
> z_value <- (b1-b2)/sqrt(SE_b1^2+SE_b2^2)
> z_value
#-----------------------------------------------------------------
[1] -0.9354721
#-----------------------------------------------------------------
> p_value <- 2*(1-pnorm(abs(z_value)))
> p_value
#-----------------------------------------------------------------
[1] 0.3495451
```

〈표 7.2〉 '고객만족' 모형 – 회귀계수 추정치

(1) 업종 A

내생변수	설명변수	추정치	표준화추정치	p-값	SMC(R^2)
Quality	Expect	0.658	0.493	<.001	0.243
Value	Expect	0.066	0.057	0.229	0.461
	Quality	0.557	0.649	<.001	
Satisfact	Expect	0.023	0.018	0.652	0.843
	Quality	0.621	0.674	<.001	
	Value	0.327	0.305	<.001	

(2) 업종 B

내생변수	설명변수	추정치	표준화추정치	p-값	SMC(R^2)
Quality	Expect	0.748	0.652	<.001	0.425
Value	Expect	−0.008	−0.008	0.921	0.653
	Quality	0.750	0.813	<.001	
Satisfact	Expect	0.089	0.082	0.150	0.875
	Quality	0.538	0.570	<.001	
	Value	0.363	0.354	0.001	

(3) 두 집단 회귀계수의 차이

내생변수	설명변수	추정치	표준화추정치	p-값
Quality	Expect	−0.090	−0.159	0.350
Value	Expect	0.074	0.065	0.458
	Quality	−0.193	−0.164	0.062
Satisfact	Expect	−0.082	−0.074	0.409
	Quality	0.083	0.104	0.513
	Value	−0.036	−0.049	0.764

7.5 상호작용 효과를 이용한 조절효과 분석

조절변수가 지능, 우울감, 자신감 등과 같이 연속적인 수치값을 가질 경우에는 소위 상호작용 효과(interaction effect)를 고려하여 분석하는 방법이 일반적으로 사용된다. 여기에서는 간단한 사례를 이용하여 상호작용 효과를 이용한 조절효과 분석을 다룰 것이다.

〈그림 7.6〉의 (a)를 보자. 이 그림에서 변수 X_3는 '$X_1 \longrightarrow X_2$'의 인과관계에 영향을 주는 것으로 도시되어 있다. 그런데 이 그림은 실제로는 분석에 적용될 수 없으며, 이와

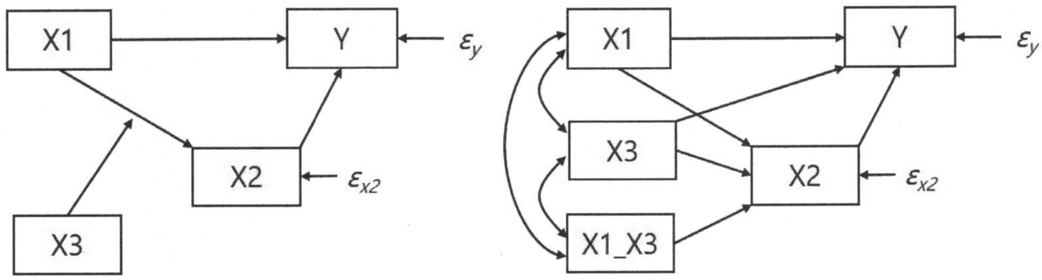

(a) 조절효과 분석에 대한 개념도 (b) 실제 분석을 위한 경로도

〈그림 7.6〉 상호작용 효과를 이용한 조절효과 분석

같은 개념을 분석에 적용하기 위해서는 그림 (b)와 같이 경로도를 작성해야 한다. 여기에서 변수 $X_1_X_3$는 두 변수 X_1과 X_3의 교적항($X_1 \times X_3$)을 의미하는 **상호작용**(interaction) 변수이며, 분석에 앞서 데이터에서 미리 계산해 두어야 한다. 〈그림 7.6〉의 (b)를 수식으로 표현하면 다음과 같다.

$$\begin{cases} X_2 &= \beta_1 X_1 + \beta_3 X_3 + \beta_{13} X_1 X_3 + \epsilon_{x_2}, \\ Y &= \gamma_1 X_1 + \gamma_2 X_2 + \gamma_3 X_3 + \epsilon_y. \end{cases}$$

특히 내생변수 X_2에 관한 수식의 상호작용 부분에서, 설명변수 X_1이 변화할 때 조절변수 X_3의 수준에 따라서 내생변수 X_2의 변화량이 달라진다는 것을 알 수 있으며, 결국 조절효과의 유무를 검정하는 것은 가설 '$H_0 : \beta_{13} = 0$'을 검정하는 것과 같게 된다.

〈예 7.15〉 상호작용 효과를 이용한 조절효과 분석

```
> Interaction <- read.csv("M:/My_Work/Data/Interaction.csv",header=TRUE)
> Interaction$X1_X3 <- Interaction$X1*Interaction$X3
> Interaction.A <-
+     '
+     X2 ~ X1 + X3 + X1_X3
+     Y ~ X1 + X2 + X3
+     '
> Interaction.A.fit <- sem(Interaction.A,data=Interaction)
> library(semPlot)
> semPaths(Interaction.A.fit,whatLabels="std",style="lisrel",
+     nCharNodes=0)
> fitMeasures(Interaction.A.fit)rator.fit)
> summary(Interaction.A.fit,fit.measures=TRUE,rsquare=TRUE,
+     standardized=TRUE)
#---------------------------------------------------------------------
```

```
lavaan 0.6-3 ended normally after 23 iterations
  Model Fit Test Statistic                         0.485
  Degrees of freedom                                   1
  P-value (Chi-square)                             0.486
Regressions:
                Estimate  Std.Err  z-value  P(>|z|)   Std.lv  Std.all
  X2 ~
    X1             1.268    0.109   11.600    0.000    1.268    1.063
    X3             0.248    0.074    3.329    0.001    0.248    0.463
    X1_X3         -0.017    0.006   -2.921    0.003   -0.017   -0.518
  Y ~
    X1             0.761    0.392    1.940    0.052    0.761    0.297
    X2             0.603    0.333    1.807    0.071    0.603    0.281
    X3             0.305    0.093    3.269    0.001    0.305    0.265
Variances:
                Estimate  Std.Err  z-value  P(>|z|)   Std.lv  Std.all
   .X2             2.820    0.420    6.708    0.000    2.820    0.213
   .Y             30.901    4.606    6.708    0.000   30.901    0.506
R-Square:
                Estimate
    X2             0.787
    Y              0.494
```

⟨예 7.15⟩는 ⟨그림 7.6⟩의 모형 (b)에 대한 분석을 수행한 것이며, ⟨표 7.3⟩은 계수 추정치 등을 요약한 것이다. 여기에서는 조절효과와 관련된 주요 결과들을 살펴보도록 하자.

먼저 경로 '$X_2 \longleftarrow X_1$'의 계수 추정치는 1.268이며 p-값 < 0.001로써 유의수준 5 % 하에서 통계적으로 유의함을 알 수 있다. 따라서 설명변수 X_1과 내생변수 X_2는 양(+)의 인과관계가 있다고 결론지을 수 있다.

⟨표 7.3⟩ '상호작용' 모형(Interaction.A) – 계수 추정치

내생변수	설명변수	추정치	표준화추정치	p-값	SMC(R^2)
X2	X1	1.268	1.063	<.001	0.787
	X3	0.248	0.463	<.001	
	X1*X3	−0.017	−0.518	0.004	
Y	X1	0.761	0.297	0.054	0.494
	X2	0.603	0.281	0.072	
	X3	0.305	0.265	0.001	

그리고 경로 '$X_2 \longleftarrow X1\_X3$'의 계수를 살펴보면 p-값이 0.003으로써 유의수준 5 % 하에서 통계적으로 유의함을 알 수 있다. 따라서 가설 '$H_0 : \beta_{13} = 0$'을 기각할 수 있으므로 조절효과가 있다고 결론지을 수 있다. 또한, 상호작용 효과에 대한 추정치의 부호가 음수 (-0.017)이므로, 조절변수 X_3이 커질수록 X_1과 X_2 사이의 인과관계의 강도(strenth)가 작아진다고 할 수 있다.

한편, 변수의 수가 많고 모형이 복잡한 경우에는 실제적으로 상호작용 효과를 분석하고 그 결과를 해석하는 것이 쉽지 않을 수 있다. 이런 경우에는 조절변수를 상, 하(혹은 상, 중, 하)로 구분하여 다중집단분석을 수행하는 방법도 종종 사용된다.

특히 잠재변수가 있는 모형의 경우에는 이 사례에서와 같이 상호작용 변수를 미리 계산할 없다는 문제점이 발생한다. 따라서 관련 관찰변수의 모든 교적항(cross product term) 들을 조절 잠재변수의 지표(indicator)로 이용하거나, 가능한 교적항 중에서 하나의 지표만을 이용하는 방법 등이 사용된다. 이러한 내용에 대하여는 다른 문헌들을 참조하기 바란다.

7.A 부록: SAS 프로그램의 예

이 절에서는 앞에서 다루었던 사례들에 대하여 SAS/STAT 소프트웨어를 이용한 프로그램의 예를 제시한다.

⟨SAS 프로그램 7.1⟩ 회귀분석을 이용한 조절효과 검정

```
PROC REG DATA=sem.Moderator SIMPLE CORR;
     WHERE Group=1;
     MODEL Y = X / STB;
RUN;

PROC REG DATA=sem.Moderator SIMPLE CORR;
     WHERE Group=2;
     MODEL Y = X / STB;
RUN;
```

- PROC REG: 회귀분석을 수행한다. SIMPLE 옵션을 지정하면 평균, 표준편차 등이 출력된다. CORR 옵션을 지정하면 상관계수가 출력된다.
- MODEL: 등호의 왼쪽에 종속변수를, 오른쪽에 설명변수들을 지정한다. STB 옵션을 지정하면 표준화추정치가 출력된다.
- WHERE: 분석대상이 되는 조건을 지정한다.

⟨SAS 프로그램 7.2⟩ 두 집단 회귀계수의 차이에 대한 검정

```
DATA p_value;
     b1 = 0.499;
     b2 = 0.695;
     SE_b1 = 0.033;
     SE_b2 = 0.049;
     z_value = (b1-b2)/SQRT(SE_b1**2+SE_b2**2);
     p_value = 2*(1-PROBNORM(ABS(z_value)));
RUN;

PROC PRINT DATA=p_value;
RUN;
-----------------------------------------------------------------------
```

- DATA: 주어진 내용의 데이터셋을 생성한다. 여기에서 사용된 PROBNORM 함수는 표준정규분포의 누적확률을 계산한다. SQRT 함수는 제곱근을 계산하며, ABS 함수는 절댓값을 계산한다.
- PROC PRINT: 데이터셋의 내용을 출력한다.

⟨SAS 프로그램 7.3⟩ 가변수를 이용한 조절효과 분석

```
DATA sem.Moderator;
     SET sem.Moderator;
     Z=0;
     IF Group=1 THEN Z=1;
     IF MISSING(Group) THEN Z=.;
     X_Z=X*Z;
RUN;

PROC REG DATA=sem.Moderator SIMPLE CORR;
     MODEL Y = X Z X_Z / STB;
RUN;
```

⟨SAS 프로그램 7.4⟩ 기본모형에 대한 적합도 평가 (Cus_Multi.A)

```
DATA sem.Customer1 sem.Customer2;
     SET sem.Customer;
     IF Group=1 THEN OUTPUT sem.Customer1;
         ELSE IF Group=2 THEN OUTPUT sem.Customer2;
RUN;
```

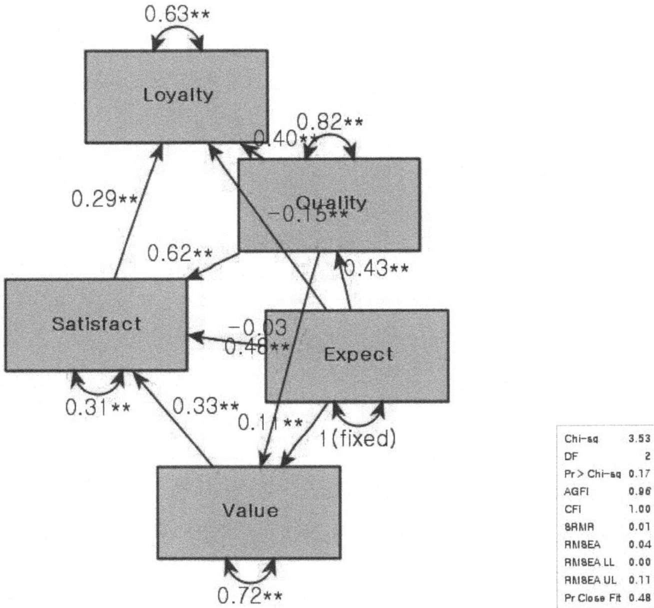

⟨그림 7.7⟩ PROC CALIS에 의한 경로도 (Group=1)

```
PROC CALIS SIMPLE KURTOSIS MODIFICATION EFFPART METHOD=WLS;
    GROUP 1 / DATA=sem.Customer1 LABEL='Group=1';
    GROUP 2 / DATA=sem.Customer2 LABEL='Group=2';
    MODEL 1 / GROUP=1;
        PATH Quality <=== Expect,
            Value <=== Expect Quality,
            Satisfact <=== Expect Quality Value,
            Loyalty <=== Expect Quality Satisfact;
    MODEL 2 / GROUP=2;
        REFMODEL 1 / ALLNEWPARMS;
    PATHDIAGRAM SOLUTION=STANDARD;
RUN;
---------------------------------------------------------------------
```

- PROC CALIS: 구조방정식모형에 대한 분석을 수행한다. 이 명령문에 METHOD=WLS 옵션을 지정하면 WLS(weighted least square, 가중최소제곱) 방법에 의해 모수를 추정한다(4장 참조). SIMPLE 옵션을 지정하면 관찰변수들의 평균과 표준편차가 출력된다. KURTOSIS 옵션을 지정하면 왜도와 첨도 및 다양한 다변량 첨도 계수(coefficient of kurtosis)가 출력된다. MODIFICATION 옵션을 지정하면 수정지수가 출력된다. EFFPART 옵션을 지정하면 직접효과, 간접효과, 총효과에 대한 추정치(표준화추정치)와 p-값이 출력된다(6장 참조).

- GROUP: 일련번호로 집단을 지정한다. DATA 옵션으로 각 집단별 데이터셋을 지정하고, LABEL 옵션으로 출력 결과에 표현될 레이블을 지정한다.
- MODEL: 각 집단별 모형을 설정한다.
- REFMODEL: 위에서 설정한 모형과 동일한 모형을 사용할 것을 지정한다. 이 명령문에 ALLNEWPARMS 옵션을 지정하면 각 집단별로 모든 모수들을 별개로 추정하며, 기본 모형에 대한 적합도 지수들이 출력된다.
- PATH: 인과관계의 내용을 지정한다.
- PATHDIAGRAM: 경로도를 출력한다. SOLUTION=STANDARD 옵션을 지정하면 경로도에 표준화추정치가 출력된다.

⟨SAS 프로그램 7.5⟩ 구조계수 제약모형에 대한 적합도 평가 - 1

```
PROC CALIS SIMPLE KURTOSIS MODIFICATION EFFPART METHOD=WLS;
     GROUP 1 / DATA=sem.Customer1 LABEL='Group=1';
     GROUP 2 / DATA=sem.Customer2 LABEL='Group=2';
     MODEL 1 / GROUP=1;
          PATH Quality <=== Expect,
               Value <=== Expect Quality,
               Satisfact <=== Expect Quality Value,
               Loyalty <=== Expect Quality Satisfact;
     MODEL 2 / GROUP=2;
          REFMODEL 1;
     PATHDIAGRAM SOLUTION=STANDARD;
RUN;
```

- REFMODEL: 이 명령문에 ALLNEWPARMS 옵션을 지정하지 않으면 구조계수 제약모형에 대한 적합도 지수들이 출력된다.

⟨SAS 프로그램 7.6⟩ 구조계수 제약모형에 대한 적합도 평가 - 2

```
PROC CALIS SIMPLE KURTOSIS MODIFICATION EFFPART METHOD=WLS;
     GROUP 1 / DATA=sem.Customer1 LABEL='Group=1';
     GROUP 2 / DATA=sem.Customer2 LABEL='Group=2';
     MODEL 1 / GROUP=1;
          PATH Quality <=== Expect = a1,
               Value <=== Expect Quality = a2 a3,
               Satisfact <=== Expect Quality Value = a4 a5 a6,
               Loyalty <=== Expect Quality Satisfact = a7 a8 a9;
     MODEL 2 / GROUP=2;
```

```
        PATH Quality <=== Expect = a1,
             Value <=== Expect Quality = a2 a3,
             Satisfact <=== Expect Quality Value = a4 a5 a6,
             Loyalty <=== Expect Quality Satisfact = a7 a8 a9;
    PATHDIAGRAM SOLUTION=STANDARD;
RUN;
-----------------------------------------------------------------------
```

- PATH: 구조계수 제약모형에 대한 적합도를 얻는 다른 방법은 이 예에서와 같이 구조계수들의 이름을 두 집단에 동일하게 지정하는 것이다. 단, 계수들의 이름은 데이터셋의 어떤 변수 이름들과도 겹치지 않아야 한다.

⟨SAS 프로그램 7.7⟩ 개별 계수들에 대한 평가 (Cus_Multi.A)

```
PROC CALIS SIMPLE KURTOSIS MODIFICATION EFFPART METHOD=WLS;
    GROUP 1 / DATA=sem.Customer1 LABEL='Group=1';
    GROUP 2 / DATA=sem.Customer2 LABEL='Group=2';
    MODEL 1 / GROUP=1;
        PATH Quality <=== Expect = a1,
             Value <=== Expect Quality = a2 a3,
             Satisfact <=== Expect Quality Value = a4 a5 a6,
             Loyalty <=== Expect Quality Satisfact = a7 a8 a9;
    MODEL 2 / GROUP=2;
        PATH Quality <=== Expect = b1,
             Value <=== Expect Quality = b2 b3,
             Satisfact <=== Expect Quality Value = b4 b5 b6,
             Loyalty <=== Expect Quality Satisfact = b7 b8 b9;
    PATHDIAGRAM SOLUTION=STANDARD;
    SIMTESTS
        AllDiff = (Test1 Test2 Test3 Test4 Test5
                   Test6 Test7 Test8 Test9);
        Test1 = a1 - b1;
        Test2 = a2 - b2;
        Test3 = a3 - b3;
        Test4 = a4 - b4;
        Test5 = a5 - b5;
        Test6 = a6 - b6;
        Test7 = a7 - b7;
        Test8 = a8 - b8;
        Test9 = a9 - b9;
RUN;
-----------------------------------------------------------------------
```

- PATH: 개별 계수들에 검정을 수행하기 위해서는 먼저 이 명령문에 계수들의 이름을 각각 다르게 지정해야 한다.

- SIMTESTS: 여러 개의 모수들에 대한 동시 검정을 수행할 것을 지정한다. 이때 검정의 이름을 지정하고 등호(=) 다음의 괄호 안에 개별 검정들의 이름을 나열하면 된다. 그리고 그 다음에 개별 검정들의 이름과 내용을 지정하면 된다. 예를 들어, 'Test1 = a1 - b1;'은 '$H_0 : a_1 - b_1 = 0$(즉, $H_0 : a_1 = b_1$)'을 검정하게 된다.

⟨SAS 프로그램 7.8⟩ 기본모형에 대한 적합도 평가 (Sat_multi.A)

```
DATA sem.Satisfact1 sem.Satisfact2;
     SET sem.Satisfact;
     IF Group=1 THEN OUTPUT sem.Satisfact1;
     ELSE IF Group=2 THEN OUTPUT sem.Satisfact2;
RUN;
PROC CALIS SIMPLE KURTOSIS MODIFICATION EFFPART METHOD=WLS;
     GROUP 1 / DATA=sem.Satisfact1 LABEL='Group=1';
     GROUP 2 / DATA=sem.Satisfact2 LABEL='Group=2';
     MODEL 1 / GROUP=1;
          PATH /* Measurement Model */
               f1_1 f1_2 f1_3 <=== Expect = 1,
               f2_1 f2_2 f2_3 <=== Quality = 1,
               f3_1 f3_2 <=== Value = 1,
               f4_1 f4_2 f4_3 <=== Satisfact = 1,
               /* Structural Model */
               Quality <=== Expect,
               Value <=== Expect Quality,
               Satisfact <=== Expect Quality Value;
          PCOV f1_1 f2_1,
               f1_2 f2_2,
               f1_3 f2_3;
     MODEL 2 / GROUP=2;
          REFMODEL 1 / ALLNEWPARMS;
     PATHDIAGRAM SOLUTION=STANDARD;
RUN;
```

⟨SAS 프로그램 7.9⟩ 측정계수 제약모형에 대한 적합도 평가 (Sat_multi.B)

```
PROC CALIS SIMPLE KURTOSIS MODIFICATION EFFPART METHOD=WLS;
     GROUP 1 / DATA=sem.Satisfact1 LABEL='Group=1';
     GROUP 2 / DATA=sem.Satisfact2 LABEL='Group=2';
     MODEL 1 / GROUP=1;
          PATH /* Measurement Model */
               f1_1 f1_2 f1_3 <=== Expect = 1 a1 a2,
               f2_1 f2_2 f2_3 <=== Quality = 1 a3 a4,
```

```
            f3_1 f3_2 <=== Value = 1 a5,
            f4_1 f4_2 f4_3 <=== Satisfact = 1 a6 a7,
            /* Structural Model */
            Quality <=== Expect,
            Value <=== Expect Quality,
            Satisfact <=== Expect Quality Value;
        PCOV f1_1 f2_1,
            f1_2 f2_2,
            f1_3 f2_3;
    MODEL 2 / GROUP=2;
        PATH /* Measurement Model */
            f1_1 f1_2 f1_3 <=== Expect = 1 a1 a2,
            f2_1 f2_2 f2_3 <=== Quality = 1 a3 a4,
            f3_1 f3_2 <=== Value = 1 a5,
            f4_1 f4_2 f4_3 <=== Satisfact = 1 a6 a7,
            /* Structural Model */
            Quality <=== Expect,
            Value <=== Expect Quality,
            Satisfact <=== Expect Quality Value;
        PCOV f1_1 f2_1,
            f1_2 f2_2,
            f1_3 f2_3;
    PATHDIAGRAM SOLUTION=STANDARD;
RUN;
-----------------------------------------------------------------------
```

- PATH: 측정계수 제약모형에 대한 적합도를 얻기 위하여 측정계수들의 이름을 두 집단에 동일하게 지정하였다.

〈SAS 프로그램 7.10〉 구조계수 제약모형에 대한 적합도 평가 (Sat_multi.C)

```
PROC CALIS SIMPLE KURTOSIS MODIFICATION EFFPART METHOD=WLS;
    GROUP 1 / DATA=sem.Satisfact1 LABEL='Group=1';
    GROUP 2 / DATA=sem.Satisfact2 LABEL='Group=2';
    MODEL 1 / GROUP=1;
        PATH /* Measurement Model */
            f1_1 f1_2 f1_3 <=== Expect = 1 a1 a2,
            f2_1 f2_2 f2_3 <=== Quality = 1 a3 a4,
            f3_1 f3_2 <=== Value = 1 a5,
            f4_1 f4_2 f4_3 <=== Satisfact = 1 a6 a7,
            /* Structural Model */
            Quality <=== Expect = b1,
            Value <=== Expect Quality = b2 b3,
            Satisfact <=== Expect Quality Value = b4 b5 b6;
```

```
        PCOV f1_1 f2_1,
             f1_2 f2_2,
             f1_3 f2_3;
    MODEL 2 / GROUP=2;
        PATH /* Measurement Model */
             f1_1 f1_2 f1_3 <=== Expect = 1 a1 a2,
             f2_1 f2_2 f2_3 <=== Quality = 1 a3 a4,
             f3_1 f3_2 <=== Value = 1 a5,
             f4_1 f4_2 f4_3 <=== Satisfact = 1 a6 a7,
             /* Structural Model */
             Quality <=== Expect = b1,
             Value <=== Expect Quality = b2 b3,
             Satisfact <=== Expect Quality Value = b4 b5 b6;
        PCOV f1_1 f2_1,
             f1_2 f2_2,
             f1_3 f2_3;
    PATHDIAGRAM SOLUTION=STANDARD;
RUN;
-----------------------------------------------------------------------
```

- PATH: 구조계수 제약모형에 대한 적합도를 얻기 위하여 측정계수들과 구조계수들의 이름을 두 집단에 동일하게 지정하였다.

⟨SAS 프로그램 7.11⟩ 개별 계수들에 대한 평가 (Sat_multi.B)

```
    GROUP 1 / DATA=sem.Satisfact1 LABEL='Group=1';
    GROUP 2 / DATA=sem.Satisfact2 LABEL='Group=2';
    MODEL 1 / GROUP=1;
        PATH /* Measurement Model */
             f1_1 f1_2 f1_3 <=== Expect = 1 a1 a2,
             f2_1 f2_2 f2_3 <=== Quality = 1 a3 a4,
             f3_1 f3_2 <=== Value = 1 a5,
             f4_1 f4_2 f4_3 <=== Satisfact = 1 a6 a7,
             /* Structural Model */
             Quality <=== Expect = b1,
             Value <=== Expect Quality = b2 b3,
             Satisfact <=== Expect Quality Value = b4 b5 b6;
        PCOV f1_1 f2_1,
             f1_2 f2_2,
             f1_3 f2_3;
    MODEL 2 / GROUP=2;
        PATH /* Measurement Model */
             f1_1 f1_2 f1_3 <=== Expect = 1 a1 a2,
             f2_1 f2_2 f2_3 <=== Quality = 1 a3 a4,
```

```
                f3_1 f3_2 <=== Value = 1 a5,
                f4_1 f4_2 f4_3 <=== Satisfact = 1 a6 a7,
                /* Structural Model */
                Quality <=== Expect = c1,
                Value <=== Expect Quality = c2 c3,
                Satisfact <=== Expect Quality Value = c4 c5 c6;
           PCOV f1_1 f2_1,
                f1_2 f2_2,
                f1_3 f2_3;
      PATHDIAGRAM SOLUTION=STANDARD;
      SIMTESTS
           AllDiff = (Test1 Test2 Test3 Test4 Test5 Test6);
           Test1 = b1 - c1;
           Test2 = b2 - c2;
           Test3 = b3 - c3;
           Test4 = b4 - c4;
           Test5 = b5 - c5;
           Test6 = b6 - c6;
RUN;
-----------------------------------------------------------------------
```

- PATH: 개별 구조계수들에 검정을 수행하기 위해서는 먼저 이 명령문에 구조계수들의 이름을 각각 다르게 지정해야 한다.
- SIMTESTS: 여러 개의 모수들에 대한 동시 검정을 수행할 것을 지정한다. 이때 검정의 이름을 지정하고 등호(=) 다음의 괄호 안에 개별 검정들의 이름을 나열하면 된다. 그리고 그 다음에 개별 검정들의 이름과 내용을 지정하면 된다. 예를 들어 'Test1 = b1 - c1;'은 '$H_0 : b_1 - c_1 = 0$(즉, $H_0 : b_1 = c_1$)'을 검정하게 된다.

⟨SAS 프로그램 7.12⟩ 상호작용 효과를 이용한 조절효과 분석

```
DATA sem.Interaction;
     SET sem.Interaction;
     X1_X3=X1*X3;
RUN;

PROC CALIS DATA=sem.Interaction SIMPLE KURTOSIS MODIFICATION EFFPART;
     PATH X2 <=== X1 X3 X1_X3,
          Y <=== X1 X2 X3;
     PATHDIAGRAM SOLUTION=STANDARD;
RUN;
```

제 8 장
요인분석(인자분석)

Factor Anslysis

통상적인 통계분석 또는 구조방정식모형에서 사용되는 관찰변수들은 여러 문항들의 평균(또는 합)으로 계산되는 경우가 많이 있다. 이때 평균(또는 합) 점수를 사용할 것을 염두에 두고 개발된 질문지 등을 **측정도구**(measurement instrument)라고 한다. 특히 행동과학 분야에서 다루는 많은 변수들은 측정도구를 이용하여 측정(measure)하게 되는데, 여기에서 중요한 것은 측정하고자 하는 것을 제대로 안정성 있게 측정하고 있는가이다. 이와 같은 문제는 소위 측정(또는 측정도구)의 타당도 및 신뢰도와 관련이 있으며, 이 장에서는 구성타당도 평가를 위해 널리 사용되는 요인분석(인자분석)을 중심으로 타당도와 신뢰도를 평가하는 몇 가지 방법들을 다룰 것이다.

측정도구(measurement instrument)를 평가하는 데 사용되는 몇 가지 분석방법들은 측정모형(measurement model)의 평가에도 적용될 수 있다. 그러나 6.1.4절에서 논의한 바와 같이 측정도구에 대한 평가와 구조방정식모형에서 측정모형에 대한 평가는 분명히 구별되어야 한다. 사실, 측정(측정도구)의 타당도와 신뢰도는 구조방정식모형과 같은 통계모형과는 직접적으로 관련이 없는 것이며, 어떤 통계분석을 수행하기 이전 단계에서 먼저 검토되어야 하는 사항이라는 점을 다시 한 번 강조한다.

8.1 측정도구의 타당도와 신뢰도

질문지의 각 문항은 각각 특유의 개념(concept)을 측정한다. 개념에는 성, 나이, 학력과 같이 명확히 할 수 있는 것이 있지만, 보수성, 소비성향, 만족도, 행복감 등과 같이 다소 추상적인 것들도 있다. 추상적인 개념일수록 측정이 쉽지 않은 것은 당연하다. 따라서 타당하고 신뢰성 있는 측정도구는 모든 연구에 있어서 필수적인 구성요소이다. 이 절에서는 타당도와 신뢰도의 주요 개념에 대하여 간단히 설명한다.

8.1.1 측정도구의 타당도

타당도(validity)는 질문이 원래 의도한 개념을 충실히 반영하는가 하는 것이다. 따라서 질문의 내용을 면밀하게 분석하여 정성적으로 타당성을 따진다. 예를 들어, 국어 시험에서 방정식의 개념을 묻는 것은 타당하지 않다.

이렇듯 문항의 타당도 평가는 정성적으로 접근된다. 분야 전문가(subject expert)와 방법론 전문가(methodology expert)로 위원회를 구성하여 질문지에 대한 타당도 검토를 할 수 있다. 예를 들어, S 그룹이 신입사원 입사시험으로 '직무적성 테스트'를 시행하고 있다고 하자. 이 테스트가 사원 선별을 위해서 타당한 측정치를 제공하는가? 이에 대한 답을 하기 위해서는 해당 분야 전문가의 검토가 필요한 것이다.

(1) 내용 타당도

타당도의 질적 평가에서 주요 부분은 내용 타당도(content validity)이다. 측정도구에 반영되는 '그 무엇'의 실체를 내용적으로 분석하는 것이다. 만약 '그 무엇'의 내용에 원래 의도하였던 것이 아닌 것이 포함되어 있거나, 원래 의도하였던 '그 무엇'의 내용이 측정도구에 반영되어 있지 않다면 타당도의 문제가 있다. 내용 타당도는 가장 기본적이고 중요한 타당도이며, 주로 측정내용에 대한 전문가 집단의 판단에 의해 평가된다.

예를 들어, 조사방법론의 기말시험이 학업성취도(이해 75 % + 응용 25 %)의 측정으로 타당한가를 검토해 보자. 실제 주요 학습 영역이 기말시험 문제지에 골고루 포함되었는지, 기말시험 문제가 모두 학습 영역에서 나왔는지, 이해 정도와 응용 능력이 제시된 비율로 나타났는지를 검토할 필요가 있다.

(2) 준거 타당도

타당도의 양적 평가로는 준거 타당도와 구인 타당도를 보는 방법이 있다. 준거 타당도(criterion validity, 기준관련 타당도)는 측정에 의한 점수와 어떤 준거와의 상관관계를 평가하는 것으로, 공인 타당도와 예측 타당도로 구분된다.

공인 타당도(concurrent validity)는 현재의 측정과 타당성을 이미 입증 받은 측정도구 간의 상관관계로 정의된다. 예를 들어, 300명의 응답자에게 새로운 인성검사 도구와 기존에 공인된 MMPI(Minnesota multiple personality inventory) 검사를 모두 실시하고, 두 측정치 간의 상관계수에 의해 새로운 인성검사 도구의 공인 타당도를 평가할 수 있다.

예측 타당도(predictive validity)는 측정도구와 향후 실현되는 의도된 것과의 상관관계로 정의된다. 예를 들어, S 그룹 '직무적성 테스트'의 예측 타당도는 직원들이 입사하여 일정 시간이 경과된 후에 측정된 근무 평점과의 상관계수로 평가될 수 있다. 상관계수가 1에 가까우면 타당도가 높은 것이고, 반대로 0에 가까우면 타당도가 낮은 것이다. 예측 타당도를 보기 위해서는 사후적으로 자료(예: 근무 평점)를 확보해야 한다. 예를 들어, 대학에 입학한 학생들의 학업성취도(GPA)를 확보한 후 입시선발지표의 타당도를 평가할 수 있다.

(3) 구성 타당도

구성 타당도(construct validity, 구인 타당도)는 측정도구와 기존의 확립된 몇 가지 심리적 구인(construct)들 간 연관성을 보는 것이다. 예를 들어, 어떤 연구자가 언어성 측정도구를 제작할 때 이해력, 구사력, 추리력, 논리력의 구인으로 구성되어 있다는 가정을 하였다고 하자. 이때 해당 구인들이 어느 정도의 연관성을 보이면서도 나름의 독자성을 가지고 있어야 타당성이 있다.

각각의 구인들이 여러 개의 문항들에 의해 측정되도록 구성된 측정도구의 경우, 요인분석을 통해 구인 타당도를 평가하는 방법이 주로 사용된다. 이때 기본적인 검토사항은 "같은 개념을 측정하는 문항들 간에는 상대적으로 높은 상관성(집중성)"을, "다른 개념을 측정하는 문항들 간에는 상대적으로 낮은 상관성(변별성)"을 가져야 한다는 것이다.[1]

8.1.2 측정도구의 신뢰도

문항의 신뢰도(reliability)는 문항에 대한 응답의 안정성을 말한다. 예를 들어, 몸무게를 재는 저울이 있는데 언제 어디에서 재든 사람별로 같은 값을 보여준다면 그 저울에 의한 몸무게 측정은 신뢰도가 높고, 그렇지 않다면 그 저울은 신뢰도가 낮은 것이다. 신뢰도가 높은 시험(exam)에서는 누구든 두 번 보더라도 거의 같은 점수를 얻게 된다(앞 시험으로부터의 학습과 기억이 존재하지 않는다는 가정하에서). 그러나 신뢰도가 낮은 시험에서는 두 시험점수가 상당히 다를 수 있다. 측정도구의 일관성(안정성)을 평가하기 위한 신뢰도의 평가방법에는 다음과 같은 것들이 있다.

(1) 재검사 신뢰도

재검사 신뢰도(test-retest reliability)는 동일한 측정도구에 의한 측정을 동일한 응답자 집단에게 일정한 시간 간격을 두고 실시하고, 여기에서 얻은 두 측정값들의 상관계수에 의해 신뢰도를 평가하는 것이다. 즉, n개 개체 각각에 대하여 2회의 독립적인 측정 X_1과 X_2가 이루어졌을 때 상관계수 $\mathrm{Cor}(X_1, X_2)$를 의미한다. 예를 들어, 신장(height)을 자동측정하는 계기에 대하여 신뢰성을 알고자 한다면 100명(또는 1,000명)의 사람들의 신장을 2번씩 측정하여 X_1과 X_2를 획득한 다음 상관계수를 구하면 된다.

재검사 신뢰도는 측정의 일관성이라는 신뢰도의 개념에 가장 부합하는 신뢰도이다. 그러나 동일한 응답자 집단을 대상으로 두 번의 조사를 하는 것은 어렵다는 것과 시간 간격에 따라 결과가 다를 수 있다는 문제점이 있다.

(2) 동형검사 신뢰도

동형검사 신뢰도(equivalent-form reliability)는 두 개의 동형검사(내용, 형태, 개수, 난이도, 변별도 등이 동일한 측정도구)를 제작하여 동일한 응답자 집단에게 측정을 실시하

[1] 이러한 내용은 반영적 지표(reflective indicator)와 관련이 있다. 요인과 관찰변수의 관계가 조형적 지표(formative indicator)일 경우에는 집중성 및 내적일관성을 반드시 필요로 하지는 않는다(6.1.3절 참조).

고, 여기서 얻은 두 측정값들의 상관계수에 의해 신뢰도를 평가한다. 예를 들어, TOIEC, TOEFL, PSAT(공직적성평가) 등과 같이 문제은행식 검사에서 적용될 수 있다. 그러나 동형의 검사를 제작하는 것이 쉽지 않다는 문제점이 있다.

(3) 내적일관성 신뢰도

재검사 신뢰도와 같은 직접적인 신뢰도 측정은 현실적으로 어렵다. 대안으로 1개 시점의 1회 조사로써 신뢰도를 추정하는 방식인 내적일관성 신뢰도(internal consistency reliability)가 널리 사용된다. 이러한 방법은 '(1) p개의 문항들로 측정도구가 정의된 경우', '(2) 그 측정도구의 신뢰도는 문항들 사이의 상관계수가 클수록 증가한다'는 점을 활용한다.

어떤 하나의 개념을 p개의 문항 X_1, X_2, $\cdots$, X_p로 측정하도록 구성된 측정도구를 고려하자.

반분법(split halves method)에 의한 내적일관성 신뢰도 추정방법은 다음과 같다. 먼저 p개의 문항을 두 개의 그룹으로 나누고 각각의 합점수 C_1과 C_2를 응답자별로 구한다. C_1과 C_2의 상관계수 $\rho_0 = \text{Cor}(C_1, C_2)$를 계산하고, 소위 Spearman-Brown 공식에 의한 신뢰도를 다음과 같이 계산한다.

$$\rho = \frac{2\rho_0}{1+\rho_0}. \tag{8.1}$$

반분법은 내적일관성 신뢰도를 쉽게 계산할 수 있다는 장점이 있지만, 문항을 두 개의 그룹으로 나누는 방법에 따라 신뢰도가 달라질 수 있다는 단점이 있다.

문항들에 대한 내적일관성 신뢰도의 추정을 위해 가장 널리 사용되는 방법은 다음과 같은 **크론바흐 알파**(Cronbach's alpha) 계수이다.

$$\alpha = \left(\frac{p}{p-1}\right)\left(1 - \frac{\sum_{j=1}^{p} Var(X_j)}{Var(\sum_{j=1}^{p} X_j)}\right). \tag{8.2}$$

이와 같은 알파 계수는 반분신뢰도 ρ의 하한(lower bound)으로 간주될 수 있으며, 모든 문항이 이항(0과 1의 값을 가짐)으로 측정된 경우 KR-20(Kuder-Richardson 20) 계수와 동일한 것으로 알려져 있다.

8.2 탐색적 요인분석

요인분석(factor analysis, 인자분석)은 여러 관찰가능한 특성(측정변수)들로부터 소수의 일반적인 잠재변수(latent variable)를 발견해 내거나 만들어 내는 통계적 과정이라고 할 수 있다. 여기에서 잠재변수는 측정변수들 간의 상관관계를 생성시키는 이론적인, 관찰할 수 없는, 저변에 깔려 있는 인자(因子, factor)를 의미한다. 즉, 요인분석은 상관(혹은 공분산)행렬의 구조에 관한 통계적 모형을 구축하고, 그와 같은 구조를 생성시키는 소수 몇 개의 요인을 유도하여, 측정변수들 간의 구조적 관계를 해석하는 자료분석 기법이라고 할 수 있다.[2]

요인분석은 중요한 다변량 자료분석 기법 중 하나이며, 사용되는 목적도 매우 다양하다. 특히 하나의 개념을 측정하는 도구가 여러 하위개념을 구분하여 측정한다고 가정하는 경우, 구성 타당도 분석을 위해 가장 널리 사용되는 통계적 분석기법이다.

요인분석은 크게 탐색적 요인분석(EFA, exploratory factor analysis)과 확증적 요인분석(CFA, confirmatory factor analysis)으로 구분될 수 있는데, 여기에서는 먼저 탐색적 요인분석의 적용에 대하여 다룰 것이다. 확증적 요인분석에 대하여는 다음 절에서 자세히 다룰 것이다.

8.2.1 데이터 탐색

어떤 연구자는 '건강통제행위'에 대한 연구를 위하여 175명의 응답자로부터 다음과 같은 12항목의 5점 척도 리커트 문항에 대한 응답을 얻었다. 이 데이터는 'Construct.csv' 파일에 저장되어 있다.[3]

Q1. 건강에 문제가 생기는 것은 내 탓이다.
Q2. 질병을 방지하는 것은 나 자신의 행동에 달려있다.
Q3. 질병에서 빨리 회복되는 것은 내 자신에 달려있다.
Q4. 건강은 내가 어떻게 관리하느냐에 달려있다.
Q5. 내가 건강관리를 잘 하면 병을 피할 수 있다.
Q6. 건강이 좋지 않다고 느낄 때는 언제든지 의료인을 찾아야 한다.
Q7. 의사에게 정기적으로 진찰을 받는 것이 병에 걸리지 않는 가장 좋은 방법이다.
Q8. 나의 건강유지에 가족들의 역할이 크다.
Q9. 의사의 지시를 따르는 것이 건강유지를 위한 가장 좋은 방법이다.
Q10. 내가 건강한 생활을 해도 병에 걸릴 수 있다.
Q11. 나의 건강유지는 주로 운이 크게 작용한다.
Q12. 질병회복은 주로 행운이 크게 작용한다.

[2] 'Factor Analysis'에 대한 번역으로 요인분석과 인자분석이 혼용되고 있으나, 여기에서는 요인분석이라는 용어를 사용한다.

[3] 문항 Q10, Q11, Q12에 대하여는 '5→1, 4→2, 3→3, 2→4, 1→5'와 같이 역코딩을 수행하였다.

연구자는 건강통제행위를 측정하기 위한 이 문항들이 다음과 같은 3개의 개념을 측정한다고 가정하고 있다.

- 내적성향: Q1, Q2, Q3, Q4, Q5
- 타인의존성향: Q6, Q7, Q8, Q9
- 우연성향: Q10, Q11, Q12

이 장에서는 R의 여러 가지 함수들을 이용하여 탐색적 요인분석을 수행하고 주요 결과들을 살펴보도록 하자.

⟨예 8.1⟩ 기술통계량 및 왜도와 첨도의 표준화 값 출력

```
> Construct <- read.csv("M:/My_Work/Data/Construct.csv",header=TRUE)
> library(psych)
> Con.desc <- describe(Construct[c("Q1","Q2","Q3","Q4","Q5",
+      "Q6","Q7","Q8","Q9","Q10","Q11","Q12")])
> Con.desc$skew.z <- Con.desc$skew/sqrt(6/Con.desc$n)
> Con.desc$kurt.z <- Con.desc$kurtosis/sqrt(24/Con.desc$n)
> Con.desc
#-----------------------------------------------------------------------
      n mean   sd median min max range  skew kurtosis skew.z kurt.z
Q1   175 3.86 0.97      4   1   5     4 -0.75     0.28  -4.05   0.77
Q2   175 4.29 0.88      5   1   5     4 -1.33     1.86  -7.19   5.03
Q3   175 4.25 0.84      4   1   5     4 -1.25     1.82  -6.73   4.91
Q4   175 4.32 0.74      4   2   5     3 -0.92     0.56  -4.97   1.52
Q5   175 3.99 0.97      4   1   5     4 -1.01     0.77  -5.45   2.09
Q6   175 3.37 1.14      3   1   5     4 -0.21    -0.85  -1.15  -2.30
Q7   175 3.54 1.10      4   1   5     4 -0.45    -0.54  -2.44  -1.45
Q8   175 3.62 1.04      4   1   5     4 -0.46    -0.33  -2.49  -0.90
Q9   175 3.54 1.01      4   1   5     4 -0.22    -0.55  -1.17  -1.48
Q10 175 3.52 0.95      4   1   5     4 -0.12    -0.60  -0.63  -1.62
Q11 175 3.05 1.03      3   1   5     4  0.10    -0.53   0.52  -1.43
Q12 175 3.58 0.94      4   2   5     3  0.01    -0.92   0.04  -2.49
```

(1) 기술통계량

측정변수(문항)들의 분포를 검토하는 것은 모든 통계분석의 기본이 된다. ⟨표 8.1⟩에는 평균, 표준편차, 왜도, 첨도 등 기술통계량이 요약되어 있다. 이들 통계량들의 의미와 계산 방법은 2.1절과 2.2절을 참조하기 바란다(예 8.1 참조).

먼저 평균과 표준편차를 통해 측정변수들의 기본적 특징을 살펴보아야 한다. 평균을 통해 측정값들이 전체적으로 어디에 몰려 있는지를 살펴볼 필요가 있다. 만약 어떤 측정변

〈표 8.1〉 측정문항들에 대한 기술통계량

	평균/표준편차		왜도		첨도	
	평균	표준편차	왜도	Z-값	첨도	Z-값
Q1	3.86	0.97	−0.75	−4.05	0.28	0.77
Q2	4.29	0.88	−1.33	−7.19	1.86	5.03
Q3	4.25	0.84	−1.25	−6.73	1.82	4.91
Q4	4.32	0.74	−0.92	−4.97	0.56	1.52
Q5	3.99	0.97	−1.01	−5.45	0.77	2.09
Q6	3.37	1.14	−0.21	−1.15	−0.85	−2.30
Q7	3.54	1.10	−0.45	−2.44	−0.54	−1.45
Q8	3.62	1.04	−0.46	−2.49	−0.33	−0.90
Q9	3.54	1.01	−0.22	−1.17	−0.55	−1.48
Q10	3.52	0.95	−0.12	−0.63	−0.60	−1.62
Q11	3.05	1.03	0.10	0.52	−0.53	−1.43
Q12	3.58	0.94	0.01	0.04	−0.92	−2.49

수의 평균이 너무 높거나 너무 낮다면, 해당 문항의 내용 및 자료가 수집된 대상 등에 대한 종합적 검토를 수행할 필요가 있다. 예를 들어, 〈표 8.1〉에서 문항 Q2, Q3, Q4의 평균이 상당히 높다는 것을 볼 수 있다.

표준편차는 자료의 변이(variation)를 나타낸다. 표준편차가 너무 크게 나타나면 특잇값이 존재할 수 있으므로 주의해야 하고, 표준편차가 너무 작게 나타나면 해당 측정변수가 가지고 있는 정보가 많지 않다는 것을 의미하므로 그러한 이유를 파악해 보아야 한다. 이때 각 변수별 빈도표나 히스토그램을 이용하여 분포를 살펴보는 것도 좋은 방법이다.

탐색적 요인분석이 정규성 가정 자체를 필요로 하지는 않지만 왜도(skewness, 치우친 정도)와 첨도(kurtosis, 뾰족한 정도)를 통해 측정변수들의 다른 특성들을 살펴보는 것도 바람직하다.

예를 들어, 〈표 8.1〉에서 왜도를 살펴보면, 대부분의 문항들에 대한 왜도가 음(−)의 값을 가지므로 오른쪽으로 치우쳐진 분포를 보인다는 것을 알 수 있다(이를 확인하기 위하여 히스토그램과 상자그림 등도 살펴보기 바란다). 특히 문항 Q1, Q2, Q3, Q4, Q5에 대한 표준화 왜도의 절댓값이 크다는 것을 볼 수 있다. 또한, 첨도에 대하여는 문항 Q2, Q3에 대한 표준화 첨도의 절댓값이 크다는 것을 볼 수 있다.

⟨예 8.2⟩ 상관계수 계산

```
> library(Hmisc)
> Construct.matrix = as.matrix(Construct[c("Q1","Q2","Q3","Q4","Q5",
+     "Q6","Q7","Q8","Q9","Q10","Q11","Q12")])
> rcorr(Construct.matrix)
#------------------------------------------------------------------------
      Q1   Q2   Q3    Q4   Q5   Q6    Q7    Q8    Q9   Q10   Q11   Q12
Q1  1.00 0.23 0.47  0.43 0.20 0.06  0.16  0.00  0.13  0.12  0.14  0.11
Q2  0.23 1.00 0.37  0.50 0.36 0.12  0.16  0.13  0.16  0.12  0.08  0.14
Q3  0.47 0.37 1.00  0.49 0.25 0.14  0.14  0.08  0.25  0.12  0.03  0.13
Q4  0.43 0.50 0.49  1.00 0.24 0.06  0.19 -0.01  0.19  0.10  0.19  0.18
Q5  0.20 0.36 0.25  0.24 1.00 0.06  0.13  0.04  0.13  0.21  0.26  0.21
Q6  0.06 0.12 0.14  0.06 0.06 1.00  0.43  0.31  0.28  0.12  0.08  0.08
Q7  0.16 0.16 0.14  0.19 0.13 0.43  1.00  0.46  0.49 -0.02  0.02 -0.03
Q8  0.00 0.13 0.08 -0.01 0.04 0.31  0.46  1.00  0.27  0.00 -0.02  0.01
Q9  0.13 0.16 0.25  0.19 0.13 0.28  0.49  0.27  1.00 -0.08 -0.08  0.07
Q10 0.12 0.12 0.12  0.10 0.21 0.12 -0.02  0.00 -0.08  1.00  0.44  0.58
Q11 0.14 0.08 0.03  0.19 0.26 0.08  0.02 -0.02 -0.08  0.44  1.00  0.43
Q12 0.11 0.14 0.13  0.18 0.21 0.08 -0.03  0.01  0.07  0.58  0.43  1.00
P
    Q1    Q2    Q3    Q4    Q5    Q6    Q7    Q8    Q9     Q10   Q11
Q1        0.002 0.000 0.000 0.007 0.461 0.040 0.952 0.0755 0.109 0.057
Q2  0.002       0.000 0.000 0.000 0.103 0.034 0.082 0.0322 0.105 0.292
Q3  0.000 0.000       0.000 0.001 0.070 0.056 0.307 0.0007 0.105 0.729
Q4  0.000 0.000 0.000       0.001 0.443 0.011 0.878 0.0106 0.199 0.011
Q5  0.007 0.000 0.001 0.001       0.398 0.081 0.569 0.0805 0.006 0.001
Q6  0.461 0.103 0.070 0.443 0.398       0.000 0.000 0.0002 0.113 0.303
Q7  0.040 0.034 0.056 0.011 0.081 0.000       0.000 0.0000 0.780 0.806
Q8  0.951 0.082 0.307 0.878 0.569 0.000 0.000       0.0003 0.990 0.783
Q9  0.076 0.032 0.001 0.011 0.081 0.000 0.000 0.000        0.311 0.268
Q10 0.109 0.105 0.105 0.199 0.006 0.113 0.780 0.990 0.3112       0.000
Q11 0.057 0.292 0.729 0.011 0.001 0.303 0.806 0.783 0.2675 0.000
Q12 0.159 0.065 0.090 0.017 0.005 0.287 0.648 0.898 0.3480 0.000 0.000
```

(2) 상관계수

상관계수는 요인분석의 직접적인 대상이 되므로 주의 깊게 살펴볼 필요가 있다(2.3절 및 2.4절 참조). 예를 들어, ⟨표 8.2⟩에는 문항들 간의 상관계수가 요약되어 있다.

너무 낮은 상관성은 해당 변수가 요인분석에 적합하지 않음을 나타낼 수 있으므로 이에 대한 검토가 필요하다. 즉, 각 측정변수는 같은 요인으로 묶일 것으로 기대되는 변수 그룹들과 상대적으로 높은 상관계수를 가져야 한다. Tabachnick & Fidell(2007)은 0.3

〈표 8.2〉 측정문항들에 대한 상관계수 행렬

	Q1	Q2	Q3	Q4	Q5	Q6	Q7	Q8	Q9	Q10	Q11
Q1	1										
Q2	.23*	1									
Q3	.47*	.37*	1								
Q4	.43*	.50*	.49*	1							
Q5	.20*	.36*	.25*	.24*	1						
Q6	.06	.12	.14	.06	.06	1					
Q7	.16*	.16*	.14	.19*	.13	.43*	1				
Q8	.00	.13	.08	-.01	.04	.31*	.46*	1			
Q9	.13	.16*	.25*	.19*	.13	.28*	.49*	.27*	1		
Q10	.12	.12	.12	.10	.21*	.12	-.02	.00	-.08	1	
Q11	.14	.08	.03	.19*	.26*	.08	.02	-.02	-.08	.44*	1
Q12	.11	.14	.13	.18*	.21*	.08	-.03	.01	.07	.58*	.43*

* 유의수준 5 %하에서 통계적으로 유의함을 나타냄.

을 기준으로 상관계수의 크기를 살펴볼 것을 추천하고 있다. Hairey al.(1995)는 상관계수가 ±0.3일 때 최소한도의, ±0.4일 때 중요한, ±0.5일 때 실제적으로 유의한 정도라고 분류하였다.

예를 들어, 〈표 8.2〉에서는 같은 요인에 속할 것으로 기대되는 문항들 간에 0.3 이하의 상관계수를 가지는 경우가 몇 개 있다. 또한, 문항 Q5는 문항 Q10, Q11, Q12와 유의한 상관성을 가지는 것을 볼 수 있다.

한편, 상관계수가 너무 커서 절댓값이 1에 가까운지도 살펴보아야 한다. 어떤 두 측정변수의 상관계수가 1에 가까우면, 두 변수가 거의 동일한 의미이거나 같은 정보를 가지고 있다는 것을 나타낼 수 있기 때문이다.

분석대상이 되는 측정변수들이 매우 많을 경우에는 사전에 상관계수를 살펴보는 작업이 거의 현실적으로 쉽지 않을 수 있다. 이런 경우는 먼저 요인분석을 수행한 후, 그 결과를 살펴보는 과정에서 이상한 현상이 발견되는 측정변수에 대하여 평균, 표준편차, 상관계수 등을 살펴보는 것도 좋은 전략이라고 할 수 있다.

(3) KMO 표본적합성 측도

Kaiser-Meyer-Olkin의 표본적합성 측도(measure of sampling adequacy)는 관측된 상관계수들의 값과 편상관계수들의 값을 비교하는 지수로서, 이 값이 클수록 측정변수들 저변에 공통적인 잠재요인이 존재함을 나타낸다(예 8.3 참조).

〈예 8.3〉 KMO 표본적합성 측도

```
> library(psych)
> KMO(Construct[c("Q1","Q2","Q3","Q4","Q5",
+      "Q6","Q7","Q8","Q9","Q10","Q11","Q12")])
#------------------------------------------------------------------------
Kaiser-Meyer-Olkin factor adequacy
Overall MSA =  0.71
MSA for each item =
  Q1   Q2   Q3   Q4   Q5   Q6   Q7   Q8   Q9  Q10  Q11  Q12
0.77 0.73 0.75 0.71 0.78 0.76 0.65 0.69 0.70 0.66 0.70 0.65
```

Kaiser(1974)는 KMO측도에 대하여 다음과 같은 기준을 제시하였다: ≥ 0.90 = 훌륭한(marvelous), $0.80 \sim 0.89$ = 가치 있는(meritorious), $0.70 \sim 0.79$ = 중급의(middling), $0.60 \sim 0.69$ = 평범한(mediocre), $0.50 \sim 0.59$ = 빈약한(miserable), < 0.5 = 받아들이기 힘든(unacceptable). 즉, 이 측도의 값이 적으면 요인분석을 위한 변수들의 선정이 좋지 못함을 나타낸다. 예를 들어, 〈예 8.3〉에서 KMO 측도가 0.71로 출력되었으므로, 이 데이터의 경우는 '중급의'(middling) 정도에 해당한다고 하겠다.

(4) Bartlett의 구형성 검정

Bartlett의 구형성 검정(sphericity test)은 "상관계수 행렬이 단위행렬이다"라는 귀무가설을 기각할 수 있는지를 검정하는 것이다. 즉, "귀무가설: 공통요인이 존재하지 않는다"와 "대립가설: 공통요인이 존재한다"를 대상으로 검정을 실시하는 것이다(예 8.4 참조). 따라서 Bartlett 검정의 p-값이 유의수준(예컨대, 0.05)보다 작아서 귀무가설이 기각되어야 그 데이터에 대해 요인분석을 실시할 가치가 있음을 나타낸다.

〈예 8.4〉 Bartlett의 구형성 검정

```
> Construct.cor <- cor(Construct[c("Q1","Q2","Q3","Q4","Q5",
+      "Q6","Q7","Q8","Q9","Q10","Q11","Q12")])
> cortest.bartlett(Construct.cor,n=175)     # library(psych)
#------------------------------------------------------------------------
$chisq
[1] 493.0217
$p.value
[1] 1.319347e-66
$df
[1] 66
```

예를 들어, ⟨예 8.4⟩에서 Bartlett 검정에 대한 카이제곱 값이 493.0이고 이에 대응되는 p-값이 $< .001$이므로, 이 데이터에는 적어도 1개의 공통요인(common factor)이 존재한다고 할 수 있다.

KMO 측도와 Bartlett 검정은 요인분석을 수행하기 전에 데이터가 최소한의 조건을 가지고 있는지를 검토하기 위한 것이다. 여러 문헌에서 KMO 측도와 Bartlett 검정을 통해 요인분석의 결과가 타당한 것으로 나타났다는 식으로 결론을 짓는 경우가 종종 있는데, 요인분석 결과의 타당성은 요인적재값, 공통성 등 여러 가지 요인분석의 결과를 바탕으로 종합하여 판정할 문제이다(강현철, 2013).

8.2.2 요인의 개수

요인적재값을 추정하기 위한 여러 방법들은 대부분의 경우 자료에 부합하는 요인의 개수를 미리 지정하도록 요구하고 있다. 요인의 개수를 결정하는 데 있어 유일한 기준은 없으며, 여러 기준들이 주는 결과들을 종합적으로 검토하여 연구분야의 이론적인 바탕 위에서 합리적으로 판단하여야 한다. 연구자가 잠정적으로 상정하고 있는 요인 수를 포함하여 서로 다른 요인 수를 지정하여 요인분석을 수행하고, 그 결과를 비교하여 결론을 짓는 것은 실제 연구에서 매우 추천된다.

(1) Kaiser의 규칙

Kaiser의 규칙은 표본상관행렬의 고윳값 중 1보다 큰 개수만큼 요인을 보유하는 것이다. 이 방법은 대부분의 통계분석 소프트웨어에서 초기설정(디폴트) 방법으로 사용되고 있으며, 일반적으로 연구자가 기대하는 요인의 개수와 일치하는 경우가 많을 뿐 아니라, 요인의 개수를 미리 정해 놓고 인위적으로 만든 확률모형으로부터 취한 표본에 이 기준을 적용했을 때에도 매우 잘 작동되는 것으로 알려져 있다. 반면에, 이 방법에 의한 결과는 종종 보유되어야 할 것보다 적은 개수의 요인을 결정하게 할 수 있다는 점에 유의할 필요가 있다(강현철 등, 2005).

상관행렬에 대한 고윳값은 주성분분석(principal component analysis)을 통해 얻을 수 있다. 다음 ⟨예 8.5⟩는 princomp 함수를 사용하여 주성분분석을 수행한 것이다. 이때 상관행렬을 분석대상으로 하기 위해서는 cor=TRUE 옵션을 지정해야 한다.

⟨예 8.5⟩ 주성분분석

```
> Construct.pca <- princomp(~Q1+Q2+Q3+Q4+Q5+Q6+Q7+Q8+Q9+Q10+Q11+Q12,
+      data=Construct,cor=TRUE)
> summary(Construct.pca)
```

```
#----------------------------------------------------------------------
Importance of components:
                          Comp.1    Comp.2    Comp.3     Comp.4
Standard deviation     1.7494619 1.4335486 1.2494926 0.94463996
Proportion of Variance 0.2550514 0.1712551 0.1301027 0.07436205
Cumulative Proportion  0.2550514 0.4263066 0.5564092 0.63077126
                           Comp.5     Comp.6     Comp.7
Standard deviation     0.86085488 0.85911493 0.82404884
Proportion of Variance 0.06175593 0.06150654 0.05658804
Cumulative Proportion  0.69252719 0.75403372 0.81062176
                           Comp.8     Comp.9    Comp.10
Standard deviation     0.81046913 0.69479843 0.65436492
Proportion of Variance 0.05473835 0.04022874 0.03568279
Cumulative Proportion  0.86536012 0.90558885 0.94127164
                          Comp.11    Comp.12
Standard deviation     0.62469102 0.56080428
Proportion of Variance 0.03251991 0.02620845
Cumulative Proportion  0.97379155 1.00000000
```

⟨예 8.5⟩의 결과에는 각 주성분의 표준편차(standard deviation)가 제시되어 있는데, 고윳값은 이 표준편차의 제곱이 된다(즉, 고윳값은 주성분의 분산을 의미한다). 이 결과에서 고윳값이 1보다 큰 것이 3개라는 것을 볼 수 있다.

(2) 주성분의 설명분산을 기준으로 하는 방법

하나의 주성분이 실제적으로 중요한 의미를 가지기 위해서는 그 주성분이 전체 변이에 대해 가지는 공헌도가 최소한 얼마 이상이 되어야 한다는 것을 규정하는 것이다.

Hair et al.(1995)은 사회과학 분야에서 누적 설명분산이 보통 50 ~ 60 % 정도는 되어야 한다고 제시하였다. 그러나 이와 같은 기준은 측정변수가 많을 경우에는 지나치게 많은 요인의 수를 요구하게 된다. ⟨예 8.5⟩에서는 3개의 주성분을 추출할 경우 55.6 % 정도의 누적 설명비율을 가지게 된다는 것을 볼 수 있다.

(3) 스크리 검사

스크리 검사(scree test) 방법은 고윳값의 크기를 그래프에 나타낸 도형(scree graph)에 근거하여 적절한 요인의 수를 결정하는 것이다. 이 방법은 고윳값의 크기를 단순히 그래프화한 것이어서, 이 기법에 의해 요인의 개수를 결정함에는 주관성이 개입되지만, 그래프가 가지는 시각적 효과를 얻을 수 있다는 장점이 있다.

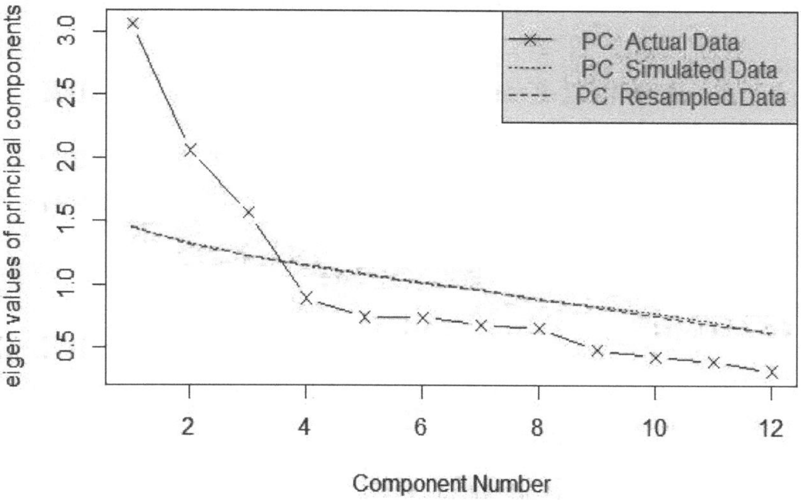

〈그림 8.1〉 스크리 도표

〈예 8.6〉 스크리 도표

```
> library(psych)
> fa.parallel(Construct[c("Q1","Q2","Q3","Q4","Q5",
+      "Q6","Q7","Q8","Q9","Q10","Q11","Q12")],fa="pc")
#-----------------------------------------------------------------------
Parallel analysis suggests that the number of factors =  NA
and the number of components =  3
```

이 기법은 도형의 모양이 스크리(산비탈) 형태를 보여주지 않을 경우에는 적용하기가 상당히 어려우나, 관심 대상이 되는 요인의 수를 찾는 데 있어서는 다른 방법들보다 우수하다는 사실이 여러 가지 모의실험 결과를 통해 밝혀져 있다.

스크리 도표는 psych(a package for personality, psychometric, and psychological research) 패키지의 fa.parallel 함수를 사용하여 쉽게 얻을 수 있다(예 8.6 참조). 〈그림 8.1〉에서는 주성분의 수가 3을 넘어서면 그래프의 경사가 완만해지므로 3개 정도의 주성분이 적절하다고 하겠다.

8.2.3 요인추출 방법

요인을 추출한다는 것은 결국 자료(상관행렬)로부터 요인적재값과 유일성(특수성)을 추정하는 것이다. 대부분의 소프트웨어에서 제공하는 요인 추출방법은 매우 다양하지만 문헌에서 주로 언급되는 것은 주성분분석법, 주축요인법, 최대우도법 등이다.

〈예 8.7〉 요인추출 방법

```
> library(psych)
> principal(Construct[c("Q1","Q2","Q3","Q4","Q5","Q6","Q7","Q8","Q9",
+     "Q10","Q11","Q12")],nfactors=3,rotate="varimax")           # PCA
> fa(Construct[c("Q1","Q2","Q3","Q4","Q5","Q6","Q7","Q8","Q9",
+     "Q10","Q11","Q12")],nfactors=3,fm="pa",rotate="varimax")    # PA
> fa(Construct[c("Q1","Q2","Q3","Q4","Q5","Q6","Q7","Q8","Q9",
+     "Q10","Q11","Q12")],nfactors=3,fm="ml",rotate="varimax")    # ML
```

주성분분석(principal component analysis)은 서로 연관되어 있는 측정변수들을 서로 독립적인 소수의 인공변수인 주성분으로 차원축소를 꾀하는 것이며, 요인분석에서의 **주성분분석법**(principal component method)이란 단순히 첫 몇 개의 주성분을 요인으로 취하는 것이다. 이러한 주성분분석법은 측정변수들의 전체 분산이 최대한 설명될 수 있도록 주성분(요인)을 추출한다.

주성분분석법은 요인 추출과정이 단순하기 때문에 대부분의 소프트웨어에서 초기설정 방법으로 사용되며, 최종 결과를 얻기 전에 요인분석을 시험적으로 수행하고자 할 때 효율적이다. Snock & Gorsuch(1989)는 주성분분석법의 경우 요인적재값의 크기가 실제보다 크게 나타나는 경향이 있음을 보였는데, 따라서 주성분분석법을 실시했을 때 요인구조를 해석하기 쉬운 경향이 있으나 이는 잘못된 결과일 수 있으므로 주의해야 한다. 그러나 구성 타당도 평가가 요인구조의 정확성보다는 변수들의 군집성에 관심을 둔다는 점을 고려할 때, 주성분분석법의 이러한 성질은 구성 타당도 평가를 위해 도움이 되는 측면도 있다고 하겠다.

주축요인법(principal axis factor method)과 **최대우도법**(maximum likelihood method)은 요인분석 모형을 상정하여 측정변수들의 공분산이 최대한 설명될 수 있도록 요인을 추출한다. 따라서 주성분분석법에 비하여 전체 분산에 대한 설명비율은 작아질 수 있다. 일반적으로 요인분석의 목적이 많은 측정변수들이 공통적으로 갖고 있는 의미 있는 구조를 추출하는 것이라고 할 때, 주축요인법이나 최대우도법이 더 타당하다고 할 수 있다(탁진국, 2007).

〈예 8.7〉은 여러 가지 요인추출 방법을 사용하는 예를 보여주고 있다. principal 함수는 주성분분석법을 적용하며, fa 함수에 fm="pa" 옵션을 지정하면 주축요인법을 적용하며, fa 함수에 fm="ml" 옵션을 지정하면 최대우도법을 적용한다.

주축요인법이나 최대우도법에서는 최종 해(solution)을 얻기 위해 반복적인 수치적 방법을 이용하는데, 이 과정에서 해가 타당한 결과로 수렴하지 않거나 공통성의 추정값이 1

을 넘는 소위 Heywood 상황이 발생할 수 있다. 이러한 상황은 여러 가지 복잡한 원인에 의해 발생할 수 있는데(강현철 등, 2005), 아무튼 Heywood와 같은 상황에서 얻어지는 해는 타당하지 못하다고 할 수 있다. 또한, 최대우도법은 다변량 정규분포의 가정하에서 타당한 방법으로, 측정변수들의 정규성이 대체로 만족되는 경우 추천되는 방법이라고 할 수 있다.

많은 경험적 결과에 의하면 요인 추출방법에 따라 그 결과가 크게 달라지지는 않는다. 그러나 추정방법에 따라 요인적재값의 패턴이 달라질 수 있으므로, 연구자는 여러 가지 추출방법으로 결과를 얻고 연구분야의 이론적 근거에 기초하여 타당한 요인구조를 선택하여야 한다.

8.2.4 요인구조의 회전

구성 타당도를 평가하기 위한 요인분석이 동일한 구성개념을 측정하는 변수들 간에는 상대적으로 높은 상관성(집중성)을, 반면에 서로 다른 구성개념을 측정하는 변수들 간에는 상대적으로 낮은 상관성(변별성)을 가지는지를 알아보고자 하는 것이므로, 요인구조를 단순화하기 위한 회전은 실제로 필수적이라고 할 수 있다. 연구자는 베리멕스(varimax) 또는 쿼티멕스(quartimax)와 같은 직교회전이나 오블리민(oblimin) 또는 프로멕스(promax)와 같은 사각회전을 사용할 수 있다.

⟨예 8.7⟩에서 볼 수 있듯이 principal 함수 또는 fa 함수에 rotate= 인수를 사용하여 요인회전 방법을 지정할 수 있다.

직교회전(orthogonal rotation)은 요인의 직교성(독립성)을 유지하면서 요인구조를 회전하는 방법이며, 직교회전 방법 중 베리멕스(varimax)는 많은 연구자들에 의하여 가장 많이 추천되고 사용되는 방법이다. 요인분석의 실제 목적이 서로 상대적으로 독립적인 소수 몇 개의 요인을 유도하여 이를 통해 측정변수들 간의 구조를 파악하는 데 있다는 점을 중시할 때, 통상적으로는 직교회전을 이용하는 것이 더 바람직하다고 판단된다.

사각회전(oblique rotation)에서는 요인의 직교성을 포기하고, 단순성이라는 측면에서 요인구조의 해석 자체에 더 큰 비중을 둔 개념이라고 할 수 있다. 그러나 사각회전에 따라 요인구조를 얻었을 경우 요인의 해석은 쉬워질 수 있으나, 그 대가로 요인들 간의 상관관계가 도입되어 관찰될 수 없는 요인들 사이의 상관성을 또 다시 설명해야 하는 문제가 제기된다. 따라서 사각회전은 보조적인 도구로 조심스럽게 사용될 필요가 있으며, 사각회전을 사용할 바에는 확증적 요인분석을 사용하는 것이 더 바람직하다는 주장도 있다.

⟨예 8.8⟩ 요인분석의 수행 및 결과 출력

```
> Construct.fit <- principal(Construct[c("Q1","Q2","Q3","Q4","Q5","Q6",
+      "Q7","Q8","Q9","Q10","Q11","Q12")],nfactors=3,rotate="varimax")
```

```
> print(Construct.fit,digits=3)
#---------------------------------------------------------------------
Principal Components Analysis
Standardized loadings (pattern matrix) based upon correlation matrix
       RC1    RC2    RC3    h2    u2  com
Q1    0.689  0.006  0.058 0.478 0.522 1.01
Q2    0.662  0.138  0.099 0.467 0.533 1.13
Q3    0.764  0.111  0.007 0.597 0.403 1.04
Q4    0.802  0.030  0.091 0.653 0.347 1.03
Q5    0.448  0.090  0.340 0.325 0.675 1.96
Q6    0.007  0.693  0.165 0.508 0.492 1.11
Q7    0.165  0.817 -0.048 0.697 0.303 1.09
Q8   -0.048  0.726  0.004 0.530 0.470 1.01
Q9    0.269  0.647 -0.118 0.505 0.495 1.41
Q10   0.063 -0.002  0.829 0.691 0.309 1.01
Q11   0.090 -0.026  0.752 0.574 0.426 1.03
Q12   0.117  0.024  0.799 0.653 0.347 1.04
                        RC1   RC2   RC3
SS loadings           2.471 2.135 2.071
Proportion Var        0.206 0.178 0.173
Cumulative Var        0.206 0.384 0.556
Proportion Explained  0.370 0.320 0.310
Cumulative Proportion 0.370 0.690 1.000
```

8.2.5 요인적재값과 설명분산

요인분석 결과 해석 시 필요한 사항은 요인구조(factor structure)를 통해 어느 측정변수가 어느 요인에 속하는지를 결정하고, 높은 적재값을 갖는 측정변수들의 공통적인 의미가 무엇인지를 파악하여 요인의 의미를 부여하는 것이다.

요인적재값(factor loading, 요인부하량)은 측정변수와 요인 간의 연관성의 크기이다. 따라서 요인적재값이 상대적으로 높으면 그 변수가 해당 요인과 더 관계가 있다는 것을 의미한다. 높은 적재값에 대한 기준은 다양하며 보통 절댓값 0.3, 0.4, 0.5 정도가 사용된다.

〈표 8.3〉에는 요인적재값, 공통성, 설명분산 등 요인분석의 주요 결과들이 요약되어 있다(예 8.8 참조). 요인적재값을 살펴보면, 첫 번째 요인에 높은 적재값을 갖는 것은 문항 Q1, Q2, Q3, Q4로서 첫 번째 요인은 '내적성향'에 해당한다고 볼 수 있다. 두 번째 요인에 높은 적재값을 갖는 것은 문항 Q6, Q7, Q8, Q9로서 두 번째 요인은 '타인의존성향'에 해당한다고 볼 수 있다. 세 번째 요인에 높은 적재값을 갖는 것은 문항 Q9, Q10, Q11로서 세 번째 요인은 '우연성향'에 해당한다고 볼 수 있다.

〈표 8.3〉 요인적재값과 설명분산

문항	요인 1	요인 2	요인 3	공통성
Q1	0.689	0.006	0.058	0.478
Q2	0.662	0.138	0.099	0.467
Q3	0.764	0.111	0.007	0.597
Q4	0.802	0.031	0.091	0.653
Q5	0.448	0.090	0.340	0.325
Q6	0.007	0.693	0.165	0.508
Q7	0.165	0.817	−0.049	0.697
Q8	−0.048	0.726	0.004	0.530
Q9	0.269	0.647	−0.118	0.505
Q10	0.063	-0.001	0.829	0.691
Q11	0.090	-0.026	0.752	0.574
Q12	0.117	0.025	0.799	0.653
설명분산	2.471	2.135	2.071	
설명비율	20.6%	17.8%	17.3%	
누적비율	20.6%	38.4%	55.6%	

〈표 8.3〉에서 한 가지 주목할 것은 문항 Q5가 '내적성향'에 해당하는 첫 번째 요인에 다소 낮은 적재값을, '우연성향'에 해당하는 세 번째 요인에 조금 높은 적재값을 갖는다는 것이다. 따라서 Q5는 내적 구조의 평가에 있어서 약간의 문제를 일으키는 문항으로 판단된다. 이러한 경우 아직 예비조사의 단계라면 Q5를 수정하여 다시 예비조사 혹은 본조사를 실시하고 재분석을 실시하는 것을 고려할 수 있으며, 데이터 수집이 완료된 상황이라면 Q5를 제외하고 이후의 분석 과정을 진행하는 것을 고려할 수 있겠다.

〈표 8.3〉에서 각 행(row)의 원소들의 제곱합을 **공통성**(communality)이라고 하며, 이는 해당 변수의 분산 중 3개의 요인들에 의하여 설명되는 부분으로 해석될 수 있다.

반면에 각 열(column)의 원소들의 제곱합을 요인들의 **설명분산**(explained variance)이라고 하며, 이것은 전체 변수들의 분산(변이) 중 각 요인에 의해 설명되는 부분을 의미한다. 〈예 8.8〉에서 설명분산, 설명비율, 누적비율은 SS loadings, Proportion Var, Cumulative Var 부분에 출력되어 있다.

여러 문헌에서 고윳값과 설명분산(explained variance)을 혼동하여 제시하는 경우가 많이 발견된다(강현철, 2013). 사실 고윳값은 요인분석의 이전 단계에서 요인분석과는 독

〈표 8.4〉 요인적재값과 설명분산(문항 Q5를 제외한 경우)

문항	요인 1	요인 2	요인 3	공통성
Q1	0.706	0.009	0.080	0.506
Q2	0.644	0.144	0.091	0.444
Q3	0.776	0.114	0.024	0.616
Q4	0.818	0.036	0.112	0.683
Q6	0.012	0.693	0.169	0.510
Q7	0.159	0.817	−0.054	0.696
Q8	−0.052	0.727	−0.001	0.531
Q9	0.266	0.647	−0.121	0.504
Q10	0.065	0.004	0.838	0.707
Q11	0.080	-0.020	0.750	0.569
Q12	0.122	0.030	0.811	0.673
설명분산	2.310	2.133	1.996	
설명비율	21.0%	19.4%	18.1%	
누적비율	21.0%	40.4%	58.5%	

립적으로 계산되는 것이며, 회전된 요인과 1대1로 대응되지 않는다. 따라서 〈표 8.3〉 또는 〈표 8.4〉에서에서와 같이 요인구조와 함께 제시되어야 할 결과는 각 요인에 의하여 설명되는 분산이다.

문항 Q5를 제외하고 다시 요인분석을 수행하여 얻은 결과가 〈표 8.4〉에 요약되어 있다 (예 8.9 참조). 여기에서 모든 문항들은 관련 요인과 0.5 이상의 적재값을 가지며, 다른 요인들과는 낮은 적재값을 가진다는 것을 볼 수 있다. 또한, 전체 분산 중 각 요인들에 의해 설명되는 비율은 각각 21.0 %, 19.4 %, 18.1 %이고, 세 요인들에 의한 누적 설명비율은 58.5 %이다.

〈예 8.9〉 요인분석의 수행 및 결과 출력 (문항 Q5 제외)

```
> library(psych)
> Construct.fit.A <- principal(Construct[c("Q1","Q2","Q3","Q4","Q6",
+      "Q7","Q8","Q9","Q10","Q11","Q12")],nfactors=3,rotate="varimax")
> print(Construct.fit.A,digits=3)
#-----------------------------------------------------------------------
Principal Components Analysis
Standardized loadings (pattern matrix) based upon correlation matrix
```

```
       RC1    RC3    RC2    h2    u2   com
Q1    0.706  0.009  0.080 0.506 0.494 1.03
Q2    0.644  0.144  0.091 0.444 0.556 1.14
Q3    0.776  0.115  0.024 0.616 0.384 1.05
Q4    0.818  0.036  0.112 0.683 0.317 1.04
Q6    0.012  0.694  0.169 0.510 0.490 1.12
Q7    0.159  0.817 -0.054 0.696 0.304 1.08
Q8   -0.053  0.727 -0.001 0.531 0.469 1.01
Q9    0.265  0.647 -0.121 0.504 0.496 1.41
Q10   0.065  0.005  0.838 0.707 0.293 1.01
Q11   0.080 -0.020  0.750 0.569 0.431 1.02
Q12   0.122  0.031  0.811 0.673 0.327 1.05
                        RC1   RC3   RC2
SS loadings           2.310 2.133 1.996
Proportion Var        0.210 0.194 0.181
Cumulative Var        0.210 0.404 0.585
Proportion Explained  0.359 0.331 0.310
Cumulative Proportion 0.359 0.690 1.000
```

8.2.6 구인점수들 간의 상관성

이제 이후의 통계분석을 위해 다음과 같이 해당 문항들의 평균(또는 합)을 계산하도록 하자(예 8.10 참조). 앞에서 설명한 바와 같이 타당도와 신뢰도를 평가하는 작업은 문항들의 평균(또는 합)으로 개념(구인)을 측정하는 것이 적절한지를 검증하는 것이다.

- 내적성향 점수(Construct1) = (Q1 + Q2 + Q3 + Q4)/4
- 타인의존성향 점수(Construct2) = (Q6 + Q7 + Q8 + Q9)/4
- 우연성향 점수(Construct3) = (Q10 + Q11 + Q12)/3

〈예 8.10〉 구인점수들 간의 상관계수

```
> attach(Construct)
> Construct$Con1 <- (Q1+Q2+Q3+Q4)/4
> Construct$Con2 <- (Q6+Q7+Q8+Q9)/4
> Construct$Con3 <- (Q10+Q11+Q12)/3
> detach(Construct)
> cor(Construct[c("Con1","Con2","Con3")])
#-----------------------------------------------------------------------
          Con1       Con2       Con3
Con1 1.0000000 0.22420932 0.19999894
Con2 0.2242093 1.00000000 0.02218169
Con3 0.1999989 0.02218169 1.00000000
```

〈표 8.5〉 구인점수들 간의 상관계수

	Construct1	Construct2	Construct3
Construct1	1		
Construct2	.224*	1	
Construct3	.200*	0.022	1

* 유의수준 5 %하에서 통계적으로 유의함을 나타냄.

```
#-----------------------------------------------------------------------
> library(Hmisc)
> Con.matrix = as.matrix(Construct[c("Con1","Con2","Con3")])
> rcorr(Con.matrix)
#-----------------------------------------------------------------------
P
     Con1   Con2   Con3
Con1        0.0029 0.0080
Con2 0.0029        0.7708
Con3 0.0080 0.7708
```

이렇게 계산된 구인점수들 간의 상관계수가 〈표 8.5〉에 요약되어 있다. 여기에서 '우연성향 점수'(Construct3)는 다른 구인점수들과 낮은 상관을 보이며, 특히 '타인의존성향 점수'(Construct2)와는 유의하지 않은 상관성을 가진다는 것을 볼 수 있다. 따라서 '우연성향 점수'는 다른 구인(요인)들과 동일한 개념을 측정한다고 보기 어려울 수 있으며, '건강통제행위'라는 개념의 전체 점수를 구할 경우에는 '우연성향 점수'를 제외하는 것이 바람직할 수도 있다.

8.2.7 집중 타당도와 변별 타당도

앞에서 설명한 바와 같이 구성 타당도(construct vality, 구인 타당도)는 측정도구와 기존의 확립된 몇 가지 심리적 구인(construct)들 간 연관성을 보는 것이다. 특히 각 구인들이 여러 개의 문항들에 의해 측정되도록 구성된 측정도구의 경우, 집중 타당도와 변별 타당도가 검증의 주요 대상이 된다.

집중 타당도(convergent validity, **수렴 타당도**)는 "같은 개념(구인)을 측정하는 문항들 간에는 상대적으로 높은 상관성(일관성)을 가져야 한다"는 것이다. 그리고 **변별 타당도**(discriminant validity, **판별 타당도**)는 "다른 개념(구인)을 측정하는 문항들 간에는

상대적으로 낮은 상관성(변별성)을 가져야 한다"는 것이다.[4]

탐색적 요인분석에서는 요인적재값(요인부하량)을 통해 이러한 타당도를 평가하는데, 각 문항들이 관련 요인들과 높은 적재값을 가지는지를 통해 '집중 타당도'를 평가하고, 각 문항들이 다른 요인들과 낮은 적재값을 가지는지를 통해 '변별 타당도'를 평가한다.

또한, 구인점수들 간의 상관계수를 살펴보는 것도 변별 타당도를 평가하는 것과 관련이 있다. 구인점수들 사이에 지나치게 높은 상관성이 있으면 변별 타당도에 문제가 있는 것으로 볼 수 있다. 반면, 구인점수들 사이에 상관성이 너무 낮으면 구인들이 동일한 개념을 측정한다고 보기 어려울 수 있다.

8.3 확증적 요인분석

앞에서 설명한 바와 같이 **탐색적 요인분석**(EFA, exploratory factor analysis)은 요인의 개수나 구조에 대한 특별한 가정 없이, 데이터에 내재되어 있는 특성을 탐색하여 관심 있는 가설이나 모형 및 구조 등을 생성함으로써 추가적인 연구를 수행하는 데 기여한다.

그러나 탐색적 요인분석을 사용하는 데 있어 몇 가지 제한 사항이 존재한다. 첫째, 연구자는 모든 요인들이 서로 상관되어 있지 않거나(직교회전의 경우) 모두 상관되어 있는(사각회전의 경우) 것으로 가정해야 한다. 즉, 특정한 요인들 사이에만 상관성을 두거나 없앨 수 없다. 둘째, 모든 측정변수들은 모든 요인에 적재된다고 가정해야 한다. 즉, 특정 측정변수를 특정 요인에 배정하거나 다른 요인에 배정할 수 없다.

확증적 요인분석(CFA, confirmatory factor analysis)은 외생 잠재변수만 존재하는 구조방정식모형의 특수한 경우이다(6.6절 참조). 확증적 요인분석은 탐색적 요인분석의 위와 같은 단점을 해소할 수 있을 뿐만 아니라, 요인구조에 대한 연구자의 가설을 모형화하고 실제 데이터에 의한 가설의 지지여부를 모형의 부합도라는 관점에서 검증할 수 있다.

확증적 요인분석이 가설검정에 필요한 통계적 도구를 제공하지만, 어떠한 과정을 어디까지 사용할 것인지는 궁극적으로 연구자에게 달려 있다. 구체적으로 계획된 예측이 있어도 연구자는 탐색적 요인분석을 사용할 수 있으며, 반면 확증적 요인분석도 상당히 탐색적 방식으로 사용될 수 있다(Munro, 2005). 특히 구성 타당도는 평가에서는 문제가 되는 문항들을 발견하는 데 초점을 두기 때문에, 확증적 요인분석이라는 통계분석 방법이 상당히 탐색적으로 사용된다는 점을 주목할 필요가 있다.

일반적으로 측정변수의 수가 많을수록 타당도는 떨어지게 된다. 또한, 확증적 요인분석은 제2종 오류의 위험성이 높기 때문에, 측정변수의 수가 많을 경우 받아들일 만한 적합도를

[4]이러한 내용은 반영적 지표(reflective indicator)와 관련이 있다. 요인과 관찰변수의 관계가 조형적 지표(formative indicator)일 경우에는 집중성 및 내적일관성을 반드시 필요로 하지는 않는다(5.1.3절 참조).

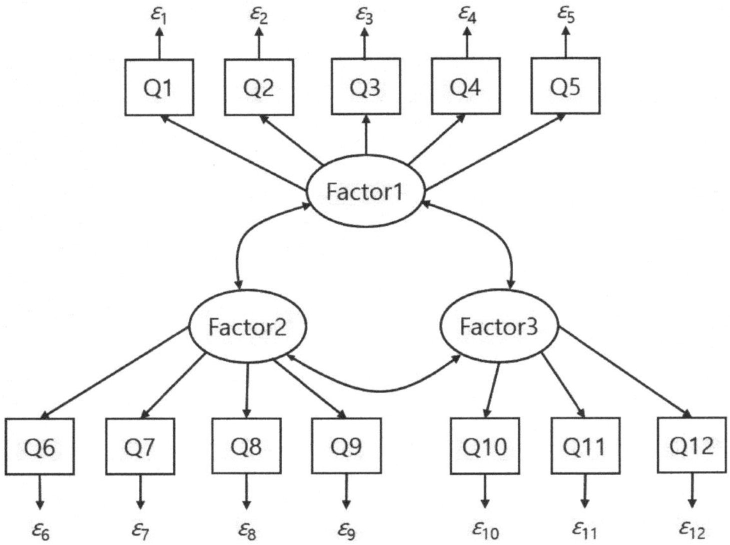

〈그림 8.2〉 확증적 요인분석 모형 (Construc.A)

얻기 위해 비상식적인 모수(parameter)를 추가해야 하는 마찰이 일어날 수 있다(Munro, 2005). 따라서 요인 수에 비하여 측정변수가 매우 많을 경우에는 확증적 요인분석의 남용을 자제할 필요가 있다.

8.3.1 분석 사례 – 초기모형

〈그림 8.2〉는 이 장의 사례를 위한 경로도이며, 여기에서 사용된 데이터는 앞 장에서와 같이 'Construct.csv'이다. 이와 같이 확증적 인자모형(confirmatory factor model)에서는 잠재변수들을 모두 외생변수로만 고려하며, 잠재변수들 간에 연관관계(양방향 화살표)만 존재한다.

〈예 8.11〉 확증적 요인분석 – 초기모형(Construc.A)

```
> library(lavaan)
> Construct.A <-
+      '
+      Factor1 =~ Q1 + Q2 + Q3 + Q4 + Q5
+      Factor2 =~ Q6 + Q7 + Q8 + Q9
+      Factor3 =~ Q10 + Q11 + Q12
+      '
> Construct.A.fit <- sem(Construct.A,data=Construct)
```

```
> library(semPlot)
> semPaths(Construct.A.fit,whatLabels="std",style="lisrel",nCharNodes=0)
> fitMeasures(Construct.A.fit)
#---------------------------------------------------------------------
           npar                fmin               chisq                 df
         27.000               0.200              69.849             51.000
         pvalue      baseline.chisq         baseline.df   baseline.pvalue
          0.041             510.022              66.000              0.000
            cfi                 tli                nnfi                rfi
          0.958               0.945               0.945              0.823
            nfi                pnfi                 ifi                rni
          0.863               0.667               0.959              0.958
           logl  unrestricted.logl                 aic                bic
      -2671.093           -2636.168            5396.185           5481.635
         ntotal                bic2               rmsea     rmsea.ci.lower
        175.000            5396.134               0.046              0.010
 rmsea.ci.upper        rmsea.pvalue                 rmr         rmr_nomean
          0.071               0.577               0.052              0.052
           srmr        srmr_bentler srmr_bentler_nomean               crmr
          0.056               0.056               0.056              0.061
    crmr_nomean          srmr_mplus   srmr_mplus_nomean              cn_05
          0.061               0.056               0.056            173.045
          cn_01                 gfi                agfi               pgfi
        194.884               0.940               0.909              0.615
            mfi                ecvi
          0.948               0.708
```

구체적인 타당도 평가에 앞서 〈그림 8.2〉의 확증적 인자모형에 대한 주요 적합도 지수들의 수치를 살펴보자(예 8.11 참조).

χ^2	df	GFI	AGFI	CFI	TLI	RMSEA	SRMR
69.849	51	0.940	0.909	0.958	0.945	0.046	0.056

이 결과를 살펴보면 대부분의 적합도 지수들이 비교적 우수한 편임을 알 수 있다. 만약 확증적 인자모형의 적합도가 나쁘다면 이는 집중 타당도 또는 변별 타당도에 문제가 있음을 나타내므로, 다음의 절차에 따라 문제점을 파악할 필요가 있다.

다음 〈예 8.12〉와 〈예 8.13〉에는 계수 추정치(estimates)와 수정지수(modification index)에 대한 결과가 출력되어 있다. 이제 이러한 결과들을 이용하여 측정도구에 대한 구성 타당도를 평가하여 보자.

〈예 8.12〉 초기모형(Construc.A) – 계수 추정치

```
> summary(Construct.A.fit,fit.measures=TRUE,rsquare=TRUE,
+     standardized=TRUE)
#-------------------------------------------------------------------
Latent Variables:
                  Estimate  Std.Err  z-value  P(>|z|)   Std.lv  Std.all
  Factor1 =~
    Q1               1.000                               0.548    0.568
    Q2               0.969    0.171    5.685    0.000    0.531    0.603
    Q3               1.023    0.170    6.032    0.000    0.561    0.669
    Q4               1.000    0.159    6.301    0.000    0.548    0.748
    Q5               0.722    0.168    4.300    0.000    0.396    0.410
  Factor2 =~
    Q6               1.000                               0.573    0.503
    Q7               1.663    0.303    5.484    0.000    0.952    0.866
    Q8               0.961    0.193    4.976    0.000    0.550    0.529
    Q9               1.005    0.193    5.211    0.000    0.575    0.571
  Factor3 =~
    Q10              1.000                               0.716    0.754
    Q11              0.828    0.135    6.136    0.000    0.592    0.575
    Q12              0.994    0.152    6.552    0.000    0.712    0.762
Covariances:
                  Estimate  Std.Err  z-value  P(>|z|)   Std.lv  Std.all
  Factor1 ~~
    Factor2          0.095    0.036    2.617    0.009    0.301    0.301
    Factor3          0.116    0.043    2.678    0.007    0.295    0.295
  Factor2 ~~
    Factor3         -0.002    0.039   -0.057    0.955   -0.005   -0.005
...
R-Square:
                  Estimate
    Q1               0.323
    Q2               0.364
    Q3               0.448
    Q4               0.559
    Q5               0.168
    Q6               0.253
    Q7               0.751
    Q8               0.280
    Q9               0.326
    Q10              0.569
    Q11              0.331
    Q12              0.580
```

〈예 8.13〉 초기모형(Construc.A) – 수정지수

```
modificationIndices(Construct.A.fit,sort=TRUE)
#---------------------------------------------------------------------
        lhs op rhs    mi    epc sepc.lv sepc.all sepc.nox
55       Q1 ~~  Q2 7.598 -0.147  -0.147   -0.263   -0.263
56       Q1 ~~  Q3 6.676  0.133   0.133    0.269    0.269
50  Factor3 =~  Q5 6.249  0.294   0.210    0.218    0.218
117      Q9 ~~ Q12 6.126  0.120   0.120    0.239    0.239
68       Q2 ~~  Q5 5.431  0.126   0.126    0.204    0.204
83       Q3 ~~ Q11 4.612 -0.100  -0.100   -0.191   -0.191
88       Q4 ~~  Q8 4.217 -0.082  -0.082   -0.191   -0.191
81       Q3 ~~  Q9 3.899  0.089   0.089    0.174    0.174
90       Q4 ~~ Q10 3.805 -0.065  -0.065   -0.213   -0.213
...
```

8.3.2 합성 신뢰도와 평균분산추출

확증적 요인분석에서는 요인적재값(요인부하량)과 함께 몇 가지 추가적인 통계량들을 이용하는데, 여기에서는 이들 통계량을 먼저 소개한다.

〈표 8.6〉은 〈예 8.12〉의 주요 결과들을 요약한 것이다. 여기에서 i번째 요인과 j번째 문항에 대한 요인적재값의 표준화추정치를 $\hat{\lambda}_{ij}$라고 하자($i = 1, \cdots, k$, $j = 1, \cdots, p_i$).

〈표 8.6〉 요인적재값(요인부하량)

요인	문항	추정치	표준화추정치	p-값	SMC(R^2)
Factor1	Q1	1.000	0.568	–	0.323
	Q2	0.969	0.603	<.001	0.364
	Q3	1.023	0.669	<.001	0.448
	Q4	1.000	0.748	<.001	0.560
	Q5	0.722	0.410	<.001	0.168
Factor2	Q6	1.000	0.503	–	0.253
	Q7	1.663	0.866	<.001	0.750
	Q8	0.961	0.529	<.001	0.280
	Q9	1.005	0.571	<.001	0.326
Factor3	Q10	1.000	0.754	–	0.569
	Q11	0.828	0.575	<.001	0.331
	Q12	0.994	0.762	<.001	0.581

〈표 8.7〉 요인 간 상관계수, 합성 신뢰도, 평균분산추출

	요인 간 상관계수			합성 신뢰도	평균분산추출
	Factor1	Factor2	Factor3		
Factor1	1			0.741	0.373
Factor2	0.301*	1		0.718	0.402
Factor3	0.295*	−.005	1	0.742	0.493

합성 신뢰도(composite reliability)는 동일한 요인을 구성하는 문항들 간에 내적일관성이 있는지를 측정하는 것으로서 **개념 신뢰도**(construct reliability)라고도 한다. i번째 요인의 합성 신뢰도는 다음과 같이 정의된다(Fornell & Larcker, 1981).[5]

$$\text{합성 신뢰도}(F_i) = \frac{\left(\sum_{j=1}^{p_i} \hat{\lambda}_{ij}\right)^2}{\left(\sum_{j=1}^{p_i} \hat{\lambda}_{ij}\right)^2 + \sum_{j=1}^{p_i}(1-\hat{\lambda}_{ij}^2)}. \tag{8.3}$$

평균분산추출(AVE, average variance extracted)은 측정문항들의 분산 중 해당 요인이 설명(추출)하는 분산의 비율을 의미하며, i번째 요인의 AVE는 다음과 같이 정의된다.

$$\text{AVE}(F_i) = \frac{\sum_{j=1}^{p_i} \hat{\lambda}_{ij}^2}{\sum_{j=1}^{p_i} \hat{\lambda}_{ij}^2 + \sum_{j=1}^{p_i}(1-\hat{\lambda}_{ij}^2)} = \frac{1}{p_i}\sum_{j=1}^{p_i} \hat{\lambda}_{ij}^2. \tag{8.4}$$

〈표 8.7〉에는 앞의 공식들을 이용하여 계산된 합성 신뢰도와 평균분산추출(AVE)이 제시되어 있다. 또한, 요인들 간의 상관계수 추정치가 함께 제시되어 있다(예 8.12 참조. 상관계수 추정치는 Covariances 부분의 Std.all 열에 출력되어 있다).

8.3.3 집중 타당도 평가

앞 절에서 언급한 바와 같이 집중 타당도(convergent validity, 수렴 타당도)는 "같은 개념을 측정하는 문항들 간에 상대적으로 높은 상관성(일관성)을 가지는지"를 평가하는 것이다. 집중 타당도를 평가하기 위해 일반적으로 다음과 같은 사항들을 검토한다.

첫째, T-값(CR-값)에 대응되는 p-값을 이용하여 "H_0: 요인적재값(요인부하량)이 0이다"라는 가설을 기각할 수 있어야 한다. 이 사례에서는 〈표 8.6〉에서 p-값이 모두 유의순준(0.05)보다 작으므로, 모든 요인적재값에 대하여 이러한 가설을 기각할 수 있다는 것을 볼 수 있다.

둘째, 표준화 적재값이 권장 기준을 넘는지를 평가한다. Fornell et al.(1982)는 0.7을 기준으로 제시하였고, Bagozzi & Yi(1988)는 0.5를 기준으로 제시하였다. 이 사례에서는

[5] CFA에서 $R_j^2 = \hat{\lambda}_{ij}^2$의 관계를 가진다. 따라서 '$1-\hat{\lambda}_{ij}^2$'은 측정오차가 차지하는 분산의 비율을 의미한다.

⟨표 8.6⟩에서 문항 Q5에 대한 표준화 적재값이 0.5에 조금 미치지 못함을 볼 수 있다. 따라서 Q5는 집중 타당도에 있어서 약간의 문제를 일으키는 문항으로 볼 수 있다.

셋째, 합성 신뢰도가 권장 기준을 넘는지를 평가한다. 보통 합성 신뢰도가 0.7 이상이면 집중 타당도에 문제가 없는 것으로 평가할 수 있다. 이 사례에서는 ⟨표 8.7⟩에서 모든 요인에 대한 합성 신뢰도가 0.7 이상임을 볼 수 있다.

넷째, 평균분산추출(AVE)이 권장 기준을 넘는지를 평가한다. 보통 평균분산추출이 0.3 이상이면 수용할 만한, 0.5 이상이면 집중 타당도가 양호한 것으로 평가할 수 있다. 이 사례에서는 ⟨표 8.7⟩에서 모든 요인에 대한 평균분산추출이 0.3과 0.5 사이에 있으므로 수용할 만한 수준이다.

8.3.4 변별 타당도 평가

앞 절에서 언급한 바와 같이 변별 타당도(discriminant validity, 판별 타당도)는 "다른 개념을 측정하는 문항들 간에 상대적으로 낮은 상관성(변별성)을 가지는지"를 평가하는 것이다. 변별 타당도를 평가하기 위해 일반적으로 다음과 같은 사항들을 검토한다.

첫째, 각 문항들과 관련된 수정지수에 대하여 상대적으로 큰 값이 있는지를 평가한다. 예를 들어, ⟨예 8.13⟩에서 'Factor3 ⟶ Q5 등 문항 Q5와 관련된 수정지수들이 조금 크다는 것을 볼 수 있다. 따라서 Q5는 변별 타당도에 있어서 약간의 문제를 일으키는 문항으로 볼 수 있다.

둘째, 요인들 간에 낮은 상관계수를 가지는지를 평가한다. 보통 상관계수의 제곱이 평균추출분산(AVE)에 비하여 작으면 변별 타당도에 문제가 없는 것으로 평가할 수 있다. 이 사례에서는 ⟨표 8.7⟩에서 요인들 간의 상관계수가 작다는 것을 볼 수 있다.

집중 타당도와 변별 타당도 평가에서 여러 기준치들은 절대적인 기준은 아니다. 따라서 연구자는 여러 측면들을 종합적으로 고려하여 문제가 있는지를 평가할 필요가 있다.

한편, 앞 절에서 논의한 바와 같이 요인들 사이에 상관성이 너무 낮은지도 살펴볼 필요가 있다. 요인 간 상관계수가 지나치게 작으면 해당 구인들이 동일한 개념을 측정한다고 보기 어려울 수 있다.

8.3.5 분석 사례 – 수정모형

앞의 결과들을 통해서 문항 Q5가 구성 타당도에 있어서 약간의 문제를 일으키는 것으로 볼 수 있다. 따라서 문항 Q5를 제거하고 ⟨그림 8.3⟩과 같이 모형을 수정하여 보기로 하자. 먼저 이 모형에 대한 주요 적합도 지수들은 다음과 같으며, 대부분의 적합도 지수들이 우수하다는 것을 볼 수 있다.

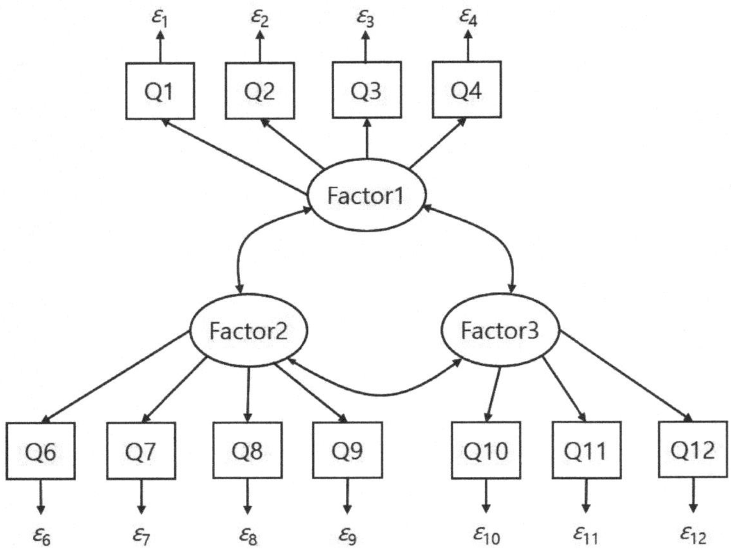

〈그림 8.3〉 확증적 요인분석 모형 (Construc_B, 문항 Q5 제외)

χ^2	df	GFI	AGFI	CFI	TLI	RMSEA	SRMR
50.877	41	0.950	0.920	0.976	0.968	0.037	0.048

〈예 8.14〉 확증적 요인분석 – 수정모형(Construc.B)

```
> library(lavaan)
> Construct.B <-
+     '
+     Factor1 =~ Q1 + Q2 + Q3 + Q4
+     Factor2 =~ Q6 + Q7 + Q8 + Q9
+     Factor3 =~ Q10 + Q11 + Q12
+     '
> Construct.B.fit <- sem(Construct.B,data=Construct)
> library(semPlot)
> semPaths(Construct.B.fit,whatLabels="std",style="lisrel",nCharNodes=0)
> fitMeasures(Construct.B.fit)
#-----------------------------------------------------------------------
         npar            fmin           chisq              df
       25.000           0.145          50.877          41.000
       pvalue  baseline.chisq     baseline.df baseline.pvalue
        0.139         467.451          55.000           0.000
          cfi             tli            nnfi             rfi
        0.976           0.968           0.968           0.854
```

```
            nfi                pnfi                   ifi                 rni
          0.891               0.664                 0.977               0.976
           logl  unrestricted.logl                    aic                 bic
      -2440.797           -2415.359              4931.595            5010.714
         ntotal                bic2                 rmsea      rmsea.ci.lower
        175.000            4931.547                 0.037               0.000
 rmsea.ci.upper       rmsea.pvalue                   rmr          rmr_nomean
          0.067               0.730                 0.044               0.044
           srmr        srmr_bentler  srmr_bentler_nomean                crmr
          0.048               0.048                 0.048               0.053
    crmr_nomean         srmr_mplus     srmr_mplus_nomean               cn_05
          0.053               0.048                 0.048             196.861
          cn_01                 gfi                  agfi                pgfi
        224.405               0.950                 0.920               0.590
            mfi                ecvi
          0.972               0.576
```

〈예 8.15〉 수정모형(Construc.B) – 계수 추정치

```
> summary(Construct.B.fit,fit.measures=TRUE,rsquare=TRUE,
+       standardized=TRUE)
#---------------------------------------------------------------------
Latent Variables:
                   Estimate  Std.Err  z-value  P(>|z|)   Std.lv  Std.all
  Factor1 =~
    Q1                1.000                                0.554    0.575
    Q2                0.919    0.166    5.550    0.000    0.509    0.578
    Q3                1.015    0.168    6.059    0.000    0.562    0.671
    Q4                1.020    0.162    6.307    0.000    0.565    0.771
  Factor2 =~
    Q6                1.000                                0.573    0.503
    Q7                1.665    0.304    5.473    0.000    0.953    0.867
    Q8                0.960    0.193    4.977    0.000    0.550    0.529
    Q9                1.003    0.193    5.208    0.000    0.575    0.570
  Factor3 =~
    Q10               1.000                                0.716    0.755
    Q11               0.825    0.135    6.108    0.000    0.591    0.574
    Q12               0.994    0.153    6.487    0.000    0.712    0.762

Covariances:
                   Estimate  Std.Err  z-value  P(>|z|)   Std.lv  Std.all
  Factor1 ~~
    Factor2           0.093    0.036    2.557    0.011    0.292    0.292
    Factor3           0.104    0.043    2.439    0.015    0.263    0.263
```

```
  Factor2 ~~
    Factor3            -0.002     0.039    -0.058     0.954    -0.006    -0.006
...
R-Square:
                    Estimate
    Q1                 0.330
    Q2                 0.334
    Q3                 0.450
    Q4                 0.594
    Q6                 0.253
    Q7                 0.752
    Q8                 0.280
    Q9                 0.325
    Q10                0.569
    Q11                0.329
    Q12                0.581
```

문항 Q5를 제외하고 다시 분석하여 얻은 결과를 〈표 8.8〉과 〈표 8.9〉에 요약하였다(예 8.15 참조). 이 결과들을 살펴보면 집중 타당도나 변별 타당도에 문제를 일으키는 문항은 없는 것으로 판단된다.

다만 〈표 8.9〉에서 '우연성향' 요인(Factor3)은 다른 요인들과 낮은 상관을 보이며, 특히 '타인의존성향' 요인(Factor2)과는 유의하지 않은 상관성을 가진다는 것을 볼 수 있다. 따

〈표 8.8〉 요인적재값 (문항 Q5 제외)

요인	문항	추정치	표준화추정치	p-값	SMC(R^2)
Factor1	Q1	1.000	0.575	–	0.331
	Q2	0.919	0.578	<.001	0.334
	Q3	1.015	0.671	<.001	0.450
	Q4	1.020	0.771	<.001	0.594
Factor2	Q6	1.000	0.503	–	0.253
	Q7	1.665	0.867	<.001	0.752
	Q8	0.960	0.529	<.001	0.280
	Q9	1.003	0.570	<.001	0.325
Factor3	Q10	1.000	0.755	–	0.570
	Q11	0.825	0.574	<.001	0.329
	Q12	0.994	0.762	<.001	0.581

〈표 8.9〉 요인 간 상관계수, 합성 신뢰도, 평균분산추출(문항 Q5 제외)

	요인 간 상관계수			합성 신뢰도	평균분산추출
	Factor1	Factor2	Factor3		
Factor1	1			0.746	0.427
Factor2	0.292*	1		0.718	0.403
Factor3	0.263*	−.006	1	0.742	0.493

라서 '우연성향' 요인은 다른 요인들과 동일한 개념을 측정한다고 보기 어려울 수 있으며, '건강통제행위'라는 개념의 전체 점수를 구할 경우에는 '우연성향' 요인을 제외하는 것이 바람직할 수도 있다.

8.4 내적일관성 신뢰도

이 절에서는 8.1절에서 설명한 바 있는 내적일관성 신뢰도에 의해 측정도구의 신뢰도를 평가하는 방법을 살펴보도록 하자.

먼저 '내적성향' 구인을 측정하는 문항들에 대하여 신뢰도 분석을 수행하고 주요 결과들을 살펴보도록 하자.

〈예 8.16〉 내적일관성 신뢰도

```
> library(psych)
> psych::alpha(Construct[c("Q1","Q2","Q3","Q4","Q5")])
#-----------------------------------------------------------------------
Reliability analysis

raw_alpha std.alpha G6(smc) average_r S/N   ase mean   sd median_r
     0.72      0.73    0.71      0.35 2.7 0.034  4.1 0.61     0.36

lower alpha upper     95% confidence boundaries
0.66 0.72 0.79

Reliability if an item is dropped:
   raw_alpha std.alpha G6(smc) average_r S/N alpha se var.r med.r
Q1      0.69      0.70    0.65      0.37 2.3    0.039 0.012  0.36
Q2      0.67      0.68    0.63      0.35 2.1    0.042 0.017  0.34
Q3      0.65      0.66    0.62      0.33 2.0    0.044 0.014  0.30
Q4      0.64      0.65    0.60      0.31 1.8    0.045 0.010  0.30
Q5      0.73      0.74    0.70      0.42 2.8    0.034 0.010  0.45
```

```
Item statistics
     n raw.r std.r r.cor r.drop mean   sd
Q1 175  0.69  0.67  0.55   0.45  3.9 0.97
Q2 175  0.70  0.71  0.61   0.50  4.3 0.88
Q3 175  0.73  0.74  0.66   0.55  4.3 0.84
Q4 175  0.74  0.77  0.71   0.59  4.3 0.74
Q5 175  0.62  0.59  0.41   0.35  4.0 0.97

Non missing response frequency for each item
      1    2    3    4    5 miss
Q1 0.02 0.06 0.22 0.42 0.27    0
Q2 0.02 0.02 0.13 0.33 0.50    0
Q3 0.01 0.03 0.10 0.41 0.45    0
Q4 0.00 0.02 0.09 0.43 0.46    0
Q5 0.02 0.06 0.14 0.44 0.33    0
```

⟨예 8.16⟩은 '내적성향' 구인을 측정하는 5개의 문항들에 대하여 신뢰도 분석을 수행한 것이며, 여기에서는 psych 패키지의 alpha 함수를 사용하였다. 이 출력결과에서 살펴보아야 할 주요 부분은 다음과 같다.

- raw_alpha: 크론바흐(Cronbach)의 알파 계수. 이 예에서는 알파 계수의 값이 0.72로서 내적일관성 신뢰도가 높다는 것을 알 수 있다. 일반적으로 알파 계수가 0.5 이상이면 좋은 정도, 0.7 이상이면 우수한 정도로 평가한다.
- std_alpha: 모든 변수들을 표준화 할 경우의 알파 계수. 문항들의 척도가 동일하지 않는 경우에 사용될 수 있다.
- Reliability if an item is dropped – raw_alpha: 해당 문항이 제거될 경우의 알파 계수로서, 이를 통해 어떤 문항이 내적일관성 신뢰도를 저해하는지를 파악할 수 있다. 즉, 어떤 문항에 대하여 '변수를 제외했을 때의 크론바흐 α-계수'가 상당히 높게 된다면, 그 문항을 제거함으로써 내적일관성 신뢰도가 높아진다는 것을 나타낸다(즉, 이 값이 클수록 해당 문항이 신뢰도를 저해하는 문항이 된다). ⟨예 8.16⟩의 결과를 살펴보면 문항 Q5를 제거할 경우 α-계수 값이 0.73으로 조금 증가하는 것을 알 수 있다. 보통의 경우 이 정도의 변화라면 이 문항을 제거하지 않고 보유할 수도 있겠다. 그러나 앞 절에서 문항 Q5가 구성 타당도에 약간의 문제를 일으키는 것으로 나타났으므로, 이 문항을 제거하는 것이 좋을 것으로 판단된다.
- Item statistics – n: 해당 문항에 대하여 결측값이 아닌 개체의 수. 이 사례의 경우 모든 문항들에 결측값이 존재하지 않음을 볼 수 있다.

〈표 8.10〉 내적일관성 신뢰도 요약

	문항 수	α-계수
Construct1	4	0.73
Construct2	4	0.71
Construct3	3	0.73
전체	11	0.69

- Item statistics – r.drop: 해당 문항과 나머지 문항의 합계와의 상관계수. 예를 들어, 문항 Q1은 이를 제외한 나머지 문항들의 합점수(Q2+Q3+Q4+Q5)와의 상관계수가 0.55이다. 만약 이 수치가 매우 낮다면 내적일관성에 문제를 일으키는 문항일 수 있다. 특히 이 수치가 음(–)의 값을 가진다면 역코딩(reverse coding)을 수행할 필요가 있는지 검토할 필요가 있다.[6]
- Non missing response frequency for each item: 해당 문항에 대한 응답 빈도. 예를 들어, 문항 Q1의 경우 4에 응답한 사람이 42 %, 5에 응답한 사람이 27 % 등이다.

〈예 8.17〉 내적일관성 신뢰도

```
> library(psych)
> psych::alpha(Construct[c("Q1","Q2","Q3","Q4")])
> psych::alpha(Construct[c("Q6","Q7","Q8","Q9")])
> psych::alpha(Construct[c("Q10","Q11","Q12")])
> psych::alpha(Construct[c("Q1","Q2","Q3","Q4","Q6","Q7","Q8","Q9",
+      "Q10","Q11","Q12")])
```

〈예 8.17〉은 내적성향(Q5 제외), 타인의존성향, 우연성향 구인 및 전체에 대한 내적일관성 신뢰도 분석을 수행하기 위한 것이다. 그 결과는 〈표 8.10〉에 요약되어 있다.

8.A 부록: 2-단계 확증적 요인분석

저차원 요인들을 설명할 수 있을 것으로 여겨지는 고차원 요인을 고려할 수 있다. 예를 들어, 〈그림 8.4〉에서와 같은 모형을 2-단계 확증적 요인모형(second-order confirmatory factor model)이라고 한다. 이와 같은 모형에 대한 경로도를 작성할 때 주의해야 할 사항은 다음과 같다. (1) 2-차원 요인에는 관찰변수가 대응되지 않으며, 2-차원 요인은 외생 잠재변

[6] 이 데이터에서 문항 Q10, Q11, Q12에 대하여는 '5→1, 4→2, 3→3, 2→4, 1→5'와 같이 사전에 역코딩을 수행하였다.

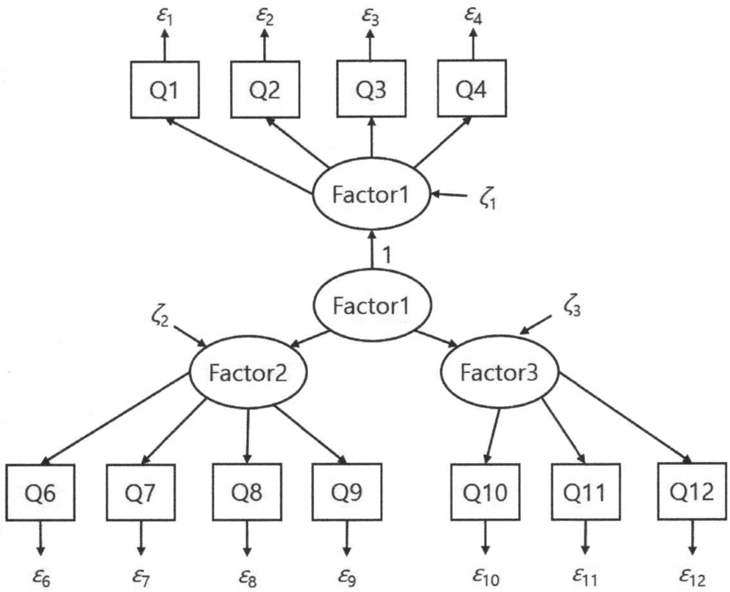

⟨그림 8.4⟩ 2-단계 확증적 요인분석 모형 (Construct.C)

수로 취급된다. (2) 1-차원 요인들은 내생 잠재변수로 취급되므로 오차변수가 대응되어야 한다. (3) 모형식별의 문제를 해결하기 위하여, 2-차원 요인의 분산을 1로 고정하거나, 2-차원 요인에서 1-차원 요인으로 연결되는 회귀계수 중 하나를 1로 고정해야 한다.

2-단계 요인모형과 앞 절의 1-단계 요인모형의 기본적인 개념은 동일하다.[7] 만약 1-차원 요인들 간에 상관성이 전체적으로 비슷하다면, 2-차원 요인모형에서 회귀계수들의 크기도 비슷하게 된다. 반면 1-차원 요인들 간에 낮은 상관성이 일부 존재한다면, 2-차원 요인모형에서 회귀계수 중 일부는 상당히 낮게 될 것이다.

2-단계 요인모형을 이용하면 2-차원 요인과 1-차원 요인의 회귀계수를 통해 요인들 내부의 구조를 보다 전체적인 시각으로 살펴볼 수 있다. 1-차원 요인의 수에 따른 2-단계 요인모형과 1-단계 요인모형의 관계는 다음과 같다. (1) 1-차원 요인이 2개일 경우 2-단계 요인모형은 식별되지 않으며, 이를 해결하기 위해서는 추가적인 제약이 필요하다. (2) 1-차원 요인이 3개일 경우 2-단계 요인모형과 1-단계 요인모형은 동치 관계를 가진다(즉, 두 모형의 자유도와 적합도가 동일하다). (3) 1-차원 요인이 4개 이상일 경우 2-단계 요인모형은 1-단계 요인모형에 비하여 간명한 구조를 가진다.

[7] 2-차원 요인도 여러 개 존재할 수 있다. 예컨대, 1장 그림 ⟨그림 1.7⟩의 (b).

8.B 부록: SAS 프로그램의 예

이 절에서는 앞에서 다루었던 사례들에 대하여 SAS/STAT 소프트웨어를 이용한 프로그램의 예를 제시한다.

⟨SAS 프로그램 8.1⟩ 기술통계량 – PROC MEANS

```
PROC MEANS DATA=sem.Construct N MEAN STD CV MIN MAX SKEW KURT;
     VAR Q1-Q12;
RUN;
```

- PROC MEANS: 기술통계량들을 출력한다. 이 명령문에 출력하기를 원하는 통계량을 중심어(keyword)로 지정할 수 있다. 만약 특별한 중심어가 지정되지 않으면 관측치 수, 최솟값, 최댓값, 평균, 표준편차 등이 기본적으로 출력된다.[8]
- VAR: 분석 대상이 되는 변수들을 지정한다.

⟨SAS 프로그램 8.2⟩ 기술통계량 – PROC UNIVARIATE

```
PROC UNIVARIATE DATA=sem.Construct PLOT NORMAL;
     VAR Q1-Q12;
     HISTOGRAM Q1-Q12 / NORMAL(MU=EST SIGMA=EST);
RUN;
```

- PROC UNIVARIATE: 이 명령문에 PLOT 옵션을 지정하면 히스토그램, 상자그림, 정규확률도 등이 출력된다. NORMAL 옵션을 지정하면 정규성 검정을 위한 결과들이 출력된다.
- HISTOGRAM: 주어진 변수들에 대하여 히스토그램이 출력된다. 이때 NORMAL 옵션을 지정하면 정규분포도가 함께 작성된다.

⟨SAS 프로그램 8.3⟩ 상관분석 – PROC CORR

```
PROC CORR DATA=sem.Construct PEARSON SPEARMAN;
     VAR Q1-Q12;
RUN;
```

- PROC CORR: 상관분석을 수행한다. 이 명령문에 상관계수의 유형을 지정할 수 있다. 만약 특별한 유형이 지정되지 않으면 Pearson의 상관계수가 기본적으로 출력된다.

[8] PROC MEANS와 PROC UNIVARIATE에서 지정할 수 있는 중심어에 대하여는 "예제로 배우는 SAS 데이터 분석 입문(김기영 등, 2009)"을 참조하기 바란다.

⟨SAS 프로그램 8.4⟩ 주성분분석 – PROC PRINCOMP

```
PROC PRINCOMP DATA=sem.Construct;
    VAR Q1-Q12;
RUN;
```

- PROC PRINCOMP: 고윳값, 고유벡터, 스크리 도표 등을 출력한다.

⟨SAS 프로그램 8.5⟩ 탐색적 요인분석 – 주성분분석법

```
PROC FACTOR DATA=sem.Construct SIMPLE CORR MSA SCREE PLOT
            NFACTORS=3 ROTATE=VARIMAX;
    VAR Q1-Q12;
RUN;
```

- PROC FACTOR: 요인분석(인자분석)을 수행한다. SIMPLE 옵션은 평균과 표준편차를 출력한다. CORR 옵션은 상관계수를 출력한다. MSA 옵션은 KMO 표본적합성 측도를 출력한다. SCREE 옵션은 스크리 도표를 출력한다. PLOT 옵션은 인자적재값(요인부하량) 도표를 출력한다. NFACTORS= 옵션은 요인의 개수를 지정하며, 이 옵션이 사용되지 않으면 Kaiser의 규칙이 적용된다. ROTATE= 옵션은 요인구조의 회전방법을 지정한다.

⟨SAS 프로그램 8.6⟩ 탐색적 요인분석 – 최대우도법

```
PROC FACTOR DATA=sem.Construct SIMPLE CORR MSA SCREE PLOT
            METHOD=ML NFACTORS=3 ROTATE=VARIMAX;
    VAR Q1-Q12;
RUN;
```

- PROC FACTOR: 이 명령문에서 METHOD= 옵션에 의해 요인추출 방법을 지정할 수 있다(PRINCIPAL: 주성분분석법, PRINIT: 주축인자법, ML: 최대우도법 등). 최대우도법이 지정되면 Bartlett의 구형성 검정과 함께 주어진 요인 개수에 대한 검정 결과가 출력된다.

⟨SAS 프로그램 8.7⟩ 탐색적 요인분석 – 주성분분석법(Q5 제외)

```
PROC FACTOR DATA=sem.Construct SIMPLE CORR MSA SCREE PLOT
            NFACTORS=3 ROTATE=VARIMAX;
    VAR Q1-Q4 Q6-Q12;
RUN;
```

〈SAS 프로그램 8.8〉 구인점수들 간의 상관계수

```
DATA sem.Construct;
     SET sem.Construct;
     Con1 = MEAN(OF Q1 Q2 Q3 Q4);
     Con2 = MEAN(OF Q6 Q7 Q8 Q9);
     Con3 = MEAN(OF Q10 Q11 Q12);
RUN;

PROC CORR DATA=sem.Construct PEARSON;
     VAR Con1 Con2 Con3;
RUN;
```

〈SAS 프로그램 8.9〉 확증적 인자분석 – 초기모형

```
PROC CALIS DATA=sem.Construct SIMPLE KURTOSIS MODIFICATION EFFPART;
     PATH /* Measurement Model */
          Q1 Q2 Q3 Q4 Q5 <=== Factor1 = 1,
          Q6 Q7 Q8 Q9 <=== Factor2 = 1,
          Q10 Q11 Q12 <=== Factor3 = 1;
     PATHDIAGRAM SOLUTION=STANDARD;
RUN;
```

- PROC CALIS: 이 명령문에 SIMPLE 옵션을 지정하면 관찰변수들의 평균과 표준편차가 출력된다. KURTOSIS 옵션을 지정하면 왜도와 첨도 및 다변량 첨도 계수가 출력된다. MODIFICATION 옵션을 지정하면 수정지수가 출력된다. EFFPART 옵션을 지정하면 직접효과, 간접효과, 총효과에 대한 추정치(표준화추정치)와 p-값이 출력된다(6장 참조).
- PATH: 인과관계의 내용을 지정한다. 측정모형의 경우 각 잠재변수에 대하여 첫 번째 인자적재값을 1로 고정하였다(잠재변수의 측정단위 규정, 5.3절 참조).
- PATHDIAGRAM: 경로도를 출력한다. SOLUTION=STANDARD 옵션을 지정하면 경로도에 표준화추정치가 출력된다.

〈SAS 프로그램 8.10〉 확증적 인자분석 – 수정모형(Q5 제외)

```
PROC CALIS DATA=sem.Construct SIMPLE KURTOSIS MODIFICATION EFFPART;
     PATH /* Measurement Model */
          Q1 Q2 Q3 Q4 <=== Factor1 = 1,
          Q6 Q7 Q8 Q9 <=== Factor2 = 1,
          Q10 Q11 Q12 <=== Factor3 = 1;
     PATHDIAGRAM SOLUTION=STANDARD;
RUN;
```

〈SAS 프로그램 8.11〉 내적일관성 신뢰도 – PROC CORR

```
PROC CORR DATA=sem.Construct ALPHA;
     VAR Q1-Q5;
RUN;

PROC CORR DATA=sem.Construct ALPHA;
     VAR Q1-Q4;
RUN;

PROC CORR DATA=sem.Construct ALPHA;
     VAR Q6-Q9;
RUN;

PROC CORR DATA=sem.Construct ALPHA;
     VAR Q10-Q12;
RUN;

PROC CORR DATA=sem.Construct ALPHA;
     VAR Q1-Q4 Q6-Q12;
RUN;
```

- PROC CORR: 이 명령문에 ALPHA 옵션을 지정하면 내적일관성 신뢰도 분석 결과가 출력된다.

〈SAS 프로그램 8.12〉 2-단계 확증적 요인분석

```
PROC CALIS DATA=sem.Construct SIMPLE KURTOSIS MODIFICATION EFFPART;
     PATH /* Measurement Model */
          Q1 Q2 Q3 Q4 <=== Factor1 = 1,
          Q6 Q7 Q8 Q9 <=== Factor2 = 1,
          Q10 Q11 Q12 <=== Factor3 = 1,
          /* Structural Model */
          Factor1 Factor2 Factor3  <=== Higher = 1;
     PATHDIAGRAM SOLUTION=STANDARD;
RUN;
```

- PATH: 인과관계의 내용을 지정한다. 모형식별의 문제를 해결하기 위하여 2-차원 요인에서 1-차원 요인으로 연결되는 회귀계수 중 하나를 1로 고정하였다.

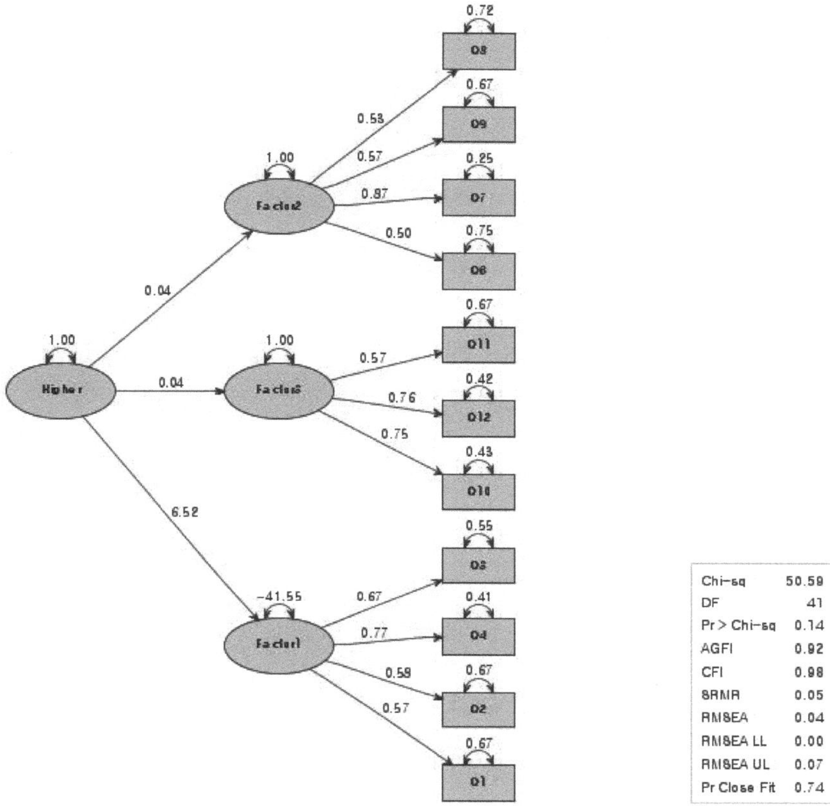

〈그림 8.5〉 PROC CALIS에 의한 경로도 – 2-단계 확증적 요인분석

제 9 장
PLS 모형

Partial Least Square Model

Wold(1975)에 의해 제안된 PLS(partial least square) 방법은 몇 가지 장점을 이유로 여러 분야에서 사용되고 있다. 이 장에서는 PLS 모형과 추정방법의 기본적인 개념을 소개하고, AMOS와 SmartPLS 소프트웨어를 이용한 분석 사례를 간단히 다룬다.

9.1 PLS 모형과 추정방법

PLS(partial least square)라는 용어는 보통 두 가지 의미로 사용되는데, 하나는 PLS 모형(model)을 지칭하며, 다른 하나는 PLS 추정방법(estimation method)을 지칭한다. 여기에서는 전통적인 접근법과 비교하여 이러한 개념을 간단히 설명한다.

9.1.1 PLS 모형

5.1.3절에서 잠재변수를 규정하는 두 가지 형태로서 반영적 지표(reflective indicator)와 조형적 지표(formative indicator)를 설명한 바 있다.

전통적인 구조방정식모형에서는 모든 잠재변수가 반영적 지표임을 가정한다. 즉, ⟨그림 9.1⟩의 (a)와 같은 구조를 고려한다. 이러한 모형은 공분산 구조를 분석하는 데 초점을 두고 있으며, 이런 측면에서 전통적인 구조방정식모형을 CB-SEM(covariance-based SEM)이라고 부르기도 한다. 일반적으로 CB-SEM은 제안된 이론 모형이 표본에 잘 적합되는지를 검증하는 데 목적을 두고 있다. 즉, 확증된 이론 모형에 대하여 검증하고 확인하는 것이 연구의 주요 목적이다.

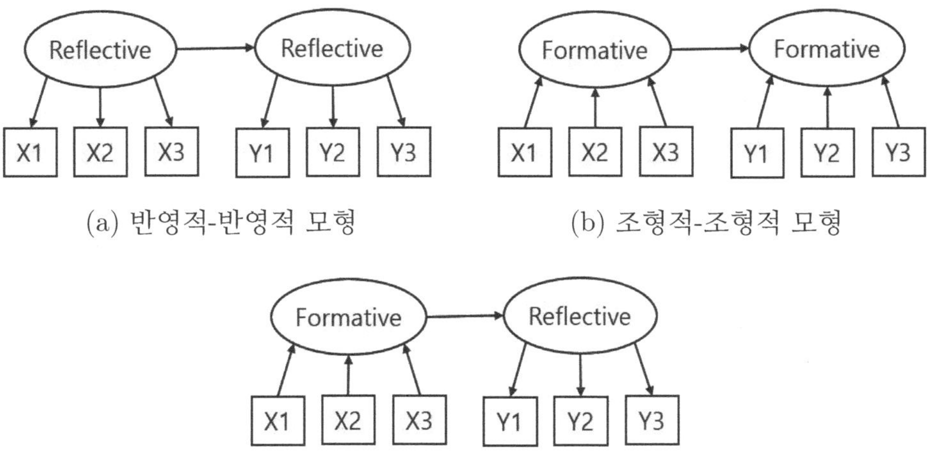

(a) 반영적-반영적 모형 (b) 조형적-조형적 모형

(c) 조형적-반영적 모형

⟨그림 9.1⟩ 반영적 지표와 조형적 지표

반면에 PLS(partial least square) 모형의 경우에는 잠재변수를 규정하는 형태에 제한이 없다. 즉, 〈그림 9.1〉의 (a), (b), (c)와 같은 형태가 모두 가능하다. 또한, 내생변수가 가지는 변이(분산)를 설명하는 데 초점을 두고 있으며, 내생변수에 대한 예측과 이론에 대한 탐색이 주요 목적이다.

〈그림 9.1〉의 반영적 지표에서 잠재변수와 관찰변수들의 관계를 수식으로 표현하면 다음과 같다.

$$\begin{cases} X_1 = \lambda_1 \text{ Reflective } + \delta_1, \\ X_2 = \lambda_2 \text{ Reflective } + \delta_2, \\ X_3 = \lambda_3 \text{ Reflective } + \delta_3. \end{cases} \tag{9.1}$$

여기에서 λ_i는 각 관찰변수가 해당 잠재변수와 얼마나 관련되어 있는지를 나타내며 **적재값**(loading, 부하량)으로 불린다. 그리고 δ_i는 관찰변수의 측정값 중 잠재변수와 구별되는 부분(주로 측정오차)을 나타내며, 해당 관찰변수의 특수성(specific factor) 또는 유일성(uniqueness)으로 불리기도 한다.

〈그림 9.1〉의 조형적 지표에서 잠재변수와 관찰변수들의 관계를 수식으로 표현하면 다음과 같다.

$$\text{Formative} = w_1 X_1 + w_2 X_2 + w_3 X_3. \tag{9.2}$$

즉, 잠재변수는 관찰변수들의 가중합(weighted sum)으로 정의되며, 여기에서 w_i는 각 관찰변수에 붙는 **가중치**(weight)를 나타낸다.

9.1.2 PLS 추정방법

전통적인 구조방정식모형(CB-SEM)에서는 다변량 정규분포에 근거한 최대우도(maximum likelihood) 추정법을 사용하며, 이는 관측된 공분산행렬과 예측된 공분산행렬이 가장 가깝게 되도록 모수를 추정한다(부록 참조). 이와 같은 접근법은 확증적인 연구를 수행하는 데 유용하다.

반면에 PLS-SEM에서는 표본크기나 분포에 대한 가정이 강하지 않다. 따라서 PLS-SEM은 어떤 상황에서는 CB-SEM에 대한 방법론적 대안이 될 수 있다. 또한, 최소제곱법에 기반한 PLS(partial least square, 부분최소제곱) 추정법을 사용하며, 내생변수의 분산에 대한 설명력이 최대가 되도록 모수를 추정한다. 이와 같은 접근법은 탐색적인 연구를 수행하거나 복잡한 모형을 분석하는 데 유용한 것으로 알려져 있다.

PLS-SEM을 사용할 때 주의해야 할 몇 가지 사항이 있다. 첫째, PLS-SEM이 표본크기 문제에 대하여 완전히 자유로운 것은 아니다. 모든 통계적 방법은 모형과 데이터의 특성에 따라 적절한 표본크기가 요구되며 PLS-SEM 역시 예외는 아니다(김장현 등, 2014).

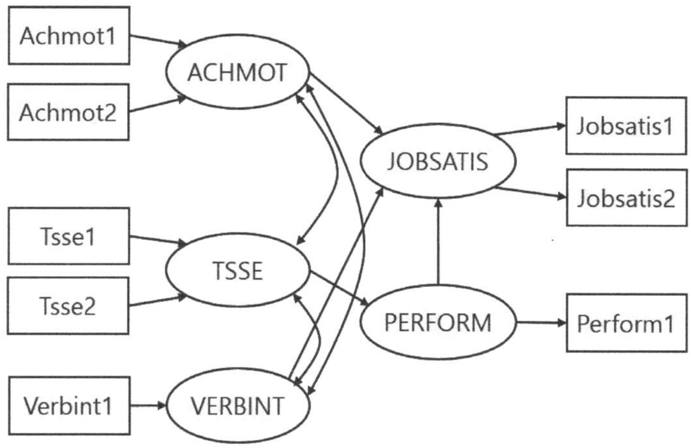

〈그림 9.2〉 PLS 모형을 위한 경로도의 예(Job_PLS)

둘째, 정규성을 가정하지 않는 반대급부로서 기본적으로는 모수 추정치에 대한 유의성 검정이 가능하지 않다. 대신에 PLS-SEM에서는 비모수적 붓스트랩(nonparametric bootstrap) 방법을 사용하여 유의성 검정을 수행할 수 있다.

셋째, 대부분의 적합도 측도들이 예측된 공분산행렬이 관측된 공분산행렬에 얼마나 적합되는지를 재는 것이므로, PLS-SEM에서는 모형의 적합도(goodness-of-fit)를 잴 수 있는 측도가 제한적이다(Hair et al., 2011).

넷째, CB-SEM과 PLS-SEM에 의한 추정치의 차이가 크지 않은 경우도 많이 있으나, PLS-SEM에서는 구조모형의 계수는 과소추정되고 측정모형의 계수는 과대추정되는 경향이 있다. 이러한 현상을 'PLS-SEM 편향'이라고 한다(Dijkstra, 1983; 유지연, 2015).

9.2 분석 사례 – semPLS 패키지

예를 들어, 〈그림 9.2〉에서 외생 잠재변수 ACHMOT, TSSE, VERBINT에 대하여는 조형적 지표로 규정하고, 내생 잠재변수 PERFORM, JOBSATIS에 대하여는 반영적 지표로 규정하고 있다. 이 모형은 5.8절의 〈그림 5.10〉에 대응되므로 이를 참조하기 바란다. 한편, PLS 모형에서는 외생변수들의 연관관계나 오차변수들의 존재는 추정 알고리즘 내부에서 처리된다.

〈예 9.1〉 PLS 모형에 대한 설정 – semPLS 패키지

```
> Jobsatis <- read.csv("E:/My_Work/Data/Jobsatis.csv",header=TRUE)
> library(semPLS)
```

```
> Job_mm <- read.csv("M:/My_Work/Data/Job_mm.csv",header=TRUE)
> Job_mm <- as.matrix(Job_mm)
> Job_mm
#-----------------------------------------------------------------------
     Source     Target
[1,] "Achmot1"  "ACHMOT"
[2,] "Achmot2"  "ACHMOT"
[3,] "Tsse1"    "TSSE"
[4,] "Tsse2"    "TSSE"
[5,] "Verbint1" "VERBINT"
[6,] "PERFORM"  "Perform1"
[7,] "JOBSATIS" "Jobsatis1"
[8,] "JOBSATIS" "Jobsatis2"
#-----------------------------------------------------------------------
> Job_sm <- read.csv("M:/My_Work/Data/Job_sm.csv",header=TRUE)
> Job_sm <- as.matrix(Job_sm)
> Job_sm
#-----------------------------------------------------------------------
     Source    Target
[1,] "TSSE"    "PERFORM"
[2,] "ACHMOT"  "JOBSATIS"
[3,] "VERBINT" "JOBSATIS"
[4,] "PERFORM" "JOBSATIS"
```

⟨예 9.1⟩에서 사용된 semPLS(structural equation modeling using partial least squares) 패키지는 PLS 모형을 분석하기 위해 가장 널리 사용되는 패키지이다.

⟨예 9.1⟩에서 볼 수 있는 바와 같이 semPLS 패키지에서는 모형설정을 위해 다음과 같은 2개의 행렬을 요구한다.

- 측정모형(measurement model)에 대한 설정: 여기에는 잠재변수와 대응되는 관찰변수의 이름이 입력되어 있어야 한다. 조형적 지표의 경우 첫 번째 열에 관찰변수의 이름이, 두 번째 열에 잠재변수의 이름이 지정되어 있어야 한다. 반영적 지표의 경우에는 첫 번째 열에 잠재변수의 이름이, 두 번째 열에 관찰변수의 이름이 지정되어 있어야 한다.
- 구조모형(structural model)에 대한 설정: 여기에는 잠재변수들의 인관관계에 대한 내용이 입력되어 있어야 한다. 첫 번째 열에 영향을 주는 잠재변수의 이름이, 두 번째 열에 영향을 받는 잠재변수의 이름이 지정되어 있어야 한다.

⟨예 9.1⟩에서는 먼저 이러한 내용을 csv 파일에 각각 저장한 후, 이를 데이터 프레임으로 읽은 다음 as.matrix 함수를 사용하여 행렬로 변경하였다.

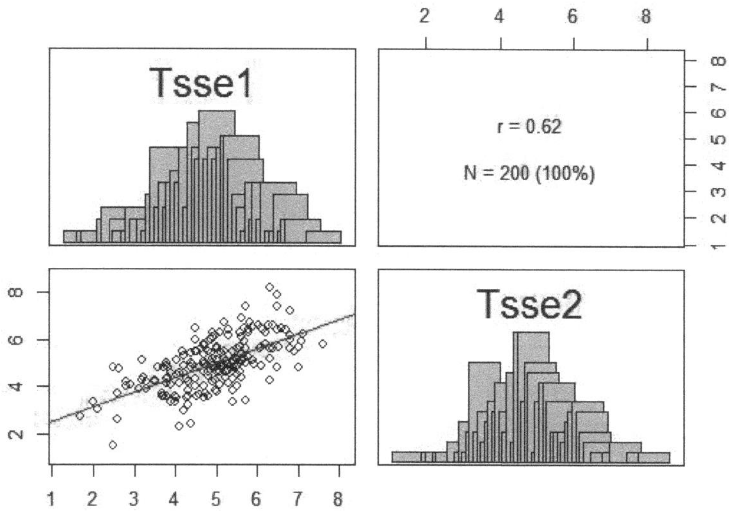

〈그림 9.3〉 mvpairs 함수에 의하여 출력된 분포도

〈예 9.2〉 PLS 모형에 대한 적합 – semPLS 패키지

```
> Job_PLS <- plsm(data=Jobsatis,measuremod=Job_mm,strucmod=Job_sm)
> mvpairs(model=Job_PLS,data=Jobsatis)
#----------------------------------------------------------------------
Hit <Return> to see next plot:
#----------------------------------------------------------------------
> Job_PLS.fit <- sempls(model=Job_PLS,data=Jobsatis)
#----------------------------------------------------------------------
All 200 observations are valid.
Converged after 9 iterations.
Tolerance: 1e-07
Scheme: centroid
```

- plsm 함수: 측정모형과 구조모형에 대한 내용을 결합하여 객체를 생성한다. 여기에는 data=(데이터 프레임), measuremod=(측정모형에 대한 행렬), strucmod=(구조모형에 대한 행렬) 인수가 지정되어야 한다.
- mvpairs 함수: 각 잠재변수들을 구정하는 관찰변수들에 대하여 상관계수, 산점도, 분포도 등을 출력한다(그림 9.3 참조).
- sempls 함수: 설정된 모형과 데이터를 기초로 PLS 모형을 적합하고, 그 결과들을 새로운 객체에 저장한다.

이제 semPLS 패키지에서 제공하는 여러 가지 함수들을 이용하여 적합된 결과들의 내용을 살펴보도록 하자.

9.2.1 경로계수 추정치 – pathCoeff 함수

pathCoeff 함수는 구조모형에서의 경로계수들에 대한 추정치를 출력한다. 예를 들어, 다음 ⟨예 9.3⟩에서 'TSSE ⟶ PERFORM'에 대한 추정치는 0.646이다.

⟨예 9.3⟩ pathCoeff 함수

```
> print(pathCoeff(Job_PLS.fit),digits=3)
#-----------------------------------------------------------------------
         TSSE ACHMOT PERFORM VERBINT JOBSATIS
TSSE        .      .   0.646       .        .
ACHMOT      .      .       .       .    0.383
PERFORM     .      .       .       .    0.472
VERBINT     .      .       .       .    0.160
JOBSATIS    .      .       .       .        .
```

9.2.2 결정계수(R^2) – rSquared 함수

rSquared 함수는 구조모형에서의 결정계수를 출력한다. 예를 들어, ⟨예 9.4⟩에서 변수 PERFORM에 대한 결정계수는 41.7 %이다.

⟨예 9.4⟩ rSquared 함수

```
> print(rSquared(Job_PLS.fit),digits=3)
#-----------------------------------------------------------------------
         R-squared
TSSE             .
ACHMOT           .
PERFORM      0.417
VERBINT          .
JOBSATIS     0.378
```

9.2.3 총효과 – totalEffects 함수

totalEffects 함수는 구조모형에서의 총효과(total effect)를 출력한다. 예를 들어, ⟨예 9.5⟩에서 인과관계 'TSSE ⟶ PERFORM'에 대한 총효과는 0.646이며, 인과관계 'TSSE ⟶ JOBSATIS'에 대한 총효과는 0.305이다.

⟨예 9.5⟩ totalEffects 함수

```
> print(totalEffects(Job_PLS.fit),digits=3)
#----------------------------------------------------------------------
         TSSE ACHMOT PERFORM VERBINT JOBSATIS
TSSE        .      .   0.646       .    0.305
ACHMOT      .      .       .       .    0.383
PERFORM     .      .       .       .    0.472
VERBINT     .      .       .       .    0.160
JOBSATIS    .      .       .       .        .
```

9.2.4 가중치 – plsWeights 함수

plsWeights 함수는 측정모형에서 조형적 지표에 대한 가중치(weight)를 출력한다(식 9.2 참조). 반영적 지표에 대하여는 적재값이 먼저 추정되고, 이를 이용하여 가중치가 계산된다. 예를 들어, ⟨예 9.6⟩에서 잠재변수 TSSE는 다음과 같이 규정된다.

$$\text{TSSE} = 0.792 \times \text{Tsse1} + 0.291 \times \text{Tsse2}.$$

⟨예 9.6⟩ plsWeights 함수

```
> print(plsWeights(Job_PLS.fit),digits=3)
#----------------------------------------------------------------------
           TSSE ACHMOT PERFORM VERBINT JOBSATIS
Tsse1     0.792      .       .       .        .
Tsse2     0.291      .       .       .        .
Achmot1       .  0.678       .       .        .
Achmot2       .  0.500       .       .        .
Perform1      .      .   1.000       .        .
Verbint1      .      .       .   1.000        .
Jobsatis1     .      .       .       .    0.565
Jobsatis2     .      .       .       .    0.534
```

9.2.5 적재값 – plsLoadings 함수

plsLoadings 함수는 측정모형에서 반영적 지표에 대한 적재값이 출력된다(식 9.1 참조). 조형적 지표에 대하여는 가중치가 먼저 추정되고, 이를 이용하여 적재값이 계산된다. 여기에서 적재값은 각 관찰변수와 잠재변수의 연관성(상관계수)을 의미한다. 이때 plsLoadings 함수에서는 두 가지 유형의 적재값을 출력할 수가 있는데, 판별 적재값(discriminant loading)과 교차 적재값(cross loading)이다.

〈예 9.7〉 plsLoadings 함수 – 판별 적재값

```
> print(plsLoadings(Job_PLS.fit),type=c("discriminant"),digits=3)
#----------------------------------------------------------------------------
           TSSE ACHMOT PERFORM VERBINT JOBSATIS
Tsse1     0.974      .       .       .        .
Tsse2     0.785      .       .       .        .
Achmot1       .  0.892       .       .        .
Achmot2       .  0.790       .       .        .
Perform1      .      .   1.000       .        .
Verbint1      .      .       .   1.000        .
Jobsatis1     .      .       .       .    0.916
Jobsatis2     .      .       .       .    0.905
```

판별 적재값(discriminant loading)은 잠재변수와 그 잠재변수를 규정하는 관찰변수들의 상관계수를 의미한다. 따라서 판별 적재값이 높아야 집중 타당도(convergent validity, 수렴 타당도)에 문제가 없는 것으로 평가할 수 있다. 예를 들어, 〈예 9.7〉의 결과에서 판별 적재값이 모두 0.7 이상이므로 집중 타당도에 문제가 없는 것으로 평가할 수 있다.

〈예 9.8〉 plsLoadings 함수 – 교차 적재값

```
> print(plsLoadings(Job_PLS.fit),type=c("cross"),digits=3)
#----------------------------------------------------------------------------
             TSSE  ACHMOT PERFORM VERBINT JOBSATIS
Tsse1      0.9738  0.3751  0.6291 -0.3333   0.5428
Tsse2      0.7851  0.3398  0.5072 -0.2771   0.4354
Achmot1    0.3383  0.8918  0.1789 -0.3886   0.3708
Achmot2    0.3332  0.7903  0.2152 -0.4081   0.3286
Perform1   0.6460  0.2290  1.0000 -0.2788   0.5149
Verbint1  -0.3447 -0.4676 -0.2788  1.0000  -0.1502
Jobsatis1  0.4945  0.3765  0.4588 -0.1760   0.9157
Jobsatis2  0.5200  0.3808  0.4794 -0.0951   0.9050
```

교차 적재값(cross loading)은 잠재변수와 그 잠재변수를 규정하지 않는 관찰변수들의 상관계수를 의미한다. 따라서 교차 적재값이 낮아야 변별 타당도(discriminant validity, 판별 타당도)에 문제가 없는 것으로 평가할 수 있다. 〈예 9.8〉에는 판별 적재값과 교차 적재값이 함께 출력되어 있다.

9.3 붓스트랩 검정

앞에서 설명한 바와 같이 PLS-SEM에서는 정규성을 가정하지 않는 반대급부로서 기본적으로는 모수 추정치에 대한 유의성 검정이 가능하지 않다. 대신에 PLS-SEM에서는 붓스트랩(bootstrap) 방법을 사용하여 유의성 검정을 수행할 수 있다.

⟨예 9.9⟩ 붓스트랩 검정을 위한 표준오차 출력

```
> Job_PLS.Boot <- bootsempls(Job_PLS.fit,nboot=1000,verbose=TRUE)
#-----------------------------------------------------------------------
Resample: 1000 Done.
#-----------------------------------------------------------------------
> Job_PLS.Boot
#-----------------------------------------------------------------------
                      Estimate      Bias Std.Error
Tsse1 -> TSSE            0.792 -3.90e-03  9.20e-02
Tsse2 -> TSSE            0.291 -1.87e-04  1.14e-01
Achmot1 -> ACHMOT        0.678 -1.25e-02  1.37e-01
Achmot2 -> ACHMOT        0.500  8.57e-04  1.53e-01
PERFORM -> Perform1      1.000  1.11e-16  5.19e-17
Verbint1 -> VERBINT      1.000  0.00e+00  1.10e-16
JOBSATIS -> Jobsatis1    0.916  4.91e-04  1.44e-02
JOBSATIS -> Jobsatis2    0.905 -7.68e-04  1.85e-02
TSSE -> PERFORM          0.646  2.84e-03  3.66e-02
ACHMOT -> JOBSATIS       0.383  3.78e-03  6.01e-02
PERFORM -> JOBSATIS      0.472 -5.25e-03  5.49e-02
VERBINT -> JOBSATIS      0.160 -3.56e-03  5.80e-02
```

⟨예 9.9⟩는 bootsempls 함수를 사용하여 각 추정치에 대한 표준오차를 출력한 것이다. 이때 nboot= 인수는 재표본(resampling) 횟수를 지정하며, verbose=TRUE 옵션을 지정하면 재표본 횟수의 변화를 살펴볼 수 있다. 표준오차를 이용한 검정 방법은 4.5절과 4.6절을 참조하기 바란다.

⟨예 9.10⟩ 붓스트랩 신뢰구간 출력

```
> summary(Job_PLS.Boot,type="bca",level=0.95)
#-----------------------------------------------------------------------
Lower and upper limits are for the 95 percent bca confidence interval
         Estimate      Bias Std.Error  Lower Upper
gam_1_1     0.792 -3.90e-03  9.20e-02 0.5906 0.955
gam_1_2     0.291 -1.87e-04  1.14e-01 0.0623 0.518
```

```
gam_2_1     0.678 -1.25e-02  1.37e-01 0.3902 0.916
gam_2_2     0.500  8.57e-04  1.53e-01 0.1700 0.768
lam_3_1     1.000  1.11e-16  5.19e-17      .     .
gam_4_1     1.000  0.00e+00  1.10e-16      .     .
lam_5_1     0.916  4.91e-04  1.44e-02 0.8814 0.941
lam_5_2     0.905 -7.68e-04  1.85e-02 0.8549 0.931
beta_1_3    0.646  2.84e-03  3.66e-02 0.5602 0.709
beta_2_5    0.383  3.78e-03  6.01e-02 0.2578 0.494
beta_3_5    0.472 -5.25e-03  5.49e-02 0.3664 0.575
beta_4_5    0.160 -3.56e-03  5.80e-02 0.0438 0.270
```

⟨예 9.10⟩은 summary 함수를 사용하여 붓스트랩 신뢰구간(confidence interval)을 출력한 것이다. 이때 type="bca" 옵션을 지정하면 편의가 조정된(bias-corrected) 신뢰구간이 출력되며, level= 인수는 신뢰수준(confidence level)을 지정한다.

위의 결과에서 gam으로 표현된 계수들은 조형적 지표에 대한 가중치를 나타내며, lam으로 표현된 계수들은 반영적 지표에 대한 적재값을 나타내고, beta로 표현된 계수들은 구조모형에서의 경로계수들을 나타낸다.

신뢰구간을 이용하여 '특정 계수가 0이라는 가설'(예를 들어, $H_0 : \beta_i = 0$)에 대한 검정을 수행할 수 있다. 즉, 신뢰구간이 0을 포함하고 있지 않으면 가설 '$H_0 : \beta_i = 0$'을 기각할 수 있다.

제 10 장

잠재성장모형

Latent Growth Curve Model

구조방정식모형에서는 공분산 구조(covariance structure)에 주요 관심을 두고 있으며, 특별한 경우에만 평균 구조(mean structure)에 관심을 두게 된다. 평균 구조를 분석하는 대표적인 방법으로는 분산분석(ANOVA, analysis of variance)을 들 수 있다. AMOS에서도 가변수(dummy variable)를 이용하여 평균 구조를 분석할 수는 있으나(4.9절 참조), 분산분석의 경우에는 SPSS 등의 소프트웨어를 이용하여 처리하는 것이 보다 효율적이다. 이러한 내용에 대하여는 한상태 등(2009)을 참조하기 바란다.

특히 잠재변수의 경우 측정단위가 없기 때문에 평균 자체에 의미를 둘 수 없다. 따라서 단일집단 분석에서는 일반적으로 잠재변수 절편항 및 평균을 바로 추정할 수 없으며, 이를 위해서는 추가적인 제약들이 필요하다. 그러나 다중집단 분석에서는 간단한 제약을 추가하여 잠재변수의 평균에 대한 추정 및 검정을 수행할 수 있는데, 이러한 내용에 대하여 자세한 설명을 원하는 독자들은 Jöreskog & Sörbom(1993, 1996)을 참조하기 바란다.

동일한 개체에 대하여 여러 시점에 걸쳐 반복적으로 측정된 자료를 **반복측정**(repeated measure) 데이터 또는 **종단**(longitudinal) 데이터라고 한다. 종단 데이터에 대하여 평균구조를 분석하는 기법으로는 반복측정 분산분석(repeated measure ANOVA), 위계선형모형(HLM, hierarchical linear model), 잠재성장모형(LGM, latent growth model) 등이 있다. 이 장에서는 잠재선형모형에 대한 기본적인 개념을 분석 사례를 통해 설명할 것이다.

10.1 평균 변화에 대한 분석

잠재선형모형(LGM, latent growth model)은 종단 데이터의 평균 구조를 분석하는 데 사용되며, 구조방정식모형의 특수한 형태 중 하나로 볼 수 있다. 구조방정식모형에서 잠재성장모형을 분석하기 위해서는 적어도 세 번의 시점에서 측정된 데이터가 필요하다.

이 장에서 사용되는 데이터 파일은 'Cigarette.csv'로서 Duncan & Duncan(1996)의 사례를 참조하여 가상으로 만들어진 데이터이다. 이 예에서는 300명의 청소년을 대상으로 4년에 걸쳐 매년 조사를 실시한 것으로 가정하였다. 흡연수준은 매년 측정한 것으로 가정되었고, 1점부터 5점까지 부여되었으며 점수가 높을수록 흡연량이 많음을 의미한다. 또한, 데이터에는 변수 Gender(성별: 0=남자, 1=여자)와 Family(가족특성: 0=편부모, 1=양부모)가 함께 포함되어 있다.

⟨예 10.1⟩ 기술통계량과 평균 도표

```
> Cigarette <- read.csv("M:/My_Work/Data/Cigarette.csv",header=TRUE)
> Cigarette.desc <- psych::describe(Cigarette[c("Cigarette1",
+     "Cigarette2","Cigarette3","Cigarette4")])
```

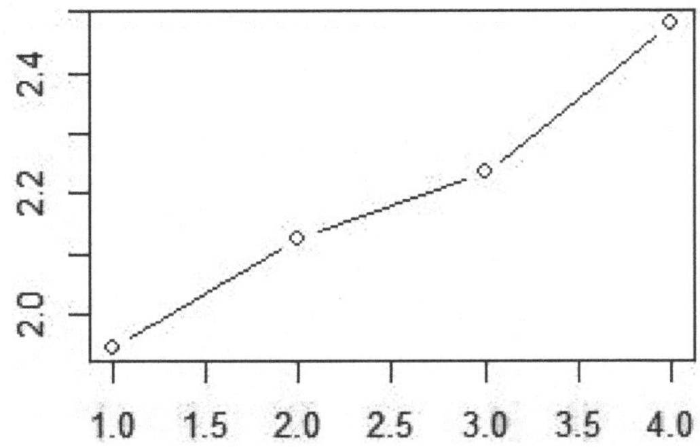

〈그림 10.1〉 흡연수준의 평균 변화

```
> Cigarette.desc
#-----------------------------------------------------------------------
            vars   n mean   sd median trimmed  mad min max range
Cigarette1     1 300 1.94 0.91      2    1.86 1.48   1   5     4
Cigarette2     2 300 2.12 1.04      2    2.00 1.48   1   5     4
Cigarette3     3 300 2.23 1.05      2    2.12 1.48   1   5     4
Cigarette4     4 300 2.48 1.17      2    2.41 1.48   1   5     4
#-----------------------------------------------------------------------
> plot(mean~vars,data=Cigarette.desc,type="b")
```

이 절에서는 시점별 흡연수준의 평균 변화에 대한 분석을 수행하여 보도록 하자.[1] 먼저 〈예 10.1〉에서 흡연수준의 각 시점별 평균은 1.94, 2.12, 2.23, 2.48로서 시간이 지남에 따라 상승하는 추세가 있음을 알 수 있다. 이러한 사실은 〈그림 10.1〉을 통해서도 확인할 수 있다.

잠재성장모형에서 평균 구조의 변화를 수식으로 표현하면 다음과 같다.

$$\mu_t = \text{ICEPT} + b_t\,\text{SLOPE} + \epsilon_t. \tag{10.1}$$

여기에서 μ_t는 t시점에서의 평균이고 ϵ_t는 오차항이다. 이 식에서 볼 수 있듯이 잠재변수 SLOPE의 경로계수를 어떻게 설정하느냐에 따라서 평균 변화의 형태에 대한 가정이 달라지게 된다.

다음 〈예 10.2〉는 시점별 평균 구조의 변화를 분석하기 위하여 작성된 것이다. 여기에서 모형설정 부분의 잠재변수 'i'는 절편항(ICEPT)를 나타내며, 잠재변수 's'는 기울기(SLOPE)를 나타낸다.

[1]잠재성장모형에 대하여 보다 자세한 내용은 김계수(2009)와 허준(2013)을 참조하기 바란다.

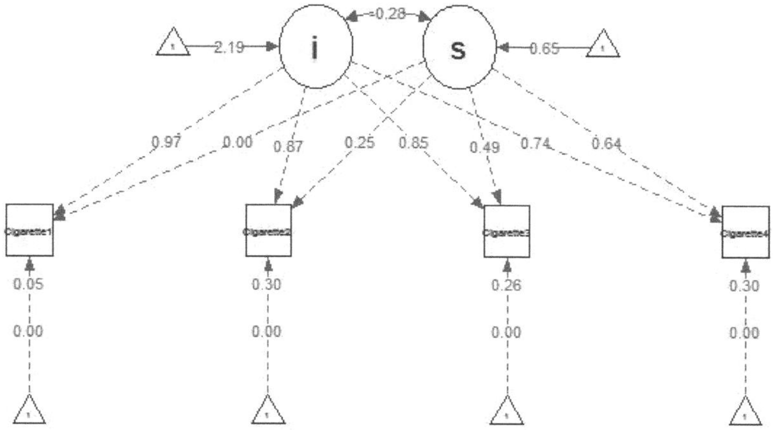

〈그림 10.2〉 semPaths 함수에 의해 출력된 경로도 (Cigarette.A)

〈예 10.2〉 잠재성장모형 – 평균 변화 (Cigarette.A)

```
> library(lavaan)
> Cigarette.A <-
+     '
+     i =~ 1*Cigarette1 + 1*Cigarette2 + 1*Cigarette3 + 1*Cigarette4
+     s =~ 0*Cigarette1 + 1*Cigarette2 + 2*Cigarette3 + 3*Cigarette4
+     '
> Cigarette.A.fit <- growth(Cigarette.A,data=Cigarette)
> library(semPlot)
> semPaths(Cigarette.A.fit,whatLabels="std",style="lisrel",nCharNodes=0)
```

〈예 10.2〉에서와 같이 $b_1 = 0$, $b_2 = 1$, $b_3 = 2$, $b_4 = 3$으로 설정하면, 첫 번째 시점의 평균은 $\hat{\mu}_1 = \text{ICEPT}$이고, 두 번째 시점부터 SLOPE의 크기만큼 매번 평균이 증가한다고 가정하는 것이다. 다른 예로서 $b_1 = 0$, $b_2 = 1$, $b_3 = 1$, $b_4 = 1$로 설정하면, 두 번째 시점에서 평균이 SLOPE의 크기만큼 증가하고, 세 번째와 네 번째 시점의 평균은 두 번째 시점과 동일하다고 가정하는 것이다. 따라서 연구자는 평균 구조의 변화 패턴을 미리 파악하고 적절한 가정을 설정할 수 있어야 한다.

〈예 10.3〉 적합도 출력 (Cigarette.A)

```
> fitMeasures(Cigarette.A.fit)
#------------------------------------------------------------------------
          npar              fmin             chisq                df
         9.000             0.013             7.502             5.000
```

```
         pvalue       baseline.chisq          baseline.df    baseline.pvalue
          0.186              752.654                6.000              0.000
            cfi                  tli                 nnfi                rfi
          0.997                0.996                0.996              0.988
            nfi                 pnfi                  ifi                rni
          0.990                0.825                0.997              0.997
           logl   unrestricted.logl                  aic                bic
      -1372.914            -1369.163             2763.827           2797.161
         ntotal                 bic2                rmsea     rmsea.ci.lower
        300.000             2768.619                0.041              0.000
rmsea.ci.upper         rmsea.pvalue                  rmr         rmr_nomean
          0.097                0.532                0.036              0.039
           srmr         srmr_bentler  srmr_bentler_nomean               crmr
          0.032                0.032                0.034              0.039
    crmr_nomean          srmr_mplus    srmr_mplus_nomean              cn_05
          0.018                0.038                0.027            443.721
          cn_01                  gfi                 agfi               pgfi
        604.316                0.997                0.991              0.356
```

먼저 ⟨예 10.2⟩의 모형에 대하여 주요 적합도 지수들의 수치를 간단히 정리하면 다음과 같으며(예 10.3 참조), 대부분의 적합도 지수들이 우수하다는 것을 볼 수 있다.

χ^2	df	NFI	CFI	TLI	RMSEA	SRMR
7.502	5	0.990	0.997	0.996	0.041	0.032

⟨예 10.4⟩ 계수 추정치 출력 (Cigarette.A)

```
> summary(Cigarette.A.fit,fit.measures=TRUE,rsquare=TRUE,
+      standardized=TRUE)
#-----------------------------------------------------------------------
Latent Variables:
                   Estimate  Std.Err  z-value  P(>|z|)   Std.lv  Std.all
  i =~
    Cigarette1        1.000                               0.885    0.974
    Cigarette2        1.000                               0.885    0.873
    Cigarette3        1.000                               0.885    0.854
    Cigarette4        1.000                               0.885    0.743
  s =~
    Cigarette1        0.000                               0.000    0.000
    Cigarette2        1.000                               0.255    0.252
    Cigarette3        2.000                               0.511    0.493
    Cigarette4        3.000                               0.766    0.643
```

```
Covariances:
                   Estimate  Std.Err  z-value  P(>|z|)   Std.lv  Std.all
  i ~~
    s                -0.062    0.022   -2.822    0.005   -0.276   -0.276
Intercepts:
                   Estimate  Std.Err  z-value  P(>|z|)   Std.lv  Std.all
   .Cigarette1        0.000                                0.000    0.000
   .Cigarette2        0.000                                0.000    0.000
   .Cigarette3        0.000                                0.000    0.000
   .Cigarette4        0.000                                0.000    0.000
    i                 1.942    0.052   37.064    0.000    2.194    2.194
    s                 0.167    0.018    9.178    0.000    0.653    0.653
Variances:
                   Estimate  Std.Err  z-value  P(>|z|)   Std.lv  Std.all
   .Cigarette1        0.042    0.034    1.245    0.213    0.042    0.051
   .Cigarette2        0.305    0.031    9.793    0.000    0.305    0.296
   .Cigarette3        0.278    0.032    8.610    0.000    0.278    0.259
   .Cigarette4        0.424    0.061    6.969    0.000    0.424    0.298
    i                 0.784    0.074   10.612    0.000    1.000    1.000
    s                 0.065    0.011    6.119    0.000    1.000    1.000
R-Square:
                   Estimate
    Cigarette1        0.949
...
```

⟨예 10.4⟩에서 잠재변수 ICEPT의 추정치는 1.942이고 SLOPE의 추정치는 0.167이며 유의수준 5 %하에서 모두 유의함을 볼 수 있다. 이 추정치들을 이용하여 각 시점별 평균을 추정하면 다음과 같다.

$$\begin{cases} \hat{\mu}_1 = 1.942 + 0 \times 0.167 = 1.942 \\ \hat{\mu}_2 = 1.942 + 1 \times 0.167 = 2.109 \\ \hat{\mu}_3 = 1.942 + 2 \times 0.167 = 2.276 \\ \hat{\mu}_4 = 1.942 + 3 \times 0.167 = 2.443 \end{cases}$$

즉, 첫 번째 시점에서 흡연수준의 평균은 1.942이고 매 시점에서 0.167 정도 흡연수준이 증가한다고 말할 수 있다.

또한, 절편항 ICEPT와 기울기 SLOPE 사이의 공분산(covariance)이 유의수준 5 %하에서 유의하며 상관계수가 −0.276으로 추정된 것을 볼 수 있는데, 이는 초기 시점의 평균이 크면 기울기가 작아지는 관계가 있음을 나타낸다. 한편, 오차변수들의 분산이 모두 다르게 추정되어 있으며, 네 번째 시점의 오차 분산이 가장 크다는 것을 볼 수 있다.

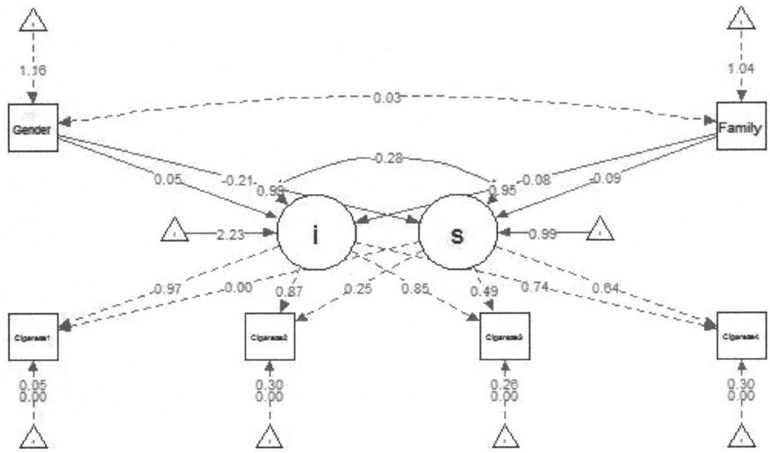

〈그림 10.3〉 semPaths 함수에 의해 출력된 경로도 (Cigarette.B)

10.2 공변량의 효과에 대한 분석

앞에서 시점에 따른 흡연수준의 평균이 선형적으로 증가하고 있음을 확인하였으며, 이제 성별(gender) 또는 가족특성(family)에 따라 그러한 변화의 패턴이 달라지는지를 살펴보도록 하자.

다음 〈예 10.5〉에서와 같이 관찰변수 Gender와 Family를 공변량으로 추가하여 모형을 설정하여 보자.

〈예 10.5〉 잠재성장모형 – 공변량의 효과 (Cigarette.B)

```
> library(lavaan)
> Cigarette.B <-
+     '
+     # Intercept and Slope
+     i =~ 1*Cigarette1 + 1*Cigarette2 + 1*Cigarette3 + 1*Cigarette4
+     s =~ 0*Cigarette1 + 1*Cigarette2 + 2*Cigarette3 + 3*Cigarette4
+     # Regressions
+     i ~ Gender + Family
+     s ~ Gender + Family
+     '
> Cigarette.B.fit <- growth(Cigarette.B,data=Cigarette)
> library(semPlot)
> semPaths(Cigarette.B.fit,whatLabels="std",style="lisrel",nCharNodes=0)
```

〈예 10.6〉 적합도 출력 (Cigarette.B)

```
> fitMeasures(Cigarette.B.fit)
#------------------------------------------------------------------
           npar                 fmin                chisq                   df
         13.000                0.018               11.022                9.000
         pvalue       baseline.chisq          baseline.df    baseline.pvalue
          0.274              770.205               14.000                0.000
            cfi                  tli                 nnfi                  rfi
          0.997                0.996                0.996                0.978
            nfi                 pnfi                  ifi                  rni
          0.986                0.634                0.997                0.997
           logl    unrestricted.logl                  aic                  bic
      -1365.898            -1360.387             2757.797             2805.946
         ntotal                 bic2                rmsea       rmsea.ci.lower
        300.000             2764.718                0.027                0.000
 rmsea.ci.upper         rmsea.pvalue                  rmr           rmr_nomean
          0.074                0.740                0.027                0.028
           srmr         srmr_bentler  srmr_bentler_nomean                 crmr
          0.026                0.026                0.027                0.030
    crmr_nomean           srmr_mplus    srmr_mplus_nomean                cn_05
          0.019                0.030                0.023              461.500
          cn_01                  gfi                 agfi                 pgfi
        590.704                0.995                0.986                0.332
            mfi                 ecvi
          0.997                0.123
```

먼저 〈예 10.5〉의 모형에 대하여 주요 적합도 지수들의 수치를 간단히 정리하면 다음과 같으며(예 10.6 참조), 대부분의 적합도 지수들이 우수하다는 것을 볼 수 있다.

χ^2	df	NFI	CFI	TLI	RMSEA	SRMR
11.022	9	0.986	0.997	0.996	0.027	0.026

〈예 10.7〉 계수 추정치 출력 (Cigarette.B)

```
> summary(Cigarette.B.fit,fit.measures=TRUE,rsquare=TRUE,
+      standardized=TRUE)
#------------------------------------------------------------------
Latent Variables:
                   Estimate  Std.Err  z-value  P(>|z|)   Std.lv  Std.all
  i =~
    Cigarette1        1.000                               0.885    0.973
    Cigarette2        1.000                               0.885    0.873
```

```
    Cigarette3        1.000                                           0.885    0.854
    Cigarette4        1.000                                           0.885    0.742
  s =~
    Cigarette1        0.000                                           0.000    0.000
    Cigarette2        1.000                                           0.255    0.251
    Cigarette3        2.000                                           0.510    0.492
    Cigarette4        3.000                                           0.765    0.642
Regressions:
                   Estimate  Std.Err  z-value  P(>|z|)   Std.lv  Std.all
  i ~
    Gender            0.085    0.106    0.803    0.422    0.096    0.047
    Family           -0.146    0.105   -1.393    0.164   -0.165   -0.082
  s ~
    Gender           -0.107    0.036   -2.959    0.003   -0.419   -0.207
    Family           -0.048    0.036   -1.336    0.182   -0.187   -0.094
Covariances:
                   Estimate  Std.Err  z-value  P(>|z|)   Std.lv  Std.all
 .i ~~
   .s                -0.061    0.022   -2.825    0.005   -0.281   -0.281
Intercepts:
                   Estimate  Std.Err  z-value  P(>|z|)   Std.lv  Std.all
   .Cigarette1        0.000                                0.000    0.000
   .Cigarette2        0.000                                0.000    0.000
   .Cigarette3        0.000                                0.000    0.000
   .Cigarette4        0.000                                0.000    0.000
   .i                 1.970    0.095   20.626    0.000    2.226    2.226
   .s                 0.253    0.033    7.744    0.000    0.992    0.992
Variances:
                   Estimate  Std.Err  z-value  P(>|z|)   Std.lv  Std.all
   .Cigarette1        0.044    0.034    1.297    0.195    0.044    0.053
   .Cigarette2        0.304    0.031    9.788    0.000    0.304    0.296
   .Cigarette3        0.278    0.032    8.673    0.000    0.278    0.259
   .Cigarette4        0.424    0.060    7.040    0.000    0.424    0.298
   .i                 0.776    0.073   10.596    0.000    0.991    0.991
   .s                 0.062    0.010    5.901    0.000    0.947    0.947
R-Square:
                   Estimate
    Cigarette1        0.947
    Cigarette2        0.704
    Cigarette3        0.741
    Cigarette4        0.702
    i                 0.009
    s                 0.053
...
```

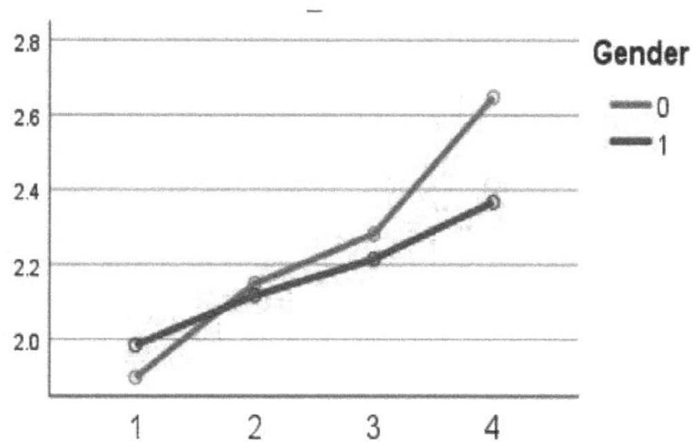

(a) 성별

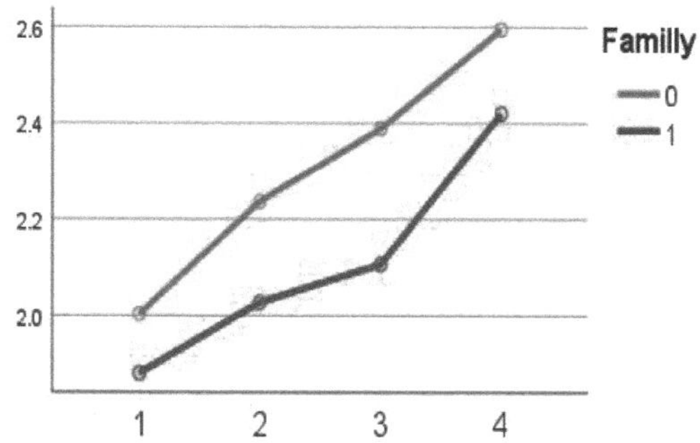

(b) 가족특성

⟨그림 10.4⟩ 공변량에 따른 평균 구조의 변화

⟨예 10.7⟩에서 경로 'SLOPE ⟵ Gender'에 대한 추정치는 유의수준 5 %하에서 통계적으로 유의하며, 경로 'ICEPT ⟵ Gender'에 대한 추정치는 유의하지 않다. 이는 초기 시점에서 성별에 따른 흡연수준의 평균은 차이가 없으나, 시점이 지나면서 평균의 변화량(기울기)은 성별에 따라 달라진다는 것을 의미한다. 즉, 여자(Gender=1)의 경우가 남자(Gender=0)의 경우에 비하여 기울기의 크기가 더 작다(경로 'SLOPE ⟵ Gender'에 대한 추정치가 음수이므로). 이러한 경향은 ⟨그림 10.4⟩의 (a)를 통해서도 확인할 수 있다.

한편, 경로 'SLOPE ⟵ Family'와 'ICEPT ⟵ Family'에 대한 추정치는 모두 유의수준 5 %하에서 통계적으로 유의하지 않다. 이는 가족특성에 따른 초기 시점의 평균과 기울기의 변화에 모두 차이가 없음을 의미한다.

그리고 잠재변수 ICEPT 및 SLOPE의 추정치 등에 대한 해석은 앞에서와 유사하게 수행하면 된다.

부록
추정방법과 적합도 지수

Estimation Methods and Goodness of Fit Index

이 절에서는 AMOS에서 사용되는 추정방법들과 적합도 지수들에 대하여 이론적인 내용을 자세히 설명한다.

A.1 구조방정식모형의 수식적 표현

구조방정식모형을 수식적으로 표현하는 작업은 경로도 형식의 그래프적 표현에 대한 보완적 대안으로써 연구자가 분석하고자 하는 모형을 정확히 파악하는 것 뿐만 아니라, 관련된 통계이론의 이해는 물론 AMOS 등의 소프트웨어를 이용하여 데이터를 분석하고 그 결과를 해석하기 위해서 필요하다. 이 절에서는 경로분석모형을 방정식체계로 표현하는 방법과 통계적 추론의 대상이 되는 모형 모수들을 모아 놓은 계수행렬이나 공분산행렬들에 대해서 살펴보도록 하자.

A.1.1 잠재변수가 없는 모형

여기에서는 1장의 ⟨그림 1.2⟩와 같은 경로분석모형에 대하여 방정식 체계와 계수행렬 및 공분산행렬을 표현하는 내용을 다루도록 한다.

(1) 방정식 체계의 작성

방정식체계로 작성된 구조방정식모형은 외생변수와 내생변수들 간의 인과관계를 기호를 사용하여 여러 개의 선형방정식들로 표현한 것으로, 이때 선형방정식들의 개수는 일반적으로 내생변수들의 개수와 같게 된다. 우선 방정식체계를 만드는 단계 및 규칙에 대해서 요약하면 다음과 같다.

① 한 개의 내생변수를 방정식의 등호 왼쪽에 둔다.
② 등호 왼쪽의 내생변수에 영향을 주는 외생변수및 내생변수와 각 변수에 대한 계수를 곱한 항들을 더하여 방정식의 오른쪽에 둔다.
③ 방정식 왼쪽의 내생변수에 대응되는 오차변수를 ②에 더한다.
④ 이러한 과정을 모형에 포함되어 있는 모든 내생변수에 대해서 수행한다.

예를 들어, 위와 같은 규칙에 의해서 ⟨그림 1.2⟩의 경로분석모형에 나타난 인과관계를 방정식 체계로 표현하면 다음과 같다.

$$\begin{cases} y_1 = \gamma_{12}x_2 + \zeta_1, \\ y_2 = \gamma_{22}x_2 + \beta_{21}y_1 + \zeta_2, \\ y_3 = \gamma_{31}x_1 + \beta_{31}y_1 + \beta_{32}y_2 + \zeta_3. \end{cases} \tag{A.1}$$

〈표 A.1〉 경로분석모형의 모수행렬

행 렬		이 름	내 용
계수 행렬	Γ	gamma	외생관찰변수 x와 내생관찰변수 y 간의 인과관계에 대응되는 경로계수 γ들로 이루어진 행렬
	B	beta	내생관찰변수 y들 간의 인과관계에 대응되는 경로계수 β들로 이루어진 행렬
공분산 행렬	Φ	phi	외생관찰변수 x들의 분산 및 공분산으로 이루어진 행렬
	Ψ	psi	오차변수 ζ들의 분산 및 공분산으로 이루어진 행렬

(2) 계수행렬의 표현

방정식체계에서 경로계수들만을 따로 분리하여 행렬 형태로 표현한 것을 계수행렬(coefficient matrix)이라고 하며, 경로분석모형에서는 일반적으로 다음 〈표 A.1〉에서와 같은 두 개의 계수행렬 Γ와 B가 존재한다.

예를 들어, 식 (A.1)에서 내생변수 y_1, y_2, y_3에 대한 외생변수 x_1, x_2의 인과관계를 나타내는 크기 3×2의 Γ-행렬은 다음과 같다.

$$\Gamma = \begin{pmatrix} 0 & \gamma_{12} \\ 0 & \gamma_{22} \\ \gamma_{31} & 0 \end{pmatrix}. \tag{A.2}$$

한편, 내생변수 y_1, y_2, y_3들 간의 인과관계는 크기 3×3의 다음 B-행렬로 표현된다.

$$\mathrm{B} = \begin{pmatrix} 0 & 0 & 0 \\ \beta_{21} & 0 & 0 \\ \beta_{31} & \beta_{32} & 0 \end{pmatrix}. \tag{A.3}$$

여기에서 γ_{12} 또는 β_{21} 등은 연구자의 모형에 포함되어 있어서 데이터에 기초한 통계적 추론의 대상이 되는 모수들로서 **자유모수**(free parameter)라고 하며, 이런 모수들은 그 값 또는 범위가 고정되거나 제한되어 있지 않다. 이에 반해 γ_{11} 또는 β_{12} 등은 연구자의 가설에 의해 0으로 고정되어 있어서 데이터를 통한 추정에서 제외되는 모수들로 **고정모수**(fixed parameter)라고 한다.

(3) 공분산행렬의 표현

일반적으로 구조방정식모형에는 외생변수 또는 오차변수들 간의 연관관계가 포함되는데, 경로분석모형에서 해당 변수들의 변이정도를 나타내는 분산(variance)과 변수들 간의 연관관계를 나타내는 공분산(covariance)은 앞의 <표 A.1>에서와 같은 두 개의 공분산행렬 Φ와 Ψ로 표현된다.

이러한 공분산행렬에서 대각원소는 분산을 그리고 비대각원소는 공분산을 나타내는데, 공분산행렬은 대칭행렬(symmetric matrix)이므로 대각원소인 분산과 그 아래(혹은 위) 부분의 공분산만으로 표시하는 것이 보다 편리하다.

예를 들어, 이 예에 대해서 두 개의 공분산행렬을 표현하면 다음과 같다.

$$\Phi = \begin{pmatrix} \phi_{11} & \\ \phi_{21} & \phi_{22} \end{pmatrix}, \tag{A.4}$$

$$\Psi = \begin{pmatrix} \psi_{11} & & \\ 0 & \phi_{22} & \\ 0 & 0 & \psi_{33} \end{pmatrix}. \tag{A.5}$$

여기에서 $\phi_{ii} = Var(x_i),\ i = 1, 2$, $\phi_{21} = Cov(x_2, x_1)$, $\psi_{ii} = Var(\zeta_i),\ i = 1, 2, 3$이다.

구조방정식모형에서는 일반적으로 모든 외생변수들은 서로 연관되어 있는 것으로 가정되며, 이러한 가정하에서 식 (A.4)에서와 같이 Φ−행렬의 모든 원소들이 자유모수가 된다.

한편, 이 예에서와 같이 통상적으로 오차변수들은 서로 연관되어 있지 않은 것으로 가정되어 있기 때문에 식 (A.5)에서 Ψ−행렬의 모든 비대각원소들은 0으로 고정되어 있다(물론, 연구자의 가설에 따라서는 오차변수들 간의 연관성을 고려할 수 있다).

A.1.2 잠재변수가 있는 모형

여기에서는 1장의 〈그림 1.5〉와 같은 구조방정식모형에 대하여 방정식 체계와 계수행렬 및 공분산행렬을 표현하는 내용을 다루도록 한다.

(1) 방정식 체계의 작성

앞에서와 유사한 방법으로 〈그림 1.5〉의 구조방정식모형에 대한 방정식 체계를 작성하면 다음과 같다.

x-변수에 대한 측정모형

$$\begin{cases} x_1 = \lambda^x_{11}\xi_1 + \delta_1, \\ x_2 = \lambda^x_{21}\xi_1 + \delta_2, \\ x_3 = \lambda^x_{32}\xi_2 + \delta_3, \\ x_4 = \lambda^x_{42}\xi_2 + \delta_4, \\ x_5 = \lambda^x_{53}\xi_3 + \delta_5. \end{cases} \tag{A.6}$$

y−변수에 대한 측정모형

$$\begin{cases} y_1 = \lambda^y_{11}\eta_1 + \epsilon_1, \\ y_2 = \lambda^y_{22}\eta_2 + \epsilon_2, \\ y_3 = \lambda^y_{32}\eta_2 + \epsilon_3. \end{cases} \tag{A.7}$$

잠재변수들 간의 구조모형

$$\begin{cases} \eta_1 = \gamma_{12}\xi_2 + \zeta_1, \\ \eta_2 = \gamma_{21}\xi_1 + \gamma_{23}\xi_3 + \beta_{21}\eta_1 + \zeta_2. \end{cases} \tag{A.8}$$

앞 장의 경로분석모형에서는 4개의 모수행렬 Γ, B, Φ, Ψ이 존재한다는 것을 설명한 바 있다. 이에 비해 외생 및 내생잠재변수가 모두 존재하는 구조방정식모형에서는 4개의 계수행렬 Λ_x, Λ_y, Γ, B와 4개의 공분산행렬 Θ_δ, Θ_ϵ, Φ, Ψ 등 모두 8개의 모수행렬이 존재하는데, 여기에서는 이들에 대해서 살펴보도록 하자.

(2) 계수행렬의 표현

앞 절에서 설명한 바와 같이 방정식 체계에서 경로계수들만을 따로 분리하여 표현한 계수행렬(coefficient matrix)은 구조방정식모형의 경우 ⟨표 A.2⟩에서와 같은 4개의 계수행렬이 존재한다. 예를 들어, ⟨그림 1.5⟩의 모형에 대한 계수행렬들은 각각 다음과 같다.

$$\Lambda_x = \begin{pmatrix} \lambda^x_{11} & 0 & 0 \\ \lambda^x_{21} & 0 & 0 \\ 0 & \lambda^x_{32} & 0 \\ 0 & \lambda^x_{42} & 0 \\ 0 & 0 & \lambda^x_{53} \end{pmatrix}, \tag{A.9}$$

$$\Lambda_y = \begin{pmatrix} \lambda^y_{11} & 0 \\ 0 & \lambda^y_{22} \\ 0 & \lambda^y_{32} \end{pmatrix}, \tag{A.10}$$

〈표 A.2〉 구조방정식모형의 모수행렬

행 렬		이 름	내 용
계수 행렬	Λ_x	lambda x	관찰변수 x에 대한 측정모형의 계수 λ^x들로 이루어진 행렬
	Λ_y	lambda y	관찰변수 y에 대한 측정모형의 계수 λ^y들로 이루어진 행렬
	Γ	gamma	외생잠재변수 ξ와 내생잠재변수 η 간의 인과관계에 대응되는 경로계수 γ들로 이루어진 행렬
	B	beta	내생잠재변수 η들 간의 인과관계에 대응되는 경로계수 β들로 이루어진 행렬
공분산 행렬	Φ	phi	외생잠재변수 ξ들의 분산 및 공분산으로 이루어진 행렬
	Ψ	psi	오차변수 ζ들의 분산 및 공분산으로 이루어진 행렬
	Θ_δ	theta delta	오차변수 δ들의 분산 및 공분산으로 이루어진 행렬
	Θ_ϵ	theta epsilon	오차변수 ϵ들의 분산 및 공분산으로 이루어진 행렬

$$\Gamma = \begin{pmatrix} 0 & \gamma_{12} & 0 \\ \gamma_{21} & 0 & \gamma_{23} \end{pmatrix}, \tag{A.11}$$

$$\mathrm{B} = \begin{pmatrix} 0 & 0 \\ \beta_{21} & 0 \end{pmatrix}. \tag{A.12}$$

(3) 공분산행렬의 표현

일반적으로 구조방정식모형에는 외생잠재변수들 간의 연관관계 및 오차변수들 간의 연관관계가 포함된다. 각 변수들의 변이를 나타내는 분산(variance)과 변수들 간의 연관관계를 나타내는 공분산(covariance)은 〈표 A.2〉에서와 같은 4개의 공분산행렬로 표현되는데, 이 예에 대해서 네 가지 공분산행렬을 표현하면 다음과 같다.

$$\Phi = \begin{pmatrix} \phi_{11} & & \\ \phi_{21} & \phi_{22} & \\ \phi_{31} & \phi_{32} & \phi_{33} \end{pmatrix}, \tag{A.13}$$

$$\Psi = \begin{pmatrix} \psi_{11} & \\ 0 & \psi_{22} \end{pmatrix}, \tag{A.14}$$

$$\Theta_\delta = \begin{pmatrix} \theta^\delta_{11} & & & & \\ 0 & \theta^\delta_{22} & & & \\ 0 & 0 & \theta^\delta_{33} & & \\ 0 & 0 & 0 & \theta^\delta_{44} & \\ 0 & 0 & 0 & 0 & \theta^\delta_{55} \end{pmatrix}, \tag{A.15}$$

$$\Theta_\epsilon = \begin{pmatrix} \theta^\epsilon_{11} & & \\ 0 & \theta^\epsilon_{22} & \\ 0 & 0 & \theta^\epsilon_{33} \end{pmatrix}. \tag{A.16}$$

이 예에서는 모든 외생잠재변수 ξ들이 서로 연관되어 있는 것으로 가정되어 있기 때문에 Φ-행렬의 모든 원소가 추정대상이 된다.

한편, 모든 오차변수들은 서로 연관되어 있지 않은 것으로 가정되어 있고, 따라서 오차변수에 대한 세 개의 공분산행렬은 분산을 나타내는 대각원소만 추정대상이 되고 공분산인 비대각원소는 추정대상이 아니므로 0으로 고정되어 있다.

A.2 모형에 대한 식별

연구자에 의해서 가정된 모형에 대해 언제나 모든 해를 구할 수 있는 것은 아니다. 설령 이론적으로는 의미있는 모형이라 하더라도 가능한 해가 무수히 많은 등 수리적으로는 해를 구할 수 없는 경우도 발생할 수 있다. 모형에 포함된 모수들에 대한 정확한(혹은 근사적) 유일해의 존재여부를 다루는 **모형식별**(model identification)의 문제는 규정된 모형의 적정성과 연계되어 있으므로 가급적 모형구축 직후 자료적합 이전 단계에서 검토해야 할 주요 과제이다. 이 절에서는 간단한 모형들을 예로 하여 모형의 식별에 대해 개념적으로 살펴보도록 하자.

먼저 ⟨그림 A.1⟩과 같은 단순회귀모형(simple regression model)을 고려해 보자. 이 모형을 방정식체계로 표현하면 다음과 같다.

$$y = \gamma\, x + \zeta. \tag{A.17}$$

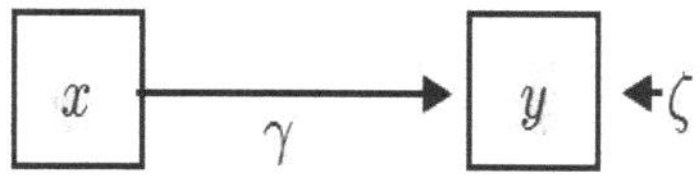

⟨그림 A.1⟩ 경로도 – 단순회귀모형

이때 관찰변수들 간의 구조적 관계는 그들의 분산 $Var(y)$, $Var(x)$와 공분산 $Cov(y,x)$로 이루어진 다음 (A.18)의 모공분산행렬(population covariance matrix) Σ를 통해 묘사된다.

$$\Sigma = \begin{pmatrix} Var(y) & \\ Cov(y,x) & Var(x) \end{pmatrix}. \tag{A.18}$$

한편, 연구자에 의해 규정된 구조방정식모형(즉, 이 경우 단순회귀모형)에 대해서는 x와 ζ가 독립이라는 조건하에서 다음 관계가 성립한다.

$$\begin{cases} Var(y) = \gamma^2 Var(x) + Var(\zeta) = \gamma^2\phi + \psi, \\ Cov(y,x) = Cov(\gamma x + \zeta, x) = \gamma Var(x) = \gamma\phi. \end{cases} \tag{A.19}$$

여기에서 $\theta = \{\gamma, \phi, \psi\}$와 같이 θ를 모형모수들의 집합이라고 할 때, 식 (A.19)의 결과를 이용하여 단순회귀모형하에서 x, y의 공분산행렬을 θ의 함수로 표현하면 다음과 같게 된다.

$$\Sigma(\theta) = \begin{pmatrix} \gamma^2\phi + \psi & \\ \gamma\phi & \phi \end{pmatrix}. \tag{A.20}$$

만약 연구자의 모형 (A.18)이 적절하고 따라서 $\Sigma = \Sigma(\theta)$가 성립한다면, 다음과 같은 연립방정식에 의해서 모수 γ, ϕ, ψ에 대한 해를 구할 수 있을 것이다.

$$\begin{cases} Var(y) = \gamma^2\phi + \psi, \\ Cov(y,x) = \gamma\phi, \\ Var(x) = \phi. \end{cases} \tag{A.21}$$

즉, 이 경우 모형모수들은

$$\begin{cases} \phi = Var(x), \\ \gamma = Cov(y,x)/Var(x), \\ \psi = Var(y)Var(x)/[Cov(y,x)]^2. \end{cases} \tag{A.22}$$

와 같이 Σ의 원소들로부터 (유일)해를 구할 수 있다.

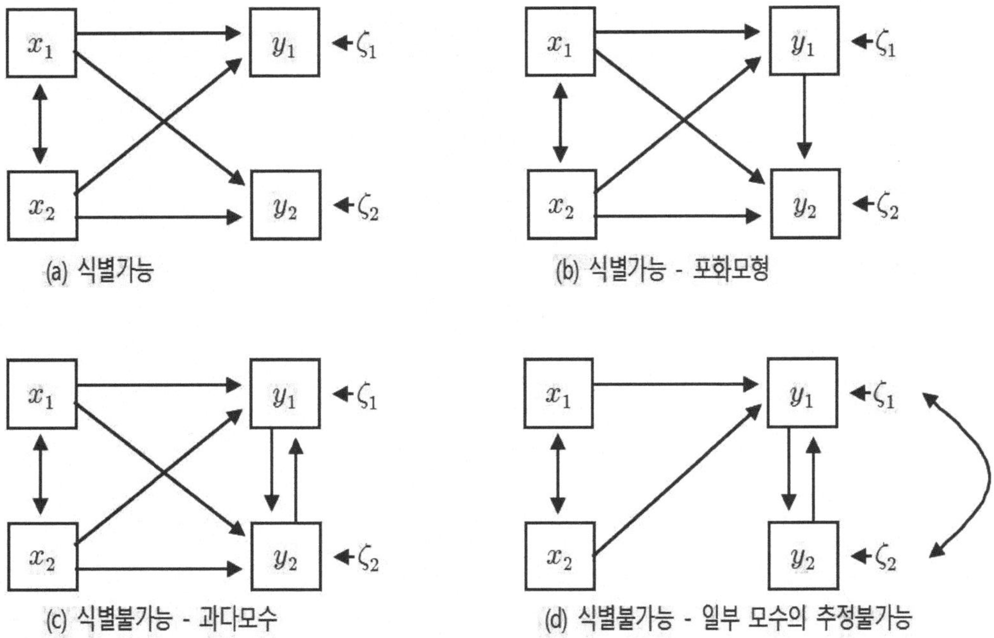

〈그림 A.2〉 식별가능과 식별불능

A.2.1 식별가능

관찰변수의 개수를 $k = p + q$(여기서 p는 x-변수의 개수이고, q는 y-변수의 개수)라고 하고, 모공분산행렬 Σ와 연구자의 모형에 의해 모수들의 함수로 재표현된 공분산행렬 $\Sigma(\theta)$의 (i, j) 원소를 각각 σ_{ij}와 $\sigma(\theta)_{ij}$라고 하자. 이때 다음 관계 $\Sigma = \Sigma(\theta)$에 있는 $k(k+1)/2$개의 연립방정식 $\sigma_{ij} = \sigma(\theta)_{ij}$를 풀었을 때($i \geq j$), 앞의 식 (A.22)에서와 같이 모든 모수들이 공분산행렬 Σ의 원소들만으로 표현되면 모형이 **식별가능**하다고 한다.

그러나 많은 경우 방정식 $\sigma_{ij} = \sigma(\theta)_{ij}$은 매우 복잡한 비선형적인 형태를 가지고 있으므로 식별가능성을 수리적으로 증명한다는 것은 일반적으로 쉬운 일이 아니다. 따라서 실제적으로는 AMOS 등과 같은 소프트웨어가 제공해주는 식별가능성에 대한 자료를 통한 분석결과에 의존하는 경험적인 방법을 사용하는 것이 보통이다. 여기에서는 〈그림 A.2〉와 같은 몇 가지 간단한 모형들을 예로 하여 모형의 식별문제에 대해서 살펴보도록 하자.

A.2.2 식별의 필요조건과 포화모형

모형의 식별을 위한 필요조건은 추정해야 할 독립적인 모수인 미지수의 개수 t가 연립방정식 $\sigma_{ij} = \sigma(\theta)_{ij}$의 개수 $k(k+1)/2$보다 작거나 같아야 한다는 것이다($i \geq j$).

〈표 A.3〉 그림 A.2의 모형에서 추정해야 할 모수들

행렬	모 수			
	(a)	(b)	(c)	(d)
Γ	$\gamma_{11}, \gamma_{12}, \gamma_{21}, \gamma_{22}$	$\gamma_{11}, \gamma_{12}, \gamma_{21}, \gamma_{22}$	$\gamma_{11}, \gamma_{12}, \gamma_{21}, \gamma_{22}$	γ_{11}, γ_{12}
B		β_{21}	β_{12}, β_{21}	β_{12}, β_{21}
Φ	$\phi_{11}, \phi_{21}, \phi_{22}$	$\phi_{11}, \phi_{21}, \phi_{22}$	$\phi_{11}, \phi_{21}, \phi_{22}$	$\phi_{11}, \phi_{21}, \phi_{22}$
Ψ	ψ_{11}, ψ_{22}	ψ_{11}, ψ_{22}	ψ_{11}, ψ_{22}	$\psi_{11}, \psi_{21}, \psi_{22}$
자유도	1	0	−1	0

즉, 자유도(degree of freedom) d를

$$d = \frac{k(k+1)}{2} - t \tag{A.23}$$

와 같이 정의할 때 d가 0보다 크거나 같아야 한다. 예를 들어, 〈그림 2.3〉의 모형들은 각각 2개씩의 외생변수와 내생변수를 가지고 있으므로 $k(k+1)/2 = 4(5)/2 = 10$이고, 〈표 A.3〉에서 볼 수 있는 바와 같이 모형 (a), (b), (d)에 대해서는 자유도가 0보다 크거나 같다.

따라서 이 세 모형은 식별의 필요조건을 만족하며, 특히 모형 (b), (d)와 같이 자유도가 0인 모형을 **포화모형**(saturated model)이라고 한다. 이와 같은 포화모형은 식별의 필요조건을 만족하기는 하지만 식별가능한 가장 복잡한 모형 중의 하나라고 할 수 있으며, 통계적 모형의 목적이 자료에 내재되어 있는 복잡한 구조를 단순화하여 설명하려는 것에 있다고 할 때, 포화모형은 모수의 절약이 시도되지 않으므로 간명성(parsimony)의 측면에서 모형으로서의 가치가 떨어진다고 할 수 있다. 즉, 연구자는 가급적 간명한 모형에 의해서 자료의 구조를 설명할 수 있도록 노력해야 할 것이다.

A.2.3 과다모수와 식별불능

앞에서 설명한 바와 같이 자유도 d가 0보다 작으면 이는 방정식의 개수보다 미지수의 개수가 많다는 것을 의미하고, 따라서 해가 무한히 존재하여 유일한 해를 구할 수 없게 된다.

일반적으로 식별불가능(under-identified)하다는 것은 불충분한 정보를 의미하며, 이는 곧 모수가 유일하게 정의될 수 있도록 모형을 더욱 구체화하여 제약하거나 더 많은 변수들이 모형에 도입되어야 함을 나타낸다(물론 이와 같은 추가적인 정보는 해당 분야의 이론이나 구축된 가설에 근거해야 한다). 따라서 구축된 모형이 유의미하기 위해 일단 식별의 필요조건이 충족되는지를 검토할 필요가 있다.

물론 모형식별을 위한 충분조건이나 필요충분조건이 있기는 하지만 그 내용이 복잡하고 모형 전반에 걸친 일반화가 어려워 특정 모형에 대한 부분적인 사례연구가 있는 정도이다. 이와 같은 식별가능성은 모형모수의 유형과 구성에 의존하며, 표본크기 등과는 관련이 없다는 점에서 모형구축에서의 간명성과 신축성이란 양 측면과 밀접히 연계되어 있다고 할 수 있다.

A.2.4 일부 모수의 식별불능

자유도가 0보다 크거나 같아서 모형이 식별의 필요조건을 만족한다고 해도 모든 모수에 대해 식별이 가능한 것은 아니다. 즉, 연립방정식 내에서 부분적인 식별불가능 문제가 발생하여 일부 모수를 추정할 수 없는 경우가 발생할 수도 있다. 사실 개별 모수에 대한 식별가능성은 $k(k+1)/2$개의 방정식을 일일이 검토하여 각 모수가 유일하게 결정될 수 있는지를 살펴보아야 하는데 이는 대부분의 경우 거의 불가능하다고 할 수 있다.

AMOS 등의 소프트웨어에서는 데이터의 적합과정에서 몇 가지 방법으로 개별 모수에 대한 식별가능성을 검토해 주므로, 따라서 먼저 소프트웨어를 이용하여 데이터를 적합시킨 후에 그 결과에 기초하여 식별가능성을 조사하는 방법이 실제적으로 많이 사용된다.

예를 들어, ⟨그림 A.2⟩의 모형 (d)는 포화모형이므로 식별의 필요조건을 만족하지만, 이 모형에 대한 연립방정식을 풀어 보면 세 개의 모수 β_{12}, β_{21}, ψ_{21}이 서로의 함수로 연결되어 있어서 결국 해를 구할 수 없게 된다. 이와 같은 식별문제가 발생하면 관련된 방정식들을 면밀히 검토하여 식별가능하도록 모형을 수정해 주어야 한다.

A.3 모수의 추정

만약 연구자가 모공분산행렬 Σ를 알고 있다면 식별가능한 모형에 대해 앞에서와 같이 '$\Sigma = \Sigma(\theta)$'를 풀어봄으로써 해를 구할 수 있다. 그러나 실제로는 Σ를 알 수 없기 때문에 N개의 표본으로부터 얻은 표본공분산행렬(sample covariance matrix) S를 이용하여 $\Sigma(\theta)$의 추정치 $\hat{\Sigma}(\theta)$을 얻게 된다. 이때 $\hat{\Sigma}(\theta)$이 가급적 S와 가깝도록 해야 하는데, $\hat{\Sigma}(\theta)$와 S가 가까운 정도를 나타내는 함수 $F[S, \Sigma(\theta)]$를 **적합함수**(fit function)라고 하며 이 적합함수를 어떻게 정의하느냐에 따라 추정방법이 달라진다.

AMOS에서는 5가지의 추정방법을 제공하는데, 만약 사용자가 특별히 추정방법을 선택하지 않으면 디폴트로 최대우도법(maximum likelihood)을 사용한다. 또한, AMOS에서는 원자료(raw data), 표본공분산행렬, 표본상관행렬 중 어느 것도 입력자료로 사용할 수 있으며, 사용자가 원자료를 입력하는 경우 표본공분산행렬 또는 표본상관행렬을 소프트웨어

내에서 계산하여 사용한다. AMOS 'Analysis Properties' 대화상자의 Estimation 탭에서 지정할 수 있는 추정방법은 다음과 같다.

- ML(Maximum Likelihood): 최대우도법
- GLS(Generalized Least Square): 일반화 최소제곱법
- ULS(Unweighted Least Square): 비가중 최소제곱법
- SFLS(Scale-free Least Square): 척도무관 최소제곱법
- ADF(Asymptotically Distribution-free): 점근적분포무관법 [1]

모형이 적절하고 표본이 충분히 클 때, 위의 방법들에 따른 추정량은 모두 모수에 확률적으로 수렴하는 일치추정량이 된다. 또한, 이 방법들은 특별한 적합함수가 최소화되도록 추정치들을 연속적으로 개선하는 반복적(iterative) 방법이다. 이 절에서는 이와 같은 추정방법들에 대해 살펴보도록 하자.

A.3.1 적합함수

구조방정식모형에 대한 분석에서 고려되는 적합함수들은 다음과 같은 일반적 적합함수(general fit function)의 특별한 형태라고 할 수 있다.

$$\begin{aligned} F[S,\Sigma(\theta)] &= (s-\sigma)'W^{-1}(s-\sigma) \\ &= \sum_{g=1}^{k}\sum_{h=1}^{g}\sum_{i=1}^{k}\sum_{j=1}^{i} w^{gh,ij}(s_{gh}-\sigma_{gh})(s_{ij}-\sigma_{ij}). \end{aligned} \tag{A.24}$$

여기에서 s_{ij}는 전체 관찰변수에 대한 표본공분산행렬

$$S = \begin{pmatrix} S_{yy} & S_{yx} \\ S_{xy} & S_{xx} \end{pmatrix} \tag{A.25}$$

의 (i,j)번째 원소이고, σ_{ij}는 모수들에 의해서 재표현된 공분산행렬

$$\Sigma(\theta) = \begin{pmatrix} \Lambda_y(\mathrm{I}-\mathrm{B})^{-1}(\Gamma\Phi\Gamma'+\Psi)(\mathrm{I}-\mathrm{B}')^{-1}\Lambda_y'+\Theta_\epsilon & \Lambda_y(\mathrm{I}-\mathrm{B})^{-1}\Gamma\Phi\Lambda_x' \\ \Lambda_x\Phi\Gamma'(\mathrm{I}-\mathrm{B}')^{-1}\Lambda_y' & \Lambda_x\Phi\Lambda_x'+\Theta_\delta \end{pmatrix} \tag{A.26}$$

의 (i,j)번째 원소이다. 또한, s'와 σ'는

$$\begin{cases} s' = (s_{11},\ s_{21},\ s_{22},\ s_{31},\ \cdots,\ s_{kk}), \\ \sigma' = (\sigma_{11},\ \sigma_{21},\ \sigma_{22},\ \sigma_{31},\ \cdots,\ \sigma_{kk}). \end{cases} \tag{A.27}$$

[1] ADF 방법은 WLS(gnerally weighted least square, 일반화 가중최소제곱) 방법으로 불리기도 한다.

와 같이 S와 $\Sigma(\theta)$의 대각원소를 포함한 하삼각행렬의 원소들을 행으로 늘어놓은 행벡터를 표시한 것이며, $w^{gh,ij}$는 크기 $u \times u$(단, $u = k(k+1)/2$)인 양정치행렬 W^{-1}의 원소를 나타낸다.

매우 일반적인 가정하에서, 만약 모형이 모집단에 대해서 적절하고 표본분산 및 공분산들이 표본크기가 증가함에 따라 모공분산행렬 Σ의 대응되는 원소들에 확률적으로 수렴한다면, 임의의 양정치행렬 W를 사용한 어떠한 적합함수도 모수에 대해 일치추정량을 제공한다는 사실이 알려져 있다. 그러나 만약 근사적으로 정확한 추정치의 표준오차나 적합도 검정을 위한 카이제곱 값을 필요로 한다면 추가적인 가정들이 필요하다.

구조방정식모형에 관한 '고전적 이론'은 S의 원소들의 점근적(asymptotic) 분산과 공분산이 다음과 같은 형태임을 가정한다.

$$ACov(s_{gh}, s_{ij}) = \frac{1}{N}(\sigma_{gi}\sigma_{hj} + \sigma_{gh}\sigma_{hi}). \tag{A.28}$$

특히 관찰변수들이 다변량 정규분포에 따르거나 S가 Wishart-분포를 따르면 위와 같은 가정이 만족되며 비정규분포의 경우라도 첨도가 지나치게 크지 않는 한 이 가정에는 특별히 문제가 되지 않음이 알려져 있다. GLS와 ML 방법 그리고 카이제곱값과 표준오차 등은 모두 이러한 가정에 기초를 두고 있다.

A.3.2 ML(Maximum Likelihood)

이 방법에 대한 적합함수는 관찰변수들이 다변량 정규분포에 따른다는 가정에 기초를 두고 있으며, 적합함수는 다음과 같다.

$$F = \log|\Sigma| + tr(S\Sigma^{-1}) - \log|S| - (p+q). \tag{A.29}$$

여기에서 $|A|$는 정방행렬 A의 행렬식의 값(determinant)을 나타낸다.

ML 방법은 AMOS에서 디폴트 추정방법으로서 정규성의 가정하에서는 (점근적)불편성, 일치성, 최소분산성, 정규분포성 등을 가지는 가장 효율적인 추정량을 제공하는 방법이라고 할 수 있다.

A.3.3 ULS(Unweighted Least Square)

이 방법에 대한 적합함수는 다음과 같으며

$$F = \frac{1}{2}\, tr[(S-\Sigma)^2], \tag{A.30}$$

이것은 행렬 $S-\Sigma$의 모든 원소들의 제곱합을 2로 나눈 것으로 모든 잔차에 동일한 가중치를 부여한 경우이다. 특히 ULS 방법은 확률분포에 관한 특정 가정이 요구되지는 않으나 모든 관찰변수들이 동일한 단위로 측정되었을 때만 정당화된다.

A.3.4 GLS(Generalized Least Square)

이 방법은 다음 형식의 적합함수를 최소하는 것으로,

$$F=\frac{1}{2}\,tr[(\mathrm{I}-S^{-1}\Sigma)^2], \tag{A.31}$$

이는 식 (A.24)에서 $W=S$로 취한 것과 같다.

이러한 GLS는 적합함수에서 ULS를 단순히 일반화시킨 형태이나, 가정 (A.28) 등 몇 가지 조건하에서 ML 방법의 결과와 같은 수준의 최적성을 가지는 것으로 알려져 있다. 특히 GLS 추정량의 (점근적)정규분포성과 효율성은 ML 방법의 경우보다 덜 제한적인 경우에서 성립한다는 등의 로버스트(robust) 성질을 가진다. 물론 정규성하에서는 ML과 동등한 추정량을 제공하며, 추정량의 표준오차나 카이제곱 값에 대한 추론결과는 정규분포 가정하에서 유도된 것이다.

A.3.5 ADF(Asymptotically Distribution-free)

구조방정식모형에 대한 고전적 이론에 따르면 아주 약한 가정을 만족시키는 임의의 연속형 변수에 대하여 W 행렬의 원소를 다음과 같이 정하면 이는 $ACov(s_{gh},s_{ij})$의 일치추정량이 된다는 것이 알려져 있다.

$$w_{gh,ij}=m_{ghij}-s_{gh}s_{ij}. \tag{A.32}$$

여기에서 m_{ghij}는 4차 중심적률이다. 즉,

$$m_{ghij}=\frac{1}{N}\sum_{a=1}^{N}(z_{ag}-\bar{z}_g)(z_{ah}-\bar{z}_h)(z_{ai}-\bar{z}_i)(z_{aj}-\bar{z}_j). \tag{A.33}$$

ADF 방법은 이와 같은 W를 식 (A.24)의 적합함수에서 가중행렬로 사용한 것으로써, 점근적으로 분포무관한(distribution free) 추정방법이며 정규분포성으로부터 큰 이탈을 보이는 자료에 적용할 수 있는 최적의 방법이라고 하겠다.[2]

이러한 ADF 방법은 이론적으로는 매우 정교하고 매력적이지만, 실제 응용에 있어서는 다음과 같은 몇 가지 어려운 점을 가지고 있다. 첫째, 많은 양의 계산시간과 컴퓨터 메모리를 필요로 한다. 둘째, 어느 정도 정확한 4차 적률을 계산하기 위해서는 매우 많은 표본이

[2]ADF 방법은 WLS(gnerally weighted least square, 일반화 가중최소제곱) 방법으로 불리기도 한다.

필요하다. 셋째, 자료에 결측값이 있을 때는 4차 적률들이 서로 다른 개수의 표본에 기초할 수 있다.

A.3.6 DWLS(Diagonally Weighted Least Square)

이 방법은 ADF에 대해 W의 모든 원소 대신 식 (A.24)의 행렬 W^{-1}의 대각원소만을 가중치로 이용하는 다음과 같은 형태의 적합함수를 이용한 것이다.

$$F = \sum_{g=1}^{k}\sum_{h=1}^{k} \frac{1}{w_{gh}}(s_{gh} - \sigma_{gh})^2. \tag{A.34}$$

이 방법은 모수에 대하여 효율적인 추정치를 제공하지는 않지만, ULS와 WLS 방법의 절충안으로 사용될 수 있다.

A.3.7 비반복적인 방법

앞에서 설명한 반복적인 추정방법들은 모든 자유모수들에 대한 초깃값을 필요로 하는데, 이러한 초깃값들은 비반복적인 방법인 IV(instrumental variable, 조공변수) 방법과 TSLS(two-stage least square, 2단계 최소제곱) 방법을 통해 얻어진다. 그러나 모형이 데이터에 잘 적합될 때에는 초깃값이 반복적 과정을 통해 얻은 추정치와 매우 가깝게 되고, 또한, 어떤 모형에 대해서는 추정된 초깃값이 다른 반복적 방법에 의한 추정치들과 동일한 경우도 있다. 특히 모형수정의 단계에서는 이 초깃값이 유용하게 사용될 수 있으며 특정 모형에 대해서는 반복적 방법의 사용이 가능하지 않을 때도 있어, 초깃값 그 자체를 모수의 추정치로 사용할 수도 있을 것이다. 이러한 의미에서 IV와 TSLS 방법에 의해서 제공되는 초깃값을 '초기추정치'라고 부른다.

초기추정치들을 계산하는 데 있어서 중요한 개념은 '참조 변수'(reference variable)로, 이는 하나의 잠재변수를 유효하고 신뢰성 있게 측정함으로써 그 잠재변수를 참조할 수 있는 하나의 관찰변수를 의미하는데, 통상 그 잠재변수의 측정단위를 규정하는 관찰변수로 선택된다. 초기추정치는 일단 각 잠재변수에 대해 참초변수를 할당하고 잠재변수와 참조변수의 회귀계수(좌소제곱해)를 추정한 후, 앞에서 추정된 회귀계수를 이용하여 잠재변수들 간의 회귀계수(최소제곱해)를 추정하여 얻어진다.

A.4 적합도 통계량

구조방정식모형의 일차적인 목적은 연구자가 가정한 모형이 자료에 의해서 얼마나 지지되는지를 평가하는 것이다. 이는 연구자의 모형에 의해서 추정된 공분산행렬 $\hat{\Sigma}(\theta)$가 S

와 얼마나 부합하는지를 평가하는 것이라고 할 수 있으며, 만약 부합정도(**적합도**; goodness of fit)가 좋지 않다면 모수에 대한 추가적인 해석은 의미가 없게 된다.

표본공분산행렬 S의 (i,j) 번째 원소를 s_{ij}라고 하고 $\hat{\Sigma}(\theta)$의 (i,j) 번째 원소를 $\hat{\sigma}_{ij}$라고 할 때$(i,j=1,\cdots,k)$, 다음과 같이 정의되는 **적합값**(fit criterion)은 적합함수 $F[S,\Sigma(\theta)]$를 최소화한 값이다.

$$F[S,\hat{\Sigma}(\theta)] = \sum_{g=1}^{k}\sum_{h=1}^{g}\sum_{i=1}^{k}\sum_{j=1}^{i} w^{gh,ij}(s_{gh}-\hat{\sigma}_{gh})(s_{ij}-\hat{\sigma}_{ij}). \quad (A.35)$$

여기에서 $s_{ij}-\hat{\sigma}_{ij}$는 적합잔차(fitted residual)이며, 따라서 $F[S,\Sigma(\hat{\theta})]$는 연구자의 모형이 실제 데이터와 불일치하는(즉, 부합되지 않는) 정도를 나타낸다고 하겠다. 이때 가중치 $w^{gh,ij}$는 추정방법에 따라서 다르게 되며, 이 적합값으로부터 여러 가지 적합도 통계량들이 정의된다.

A.4.1 카이제곱 통계량

카이제곱(minimum fit function Chi-square) 통계량은

$$\chi^2 = nF[S,\Sigma(\hat{\theta})] \quad (A.36)$$

으로 정의되고, 자유도 $d=k(k+1)/2-t$를 가진다. 여기에서 $n=N-1$(N은 표본크기)이고, k는 관찰변수의 개수이며, t는 서로 독립적인 자유모수의 개수이다.

만약 모형이 적절하고 표본의 개수가 충분히 크다면, 카이제곱 통계량은 다음과 같은 가설

$$H_0:\Sigma=\Sigma(\theta) \;\; \text{vs} \;\; H_1:\Sigma>0 \quad (A.37)$$

을 검정하는 통계량으로 사용될 수 있다. 이때 귀무가설 H_0는 '모공분산행렬이 모형에 의해서 정의되는 공분산행렬과 같다'라는 것을 의미하고, 대립가설 H_1은 '모공분산행렬이 어떠한 제약도 가지고 있지 않다'는 것을 의미한다. 따라서 유의확률(significant probability, p-값)이 유의수준(significance level)보다 작으면 연구자의 가설은 채택할 수 없게 된다.

그러나 식 (A.36)에서 볼 수 있듯이 카이제곱 통계량은 표본크기에 비례하므로 표본크기가 매우 크면 모형이 모공분산행렬에 잘 근사함에도 불구하고 이들 간의 사소한 차이를 유의적으로 판단함으로서 귀무가설을 채택하기 힘들게 된다. 또한, 모수를 추가하여 복잡한 모형을 만들수록 카이제곱 통계량의 값은 작아져 적합도는 증가하게 되지만, 지나치게 복잡한(간명성이 떨어지는) 모형이나 비상식적인 모수의 추가를 유도하게 되는 마찰이 일어나게 된다.

일반적으로 카이제곱 통계량에 의한 검정은 관찰변수들이 다변량정규분포에 따르고, 표본공분산행렬에 근거하여 분석이 수행되어야 하며, 표본크기가 적절히 커야 한다라는 등의 가정들이 만족될 경우에만 유효한데, 실제 분석에서 이러한 가정들이 모두 만족되기는 쉽지 않다.

따라서 카이제곱 통계량은 검정통계량보다는 모형이 데이터에 의해서 지지되는 정도를 나타내는 하나의 측도로써 유용하게 사용될 수 있다. 이 경우 카이제곱 값은 통상 그의 자유도를 기준으로 평가되기도 하는데, 자유도에 비해서 지나치게 큰 카이제곱 값은 적합도의 증가를 위해 모형을 전체적으로 수정하거나 모형에 더 많은 모수를 추가하여 모형에서의 제약을 완화해야 함을 의미한다.

카이제곱 값을 자유도로 나눈 것을 **표준카이제곱**(normed chi-square)이라고 한다. 그러나 표준카이제곱 값이 얼마나 작아야 모형을 수용할 수 있는지에 대한 명확한 지침은 없다(표준카이제곱이 2 혹은 3보다 작으면 좋다는 기준이 통용되고 있기는 하다). Bollen(1989)에 의하면 표준카이제곱 값이 2, 3 또는 5와 같이 높은 값일 때조차도 좋은 적합도를 나타내는 것으로 해석되어 왔으며, 표준카이제곱 역시 표본크기의 영향에서 완전히 자유로울 수 없다고 언급한 바 있다(이현숙 등, 2010).

A.4.2 RMSEA

Steiger & Lind(1980)에 의해서 제안된 RMSEA 지수는 카이제곱 통계량에 기초한 것으로 다음과 같이 계산되며

$$\epsilon_\alpha = \sqrt{\max\left(\frac{1}{d}F[S, \Sigma(\hat{\theta})] - \frac{1}{n}, 0\right)}, \qquad (A.38)$$

이는 연구 모집단을 모형이 얼마나 잘 근사하느냐의 정도를 나타내는 측도로서 모집단에 대한 모형의 불일치도라고 할 수 있다.

RMSEA는 최근 많은 관심의 대상이 되는 지수이며, 모형의 간명성을 고려하는 간명조정지수(parsimony-adjusted index)이다. RMSEA는 그 값이 0일 때 완벽한 적합도를 나타내고 값이 클수록 적합도가 좋지 않음을 나타내는 부적합도(badness-of-fit)의 지수이다. RMSEA에 대한 경험적인 기준은 다음과 같다: < 0.05=좋은, $0.05 \sim 0.08$=괜찮은, $0.08 \sim 0.10$=보통의, > 0.10=나쁜(Browne & Cudeck, 1993).

RMSEA의 특징은 다른 적합도지수와는 달리 신뢰구간을 산출할 수 있으며, 이를 통해 좋은 적합도에 대한 검정을 수행할 수 있다는 것이다.

예를 들어, RMSEA의 모집단 값에 대한 신뢰구간이 $0.35 \sim 0.85$라고 하자. 먼저 신뢰하한 0.35가 좋은 기준값 0.05보다 작으므로 좋은 적합도(close fit)를 가진다는 가설

'$H_0 : \epsilon \leq 0.05$'이 기각되지 않는다(대부분의 소프트웨어는 RMSEA의 신뢰구간과 함께 좋은 적합도를 검정하기 위한 p-값을 제공한다). 또한, 신뢰상한 0.85가 나쁜 기준값 0.10을 넘지 않으므로 적합도가 좋지 않다는 가설 '$H_0 : \epsilon \leq 0.05$'은 기각된다. 따라서 모형의 적합도가 좋은 것으로 결론지을 수 있다.

반면에 신뢰구간이 0 ∼ 0.12로 넓게 산출되었다고 하자. 이 구간의 하한이 0.05보다 작으므로 적합도가 좋다는 가설은 기각되지 않는다. 그러나 이 구간의 상한이 0.10보다 크기 때문에 적합도가 나쁘다는 가설 또한 기각되지 않는다. 따라서 모형의 적합도에 대한 결론을 내리기가 어렵게 된다. 보통 신뢰구간은 표본크기에 큰 영향을 받으므로 이러한 결과가 적합도가 좋지 않아서인지 아니면 표본크기가 작아서인지를 분별할 수 없게 된다. 넓은 신뢰구간은 표본크기가 작을수록 일어나기 쉽다. 따라서 정확한 추정값을 얻기 위해서는 더 많은 표본이 필요할 것이다. 이러한 관점에서 RMSEA의 점추정치뿐만 아니라 신뢰구간도 보고되는 것이 바람직하다.

이상의 논의는 구조방정식모형에서 적절한 표본크기를 결정하는 것에 적용될 수도 있는데, RMSEA의 분포를 이용하여 적절한 표본크기를 추정하는 문제는 MacCallum et. al.(1996), Kim(2005), Wang & Wang(2012) 등을 참조하기 바란다. RMSEA는 사용이 증가하고 있는 적합도지수이며, 모의실험에 의하면 다른 적합도지수들에 비하여 더 잘 작동하는 것으로 나타나고 있다.

A.4.3 GFI, AGFI, PGFI

카이제곱 통계량이 표본크기에 의존하는 반면에 다음의 적합도지수들은 표본크기에 무관하다. $F[S, \Sigma(0)]$를 모형이 적합되기 이전의 적합값(즉, 모든 모수가 0일 때의 적합값)이라고 하면 GFI(goodness-of-fit index)는

$$\text{GFI} = 1 - \frac{F[S, \Sigma(\hat{\theta})]}{F[S, \Sigma(0)]} \tag{A.39}$$

과 같이 계산된다.

GFI는 가장 오래된 적합도지수 중 하나로서 절대 적합도지수(absolute fit index)에 속한다. 절대 적합도지수는 모형이 데이터와 얼마나 잘 부합되는지를 절대적으로 평가한다. GFI= 1.0은 완벽한 모형 적합도를 나타내며, 0에 가까우면 나쁜 적합도를 나타낸다. 보통 GFI 값이 0.9 이상이면 모형의 적합도가 좋은 것으로 간주된다. 그런데 GFI는 모형의 간명성(parsimony)을 고려하지 않는다. 따라서 모형을 복잡하게 만들수록 GFI 값은 증가하게 된다.

GFI를 자유도에 의해서 수정한 수정적합도지수(Adjusted GFI)는

$$\text{AGFI} = 1 - \frac{k(k+1)}{2d}(1 - \text{GFI}) \tag{A.40}$$

과 같이 계산된다. GFI는 모수를 추가하면 계속 증가하는 성질을 가지고 있지만, AGFI는 증가하는 GFI가 줄어드는 자유도에 비해서 상대적으로 큰 경우에는 증가하고 그 반대인 경우에는 감소한다. 따라서 모수를 추가하거나 제거하여 모형을 수정하는 경우 여러 수정모형들을 서로 비교하고자 할 때 유용하게 사용될 수 있다.

보통 AGFI 값이 0.85 이상이면 모형의 적합도가 좋은 것으로 간주할 수 있다(홍세희, 2000). 모의실험 결과에 의하면 AGFI는 그다지 좋은 결과를 나타내지 않았기 때문에 근래에는 AGFI를 잘 보고하지 않는 추세다(이현숙 등, 2010).

또한, Mulaik et al.(1989)에 의해서 제안된 PGFI(Parsimony GFI)는

$$\text{PGFI} = \frac{2d}{k(k+1)}\text{GFI} \tag{A.41}$$

과 같이 계산되며, Mulaik et al.은 PGFI가 0.5 정도이면 적합정도가 좋은 것으로 간주할 수 있다고 제안하였다.

PGFI 역시 모형의 간명성을 고려하여 GFI 값을 조정하지만 표본크기에 민감하다는 단점이 있다.

A.4.4 CFI, NNFI, NFI, PNFI

독립모형(independence model)에서의 적합값을 F_I 그리고 추정하는 모형에서의 적합값을 $F = F[S, \Sigma(\hat{\theta})]$로 표시할 때, 독립모형을 기준으로 추정모형의 적합도를 상대비교하는 다양한 지수들이 여러 학자들에 의해서 제안되어 있다. 이들에 대해서 간단히 정리하면 다음과 같다. d_i를 독립모형에서의 자유도, $f = nF/d$, $f_I = nF_I/d_I$, $\tau = \max(nF - d, 0)$, $\tau_I = \max(nF_I - d_I, nF - d, 0)$라고 할 때,

$$\begin{aligned}
\text{NFI} &= 1 - F/F_I, \\
\text{NNFI} &= (f_I - f)/(f_I - 1), \\
\text{PNFI} &= (d/d_I)(1 - F/F_I), \\
\text{CFI} &= 1 - \tau/\tau_I, \\
\text{IFI} &= (nF_I - nF)/(nF_I - d), \\
\text{RFI} &= (f_I - f)/f_I.
\end{aligned} \tag{A.42}$$

이 지수들은 증분 적합도지수(incremental fit index) 혹은 상대 적합도지수(relative fit index)에 속한다.

CFI(comparative fit index)는 표본크기에 영향을 받지 않으므로 표본크기가 작을 때도 유용하지만, 간명성을 고려하지는 않는다. 일반적으로 CFI 값은 0과 1 사이에 있으며(이 범위를 벗어나면 0 또는 1로 간주한다), CFI 값이 0.9 이상이면 적합도가 좋은 것으로 간주된다. 그러나 Hu & Bentler(1998, 1999)는 CFI에 대한 경험적 기준을 0.95로 할 것을 제안하였다. CFI는 관찰변수들의 상관계수의 평균 크기에 의존한다. 만약 관찰변수들의 평균 상관계수가 크지 않다면 CFI 값도 크지 않게 될 것이다(Wang &, Wang, 2012).

NNFI(non-normed fit index)는 TLI(Tucker-Lewis index)라고도 불리며, CFI와 유사하게 표본크기에 영향을 받지는 않지만 간명성을 고려하여 적합도를 평가한다. 일반적으로 NNFI 값은 0과 1 사이에 있으며(이 범위를 벗어나면 0 또는 1로 간주한다), NNFI 값이 0.9 이상이면 적합도가 좋은 것으로 간주된다. CFI와 마찬가지로 NNFI도 관찰변수들의 상관계수의 평균 크기에 의존한다.

NFI(normed fit index)는 NNFI 값이 0과 1 사이를 벗어날 수 있다는 점을 수정한 것이다. 보통 NFI 값이 0.9 이상이면 적합도가 좋은 것으로 간주된다. NFI는 표본크기가 충분히 크지 않을 경우 편의 오차(biased error)를 가질 수 있으며, Bollen & Long(1993), Gerbing & Anderson(1993) 등은 NFI는 가급적 사용되지 않아야 한다고 주장하였다(홍세희, 2000).

PNFI(parsimony-adjusted NFI)는 모형의 간명성을 고려하여 NFI 값을 조정한다. PNFI는 모형의 크기에 상당히 민감하다. 즉, 관찰변수의 개수가 10개 이하인 경우처럼 모형의 크기가 상대적으로 작을수록 모형의 복잡성에 대해 가해지는 조정이 더 커지는 경향이 있다(이현숙 등, 2010).

관찰변수들의 공분산이 모두 0(즉, 관찰변수들이 서로 아무런 연관관계가 없다)이라는 가정은 지나치게 비현실적이기 때문에, 증분 적합도지수가 이론모형을 독립모형과 비교한다는 점이 문제로 지적될 수 있다. 독립모형은 너무나 나쁜 모형이기 때문에 이론모형이 독립모형보다 꽤 나은 적합도를 가진다고 해도 이것을 우수하다고 판정하기 어려울 수 있기 때문이다.

A.4.5 AIC, ECVI, CAIC, BIC

정보기준(information criterion) 통계량에 근거한 이들 적합도지수들은 모수의 추정과 모형선택을 하나의 개념적 틀 아래 결합시킨 것이며, 대부분 간명성을 고려하여 단순한 모형에 유리하도록 고안되어 있다. 특히 이 적합도지수들은 여러 개의 경쟁 모형들을 비교하여 평가하고자 할 때 유용하며, 포함(nested, 위계적) 관계에 있는 모형들뿐만 아니라 포함 관계가 아닌 모형들도 비교할 수 있다는 장점이 있다.

AMOS에서는 두 개의 극단적인 모형인 포화모형과 독립모형에 대해서도 이들 통계량의 값을 제공하여, 연구자의 모형과 이들 극단적인 모형을 비교할 수 있도록 하고 있다. 여기서 **포화모형**(saturated model)이란 앞절에서 설명한 바와 같이 연립방정식의 개수와 추정해야 할 모수의 개수가 같아서 자유도가 0인 모형으로 식별가능한 모형 중 가장 복잡한 형태의 모형을 의미하고, **독립모형**(independence model)이란 '모든 관찰변수는 서로 독립이다'라고 가정하여 자유도가 $k(k+1)/2 - k$인 모형으로 식별가능한 모형 중 가장 단순한 형태의 모형이며 통상 극단적으로 큰 카이제곱 값을 가진다.

AIC(Akaike information criterion)는 가장 보편적으로 사용되는 지수이며, AIC 값이 가장 작은 모형이 선호된다(정보기준 기반의 지수들에 대하여 절대적인 기준은 없다). 여기에서 더 좋은 모형이란 상대적으로 적합도가 더 우수하면서 간명한(모수의 수가 더 적은) 모형이다. ECVI(expected cross-validation index)는 AIC와 유사하게 경쟁모형들의 우수성을 비교한다. CAIC(consistent Akaike information criterion)는 AIC와는 달리 표본의 크기를 직접 고려하는 것이며, BIC(Bayes information criterion)는 표본크기가 클 경우 AIC나 CAIC보다 모형의 간명성을 더 강하게 고려하는 지수이다.

A.4.6 SRMR

RMR(root mean square residual)은 다음과 같이 적합잔차의 제곱[즉, $(s_{ij} - \hat{\sigma}_{ij})^2$]들의 평균에 제곱근을 취한 것이다.

$$\text{RMR} = \sqrt{\frac{2}{k(k+1)} \sum_{i=1}^{k} \sum_{j=1}^{i} (s_{ij} - \hat{\sigma}_{ij})^2}. \qquad (A.43)$$

따라서 이 값이 작을수록 적합정도가 좋음을 나타낸다. RMR을 이용할 때 발생하는 문제점은 RMR 값이 관찰변수들의 측정단위에 의존한다는 것이다. 따라서 RMR 값을 해석하거나 RMR에 대해 좋은 기준을 제시하기가 어렵다.

SRMR(standardized RMR)은 표준화된 잔차에 기초하며 RMR의 표준화된 버전으로 관찰변수들의 측정단위에 의존하지 않는다(AMOS 소프트웨어의 경우 SRMR을 얻기 위해서는 약간의 추가적인 작업이 필요하다, 표 5.1 참조). 따라서 해석적 측면에서 볼 때 연구결과로 RMR보다는 SRMR이 보고되는 것이 바람직하다. SRMR이 0.08보다 작을 경우 좋은 적합도를 가진 것으로 간주될 수 있으며, 0.10보다 작을 경우 양호한 것으로 간주될 수 있다(이현숙 등, 2010).

여러 문헌에서 연구자들이 RMR과 SRMR을 구분하지 못하는 것으로 보이는 사례가 꽤 있었으며, RMR에 대하여 SRMR의 기준을 잘못 적용한 경우도 있었다.

A.4.7 CN(Critical N)

Hoelter(1983)에 의해서 제안된 CN은

$$\mathrm{CN} = \frac{\chi^2_{0.05}(d)}{F} + 1 \tag{A.44}$$

과 같이 정의되며, 이는 5 % 유의수준하에서 S와 $\Sigma(\theta)$의 차이를 유의적으로 하는 표본크기를 의미한다. Hoelter는 CN이 200 이상이면 적합정도가 좋은 것으로 간주할 수 있다고 제안하였다.

참고문헌

강현철 (2013). 구조방정식모형에서 적합도지수의 해석과 모형적합 전략에 대한 논의, *Journal of the Korean Data Analysis Society*, 15, 653-668.

강현철 (2013). 구성타당도 평가에 있어서 요인분석의 활용, "대한간호학회지", 제43권 제5호, 587-594.

강현철 (2014). 구조방정식모형에서 매개효과 검정을 위한 간접효과의 추정과 검정, *Journal of the Korean Data Analysis Society*, 16, 105-114.

강현철 (2019). "G*Power를 활용한 효과크기와 표본크기 계산", 자유아카데미.

강현철, 한상태, 김기영, 전망식 (2005). "SAS 다변량 자료분석 입문", 자유아카데미.

김계수 (2009). "잠재성장 모델링과 구조방정식 모델 분석", 한나래출판사.

김기영, 전명식, 강현철, 이성건(2015). "예제를 통한 회귀분석", 자유아카데미.

김대업 (2008). "AMOS A to Z, 논문작성절차에 따른 구조방정식 모형분석", 학현사.

배병렬 (2017). "AMOS 24 구조방정식모델링", 청람.

유지연 (2015). "자료의 특성이 구조방정식모형 분석에 미치는 효과 분석 – CB-SEM과 PLS-SEM의 비교를 중심으로, 중앙대학교 대학원 석사학위 논문.

이학식, 임지훈 (2011). "구조방정식 모형분석과 AMOS", 집현재.

이현숙, 김수진, 전수현 (2010). "구조방정식모형: 원리와 적용"(Principles and Practice of Structiral Equation Modeling), 학지사.

김장현, 심경환, 이철성 (2014). "PLS 구조모델의 이해: Basic"(A Primer on Partial Least Squares Structural Equation Modeling), 피앤씨미디어.

탁진국 (2007). "심리검사 - 개발과 평가방법의 이해", 학지사.

한상태, 강현철, 허명회 (2009), "SPSS 분산분석", 한나래출판사.

허준 (2013), "허준의 쉽게 따라하는 AMOS 구조방정식모형(기초편, 고급편)", 한나래출판사.

홍세희 (2000). 구조방정식모형의 적합도 지수 선정기준과 그 근거, "한국심리학회지: 임상", 19(1), 161-177.

Anderson, J.C., Gerbing, D.W. (1988). Structural equation modeling in practice: a review and recommended two-step approach, *Psychological Bulletin*, 103(3), 411-423.

Bagozzi, R., Yi, Y. (1988). On the evaluation of structural equation models, *Journal of the Academy of Marketing Sciences*, 16, 74-94.

Baron, R. M., Kenny, D. A. (1986). The moderator-mediator variable distinction in social psychological research: Conceptual, strategic and statistical considerations, *Journal of Personality and Social Psychology*, 51, 1173-1182.

Bollen, K.A. (1989). A New Incremental Fit Index for General Structural Equation Models, *Sociological Methods and Research*, 17, 303-316.

Bollen, K.A. (1989). *Structural Equations with Latent Variables*, New York: Wiley.

Bollen K.A., Long, J.S. (1993). Introduction, in K .A. Bollen, J. S. Long(Eds.), *Testing structural equation models*(pp. 1-9), Newbury Park, Ca: Sage.

Boomsma, A. (1982). Robustness of LISREL against small sample sizes in factor analysis models, in KG Joreskog and H Wold (eds)

Browne, M.W., Cudeck, R. (1993). Alternative ways of assessing model fit, in K. A. Bollen, J. S. Long(Eds.), *Testing Structural Equation Models*(pp. 136-162), Newbury Park, Ca: Sage. *Systems under indirect observations, Causality, structure, prediction* (part 1), pp. 149173, Amsterdam: North Holland.

Cohen, J. (1988). *Statistical power analysis for the behavioral sciences*, New York: Academic Press.

Comrey, A.L., Lee, H.B. (1992). *A First Course in Factor Analysis* (2nd ed.). Hillsdale, NJ: Lawrence Erlbaum.

Dijkstra, T. (1983). Some comments on maximum likelihood and partial least squares methods, *Journal of Econometrics*, 22(1), 67-90.

Duncan, S.C., Duncan, T.E. (1996). A multivariate latent growth curve analysis of adolescent substance use, *Structural Equation Modeling: A Multidisciplinary Journal*, 3(4), 323-347.

Fassinger, R.E. (1987). Use of Structural Equation Modeling in Counseling Psychology Research, *Journal of Counseling Psychology*, 34, 425-436.

Finn, J.D. (1974). *A General Model for Multivariate Analysis*, New York: Holt, Reinhart and Winston.

Fornell, C., Larcker, D.F. (1981). Evaluating structural equation models with unobservable variables and measurement error, *Journal of Marketing Research*, 18(1), 39-50.

Fornell, C., Tellis, G.J., Zinkhan, G.M. (1982). Validity assessment: A structural equations approach using partial least squares, *Proceedings of the American Marketing Association Educators' Conference*, 405-409.

Frazier, P.A., Tix, A.P., Barron, K.E. (2004). Testing moderator and mediator effects in counseling psychology, *Journal of Counseling Psychology*, 51(1), 115-134.

Gerbing, D.W., Anderson, J.C. (1993). Monte Carlo evalutions of goodness-of-fit indices for structural equation models, in K. A. Bollen, J. S. Long(Eds.), *Testing structural equation models*(pp. 40-65), Newbury Park, Ca: Sage.

Hair, J.F. Jr., Anderson, R.E., Tatham, R.L., Black, W.C. (1995). *Multivariate Data Analysis* (4th ed.). Upper Saddle River, NJ: Prentice Hall.

Hair, J.F., Ringle, C.M., Sarstedt, M. (2011). PLS-SEM: Indeed a silver bullet, *Journal of Marketing Theory and Practice*, 19(2), 139-152.

Hoelter, J.W. (1983). The analysis of covariance structures: goodness-of-fit indices, *Sociological Methods and Research*, 11, 325-344.

Hu, L.T., Bentler, P.M. (1998). Fit indices in covariance structure modeling: Sensitivity to under-parameterized model misspecification, *Psychological Methods*, 3, 424-453.

Hu, L.T., Bentler, P.M. (1999). Cutoff criteria for indexes in covariance structure analysis: Conventional criteria versus new alternatives, *Structural Equation Modeling*, 6, 1-55.

James, L.R., Brett, J.M. (1984). Mediators, moderators and tests for mediation, *Journal of Applied Psychology*, 69, 307-321.

Jöreskog, K.G. and Sörbom, D. (1985). Simultaneous analysis of longitudinal data from several cohorts, In Mason, W.M. and Fienberg, S.E., eds., *Cohort Analysis in Social Research: Beyond the Identification Problem*, New-York: Springer-Verlag.

Jöreskog, K.G. and Sörbom, D. (1993). *LISREL 8: Structural Equation Modelling with the SIMPLIS Command Language*, Chicago: Scientific Software International.

Jöreskog, K.G. and Sörbom, D. (1996). *LISREL 8: User's Reference Guide*, Chicago: Scientific Software International.

Judd, C.M., Kenny, D.A. (1981). Process analysis: Estimating mediation in treatment evaluations, *Evaluation Review*, 5, 602-619.

Kaiser, H.F. (1974). An index of factorial simplicity, *Psychometrika*, 39(1), 31-36.

Kenny, D.A. (2013). Mediation. Retrieved from the web, http://davidakenny.net/cm/mediate.htm

Kenny, D.A., Kaniskan, B., McCoach, D. (2015). The performance of RMSEA in models with small degrees of freedom, *Sociological Methods & Research*, 44, 486-507.

Kenny, D.A., Kashy, D.A., Bolger, N. (1998). Data analysis in social psychology. In D. Gilbert, S. Fiske, & G. Lindzey (Eds.), *The handbook of social psychology*(Vol. 1, 4th ed., pp. 233-265). Boston, MA: McGraw-Hill.

Kim, K.H. (2005). The relation among fit indexes, power, and sample size in structure equation modeling, *Structural Equation Modeling*, 12, 368-390.

Kline, R.B. (2011). *Principles and Practice of Structural Equation Modeling*, The Gutlford Press.

Little, T.D., Card,N. A., Bovaird, J.A., Preacher, K.J., Crandall, C.S. (2007). Structural equation modeling of mediation and moderation with contextual factors. In T.D. Little, J.A. Bovaird, & N.A. Card (Eds.), *Modeling contextual effects in longitudinal studies* (pp. 207-230). Mahwah, NJ: Lawrence Erlbaum Associates.

MacCallum, R.C., Austin, J.T. (2000). Applications of structural equation modeling in psychological research, *Annual Review of Psychology*, 51, 201-236.

MacCallum, R.C., Browne, M.W., Sugawara, H.M. (1996). Power analysis and determination of sample size for covariance structural modeling, *Psychological Methods*, 1, 130–149.

MacCallum, R.C., Widaman, K.F., Preacher, K.J., Hong, S. (2001). Sample size in factor analysis: the role of model error, *Multivariate Behavioral Research*, 36, 611-637.

MacKinnon, D.P., Fairchild, A.J., Fritz, M.S. (2007). Mediation analysis, *Annual Review of Psychology*, 58, 593-614.

Marsh, H.W., Balla, J.R., McDonald, R.P. (1988). Goodness of fit indexes in confirmatory factor analysis: The effect of sample size, *Psychological Bulletin*, 103, 391–410.

Marsh, H.W., Balla, J.R., Hau, K.T. (1996). An evaluation of incremental fit indices:Aclarificationof mathematical and empirical properties. In G.A. Marcoulides & R.E. Schumacker (Eds.), *Advanced structural equation modeling: Issues and techniques* (pp. 315–353), Mahwah, NJ: Lawrence Erlbaum Associates, Inc.

Marsh, H.W., Hau, K.T., Balla, J.R., Grayson, D. (1998). Is more ever too much? The number of indicators per factor in confirmatory factor analysis, *Multivariate Behavioral Research*, 33, 181–220.

Mulaik, S.A., James, L.R., Van Alstine, J., Bennett, N., Lind, S., Stilwell, C.D. (1989). Evaluation of goodness-of-fit indices for structural equation models, *Psychological Bulletin*, 105, 430-445.

Munro, B.H. (2005). *Statistical Methods for Health Care Research* (5th ed.). Philadelphia, PA: Lippincott Williams & Wilkins.

Muthén, L.K., Muthén, B.O. (2002). How to use a monte carlo study to decide on sample size and determine power, *Journal Structural Equation Modeling: A Multidisciplinary Journal*, 9, 599-620.

Nunnally, J.C. (1967). *Psychometric Theory*, New York: McGraw-Hill.

Satorra, A, Saris, W.E. (1985). Power of the likelihood ratio test in covariance structure analysis, *Psychometrika*, 50, 83–90.

Schmitt, T.A. (2011). Current methodological considerations in exploratory and confirmatory factor analysis, *Journal of Psychoeducational Assessment*, 29, 304–321.

Seo, Y.S. (2010). Testing mediator and moderator effects in conseling psychology research: conceptual distinction and statistical consideration, *The Korean Journal of Counseling and Psychology*, 22(4), 1147-1168. (in Korean).

Shrout, P.E., Bolger, N. (2002). Mediation in experimental and nonexperimental studies: New procedures and recommendations, *Psychological Methods*, 7, 422-445.

Snook, S.C., Gorsuch, R.L. (1989). Component analysis versus common factor analysis: A Monte Carlo study, *Psychological Bulletin*, 106(1), 148-154.

Sobel, M.E. (1982). Asymptotic confidence intervals for indirect effects in structural equation models. In S Leinhardt (Ed.), *Sociological Methodology*(pp. 290-312). Washington, DC: American Sociological Association.

Sobel, M.E. (1986). Some new results on indirect effects and their standard errors in covariance structure models. In N. Tuma (Ed.), *Sociological Methodology*(pp. 159-186). Washington, DC: American Sociological Association.

Steiger, J.H., Lind, J.C. (1980). Statistically based tests for the number of common factors, paper presented at *The annual meeting of the Psychometric Society*, Iowa City, IA.

Tabachnick, B.G., Fidell, L.S. (2007). *Using Multivariate Statistics* (5th ed.). Boston, MA: Pearson/Allyn & Bacon.

Wang, J., Wang, X. (2012). *Structural Equation Modeling: Applications Using Mplus*, John Wiley & Sons Ltd.

Westland, J.C. (2010). Lower bounds on sample size in structural equation modeling, *Electronic Commerce Research and Applications*, 9, 476-487.

Wheaton, B., Muthn, B., Alwin, D.F., Summers, G.F. (1977). Assessing reliability and stability in panel models, In Heise, D.R., *Sociological Methodology*, San Francisco: Jossey Bass.

William, B., Brown, T., Onsman, A. (2012). Exploratory Factor Analysis: A Five-Step Guide for Novices. *Australasian Journal of Paramedicine*, 8.

Wolf, E.J., Harrington, K.M., Clark, S.L., Miller, M.W. (2013). Sample size requirements for structural equation models an evaluation of power, bias, and solution propriety, *Educational and Psychological Measurement*, 73, 913-934.

찾아보기

저자 소개

강현철

고려대학교 정경대학 통계학과, 경제학사

고려대학교 대학원 통계학과, 이학석사

고려대학교 대학원 통계학과, 이학박사

현: 호서대학교 과학기술융합대학 빅데이터경영공학부, 교수

e-mail: hychkang@hoseo.edu

R을 활용한

인과모형과 구조방정식모형 분석

저　자	강현철
발 행 인	김지영
발 행 처	자유아카데미
주　소	경기도 파주시 회동길 37-42 파주출판도시
전　화	031-955-1321
팩　스	031-955-1322
홈페이지	www.freeaca.com
전자우편	main@freeaca.com (대표) editor@freeaca.com (편집) crm@freeaca.com (영업)
등　록	제406-2003-017호, 1980. 7. 12
제1판1쇄	2019년 9월 5일 발행
제1판2쇄	2023년 6월 20일 발행
정　가	25,000원

ISBN 979-11-5808-235-2 93310